저희의 이야기가 담은 분들께
작은 울림이 옮기를 바라며 .....

G..

강민구

강민구 셰프

맛있게
맛있게
즐겁게

Jun

이준 셰프

Jongwon

손종원 셰프

조은희 방장

대미필담

박성배

박성배 조리장

김 도윤

김도윤 셰프

강민철 셰프

감사합니다.

엄태준 셰프

김 진호

전성빈 셰프

김진호 소믈리에

서빈.

조영동 셰프

별을 만드는 사람들

별을 만드는 사람들

한국 미쉐린 스타 레스토랑 10곳의 셰프·매니저·소믈리에

김성현 인터뷰집

이 책은 한국 파인 다이닝의 정점을 이끌어가는 셰프, 매니저, 소믈리에의 철학과 비전을 심도 있게 조명하는 귀중한 기록입니다. 단순한 레스토랑 소개를 넘어, 각자의 영역에서 '완벽'을 향해 끊임없이 정진하는 장인들의 진정성 있는 이야기가 담겨 있네요.

　　　　요리사로서 주방의 치열함과 섬세함을 누구보다 잘 알고 있기에, 이 책에서 마주하는 동료들의 고뇌와 성취는 깊은 공감을 불러일으켰습니다. 이들은 전통 식재료의 현대적 재해석부터 세계적 수준의 기술 도입에 이르기까지, 한국 미식의 지평을 넓히기 위해 묵묵히 자신들만의 길을 걷고 있는 것이 분명합니다.

　　　　특히 셰프의 요리 의도를 완벽하게 이해하고 고객에게 가능한 최상의 경험을 선사하려고 노력하는 소믈리에들의 전문성은, 미식이란 셰프 혼자만의 것이 아닌, 주방과 셀러(와인 저장고)가 함께 협력하여 완성하는 종합예술임을 다시금 일깨워줬습니다.

이 책을 통해 독자 여러분은 한국 미식의 다양성과 깊이를 발견하고, 이들이 만들어내는 한 접시, 한 잔에 담긴 노력과 열정에 경의를 표하게 되지 않을까 생각됩니다. 한국 미식의 현재를 넘어 미래를 조망하는 이 책은 미식을 사랑하는 모든 이들에게 필독서가 될 것입니다.

"이 책은 한국 미식 거장들의 영혼이 담긴 기록이며, 그들의 헌신에 바치는 경의입니다."

셰프 안성재

찬란한 별, 그 뒤편의 뜨거운 기록

홀로 타오르는 별은 그저 고독한 점 하나에 불과하다. 아무리 찬란한 빛이라도 홀로 존재해서는 결코 밤하늘이라는 거대한 풍경을 완성할 수 없다. 보이지 않는 선으로 서로가 서로를 단단히 붙잡고 연결될 때, 비로소 그들은 '별자리'라는 이름을 얻고 밤하늘에 하나의 위대하고 광대한 서사를 그려낸다.

미식의 세계 또한 매한가지다. 테이블 위에 빛나는 별, '미쉐린 스타'는 결코 셰프 혼자만의 힘으로 따낼 수 있는 것이 아니다. 고요하고 우아해 보이지만 완벽한 순간을 만들어내기 위해, 무대 뒤편에는 우리가 상상하는 것보다 훨씬 더 치열하고 뜨거운 드라마가 흐르고 있다.

책을 집필하며, 화려한 조명 아래 선 단 한 명의 주인공이 아니라 그 조명을 비추기 위해 그림자 속에 서 있는 '숨은 주역'들을 만났다. 이 기록은 2025년의 무더웠던 여름부터 시린 겨울까지, 그들의 목소리를 담아낸 결과물이다. 오너 셰프나 헤드 셰프는 물론, 와인의 언어를 통역하는 소믈리에, 공간의 모든 것을 조율하는 매니저, 24인의 파인 다이닝 전문가들과 짧게는 한 시간, 길게는 네 시간 넘게 깊은 대화를 나눴다.

그들은 매일 새벽 시장의 차가운 공기를 마시며 원석과도 같은 재료를 찾아 헤매고, 뜨거운 불 앞에서 수없이 땀방울을 훔쳐내며 자신을 태워 요리를 완성하고 있었다. 내가 목격한 것은 단순한 한 접시의 음식이 아니었다. 그것은 깊이를 가늠하기 어려울 정도로 뜨거운 열정과, 사람을 향한 한없이 부드럽고 온화한 상냥함이 빚어낸 기적 같은 하모니였다.

닿을 수 없을 것 같은 곳에 도달하기 위해 자신만의 철학으로 새로운 기준을 증명해 보이는 개척자들. 화려한 기교보다는 본질에 집중하기 위해 과감히 덜어낼 줄 아는 용기와 사소해 보이는 디테일조차 목숨처럼 지키며 기본에 충실한 태도. 나는 그들의 모습에서 장인의 숨결을, 그리고 예술가의 고뇌를 보았다.

10여 년간 파인 다이닝 레스토랑을 다니며 "단지 한 끼 식사에 불과한 것에 왜 그토록 많은 비용과 시간을 쏟느냐"라는 질문을 숱하게 받았다. 하지만 나는 그들이 건네는 접시 위에서 삶을 대하는 자세를 배웠다. 오감을 압도하는 맛과 향, 공간을 채우는 공기, 그리고 사람과 사람 사이의 진심 어린 교감까지. 이 총체적인 경험은 무채색의 일상을 화려한 색채로 물들이는 영감의 원천이자, 나를 더 나은 삶으로 이끄는 강력한 동력이 되었다.

이 책의 제목이 말해주듯, 이 기록의 주인공이 되기 위한 첫 번째 조건은 단연코 '별'이었다. 하지만 나의 시선이 머문 곳은 화려한 결과물만이 아니었다. 도대체 어떠한 시간과 마음들이 겹겹이 쌓여야 밤하늘에 자신만의 별을 쏘아올릴 수 있는 것인지, 그 뜨거운 현장의 온도를 직접 확인하고 싶었다. 그렇기에 냉철한 검증을 뚫고 《미쉐린 가이드》의 인정을 받아낸 곳들, 이미 자신의 가치를 증명한 별들의 궤적을 쫓아나섰다.

하지만 많은 별들 중 이 10곳을 택한 데는 특별히 거창한 잣대는 없다. 그저 실제로 애정을 가지고 발걸음을 자주 옮겼던, 내 마음의 한 조각을 내어준 곳들의 이야기다. 여러 여건상 미처 싣지 못한 보석 같은 공간들이 많아 아쉬움이 남지만, 부디 이 책이 여러분의 사랑을 받아 훗날 그곳들의 이야기도 전할 수 있는 기회가 오기를 고대해본다.

이 책은 별을 따낸 사람들의 빛나는 결실이자, 동시에 별이 되지 못한 수많은 밤들에 대한 기록이다. 완성형이 아닌 성장형 인간들이 써내려가는 투박하지만 진실한 서사다. 나는 이 이야기들이 일반 독자들에게는 삶의 영감을 주는 미식 가이드이자 지침서가 되기를, 그리고 언젠가 이들을 현장에서 직접 만나 모두가 그 에너지를 공유할 수 있기를 바란다.

무엇보다 지금 이 순간에도 보이지 않는 곳에서 묵묵히 자신만의 업業을 갈고닦는 젊은 셰프, 매니저, 소믈리에 등 수많은 이들에게 이 기록이 칠흑 같은 어둠 속에서도 길을 잃지 않게 해주는 북극성처럼, 커다란 지표이자 나침반이 될 수 있기를 간절히 희망한다.

부디 이들의 치열한 기록이 당신의 가슴속에 작은 불씨를 지필 수 있기를. 그리하여 당신의 삶이라는 밤하늘에, 오직 당신만의 별을 찾고, 그것을 아름답게 만들어가길 소망한다.

끝으로, 이 책이 세상의 빛을 볼 수 있도록 도와준 모든 이들에게 가능한 최대의 사랑과 깊은 감사를 보낸다. 특히 삶의 모든 페이지마다 단 한 번의 의심 없이 무한한 신뢰와 지지를 보내준 나의 어머니 우정희 여사에게 무한한 존경을 담아 이 책을 바친다.

김성현

일러두기
본문에 나오는 외국어 인명과 상호명 표기는 국립국어원의 외래어 표기법을 따랐다. 단, 해당 인명과 상호명이 국내에 이미 브랜드로 소개되어 있는 경우, 해당 인명과 상호명을 언급한 사람이 별도의 표기 방식을 요청한 경우는 예외로 했다.

차례

mingles

밍글스

서울 청담동의 한적한 골목에 터전을 잡은 이곳은 2014년 오픈 후 2025년 마침내 미쉐린 3스타로 승격했다. 장醬 같은 전통 식재료를 현대적 기술로 재해석한 한식 기반의 요리를 선보이며, 소믈리에와 홀팀의 유연하면서도 진정성 어린 환대 서비스가 돋보인다.

한국 유일의 미쉐린 3스타라는 타이틀을 떼어놓고 봐도, 밍글스는 명실상부 대체 불가한 미식의 정점이다. 이곳의 음식은 마치 발레 공연 같다. 유연하고 부드러운 몸짓 속에 선명한 주제 의식과 단단한 코어가 숨어 있기 때문이다.

재료 본연의 맛을 극한까지 끌어내면서도 그 무엇 하나 과하거나 튀지 않는 절제된 우아함의 극치. '하나는 전체이고, 전체는 곧 하나'라는 인상을 주는 완벽한 코스의 흐름은 소름 돋는 쾌감을 선사한다. 한식의 과거와 현재, 미래를 아우르며 누구도 간 적 없는 길을 걷는 이곳에서는 미식의 새로운 차원을 경험할 수 있다.

진짜 시작은 지금부터

대부분의 사람들에게 미쉐린 3스타는 길고 긴 여정의
'완성'을 의미한다. 하지만 밍글스의 강민구 셰프에게
그것은 '진짜 시작'을 알리는 신호탄에 불과했다.
그와의 만남은 인터뷰라기보다 마치 깊은 혜안을 지닌
스승과의 조우 같았다. 질문 하나하나에 철저한 준비로
답하며 막힘없이 이야기를 꺼내놓는 그에게서 정점에
선 자의 겸손한 완벽주의와 사유의 깊이를 엿볼 수
있었다.
10여 년의 절박한 노력과 치열한 자기 성찰 끝에 다다른
정상에서, 그는 안주하는 대신 '더 무거운 숙제'를
받았다고 말한다. 이제부터가 진짜 시작이란 것은,
단지 훌륭한 음식과 서비스를 넘어 공간과 철학까지
아우르는 총체적인 미식 경험을 완성하는 일이다. 또한,
일궈온 성과를 방어적으로 유지하는 것에 머물지 않고,
끊임없이 도전하며 한식의 영역을 세계로 확장하려는
무한한 책임감이기도 하다.
과거의 모든 성공을 이제 막 새로운 출발선에 설
자격으로 삼는 셰프. 정점에서 다시 낮은 자세로
첫걸음을 떼는 그의 '진짜 시작'을 함께한다.

강민구
셰프

어린 시절, 아버지에게 요리를 해드릴 정도로 요리를 좋아했다고 들었다.
요리에 빠지게 된 특별한 계기가 있었는지?
그리고 셰프로서의 길은 어떻게 시작하게 되었나?

강민구　어렸을 때 어머니 덕분에 여러 학원을 다녀보니, 무언가 새로 만드는 것은 좋아하는데 손재주가 아주 뛰어나지는 않다는 것을 깨달았다. 때마침 요리가 눈에 들어왔다. 손으로 무언가 새롭게 만드는 일이면서도, 손기술보다 '맛있게 만드는 것'이 더 중요한 분야였다. 원체 먹는 것도 좋아했던 터라, 요리사가 되고 싶다는 생각이 들었다. 부모님도 내 뜻을 존중해주셔서, 고등학교까지는 정규 과정을 마치고 대학교 전공부터는 내가 하고 싶은 요리를 시작하게 됐다.

　　　그런데 막상 4년제 대학에 가보니 이론 위주 수업이 많고, 실무는 전문대에 비해 부족했다. 졸업 후 실제 현장으로 가는 선배도 드물었다. 요리가 계속하고 싶었기 때문에, 군 제대 후 복학해서는 실무를 병행해야겠다고 마음먹었다. 그래서 학교 수업을 모두 오전에 마칠 수 있도록 시간표를 짜고, 오후 2시가 되면 바로 청담동에 있는 와인바로 출근했다. '주경야독'이 아니라 '주독야경'이었던 셈이다.

　　　1년 반 동안 와인바에서 이탈리안 베이스의 요리와 실무를 익혔다. 당시 청담동은 한국 파인 다이닝이 태동하던 시기였다. 팔레드 고몽, 라미띠에 같은 레스토랑들이 생겨나고 '오너 셰프'라는 개념이 자리 잡던 때였다. 덕분에 요리 기술뿐만 아니라 레스토랑 신scene 전체에 대해 넓은 시야를 갖게 됐다.

그렇게 한국에서의 실무 경험 후에
본격적으로 해외로 눈을 돌린 것인가?

강민구　미국에 가고 싶다는 생각에 워킹홀리데이 비자로 플로리다 리츠칼튼 호텔에 취업했다. 그곳에서 당시 유행하던 '뉴 아메리칸 다이닝'을 경험했다. 그러는 동안 한 시간 거리에 있던 노부Nobu 마이애미 지점에 대해 알게 됐다. 그 지점은 총괄 셰프가 노부 브랜드 전체를 관장하는 분이어서 요리가 특별하다는 평을 받고 있던 터라 그곳에서 한번 일을 해보고 싶다는 목표가 생겼다.

당시 노부의 마쓰히사 노부유키松久信幸 셰프의 명성은 대단했다. 어떤 점에 가장 끌렸나?

강민구　당시 마쓰히사 셰프는 아시아 셰프로서는 전례 없는 성공을 거둔 인물이었다. 단순히 일식을 배우고 싶다기보다 어떻게 아시아 음식으로 서구권을 열광시켰는지, 그 비결을 배우고 싶었다. 나 또한 언젠가 한식을 나만의 방식으로 새롭게 재해석하고 싶다는 꿈이 강했기 때문이다.

　　　　당시 스페인에서 잠시 견습 생활을 하며 노부에 지원서를 냈는데 연락이 왔다. 스페인에서 몇 번의 화상 인터뷰 끝에 감사하게도 그리고 운이 좋게도 일을 하게 되었다. 마이애미는 라틴 문화가 강한데 당시에는 스페인어를 쓰는 아시아 셰프가 드물었고, 한국인들이 일을 잘한다는 평판도 도움이 된 것 같다.

그렇게 원하던 노부에 입성했다. 그 안에서도 성장이 굉장히 빨랐다고?

강민구　남들보다 요리를 늦게 시작했기 때문에 나는 늘 시간이 부족하다고 생각했다. 근처 베이커리에서, 호텔 내 고기와 생선을 손질하는 부처butcher 파트에서 돈을 받지 않고 일을 배웠다. 쉬는 날에는 디저트 섹션에 가서 디저트를 배우기도 했다. 비자 기간은 정해져 있으니, 한정된 시간 안에 최대한 많은 것을 배우고 싶었다.

　　　　이런 열정을 좋게 봐주었는지, 노부 입사 후 얼마 안 되어 부

주방장 밑에 있는 '주니어 수셰프sous-chef'라는 직급을 받게 됐다. 그러던 중 바하마 지점에 총주방장으로 가기로 했던 동료가 나에게 함께 가자고 제안을 했다. 처음엔 유럽에 갈 생각이라 거절했는데, 제안받은 연봉이 굉장히 높았다.(웃음) 1년만 일하면 몇 년간 유럽에서 돈 걱정 없이 견습 생활을 할 수 있겠다는 생각에 바하마 지점의 부총주방장으로 가기로 했다. 그런데 가기 직전에 내게 제안했던 총주방장이 안 가겠다고 하는 바람에 나 혼자 바하마로 떠났다.

막상 가보니 내 위에 올 셰프가 정해지지 않은 상태라 내가 실질적인 총괄 역할을 해야 했다. 영어가 완벽하지 않았지만, 안 쉬고 일하며 부딪히니 또 할 수 있다는 것을 알았다. 결국 본사에서 "그냥 저 친구를 총주방장 시켜라" 해준 덕분에 당시 적지 않은 연봉을 받으며 총주방장으로 일하게 됐다.

노부에서 굉장히 짧은 기간에 압축적으로 성장하며
총주방장까지 오른 셈이다. 그 과정에서 무엇을 배웠나?

강민구　스페인의 미쉐린 3스타 레스토랑에서 처음 견습생으로 일했을 때, 그들의 체계적인 주방 시스템을 보며 큰 충격을 받았다. 동시에 '나와는 다른 세계'라고만 생각했던 그곳의 일원으로 일하고 있는 나 자신을 보면서 '나도 열심히 하면 이런 레스토랑을 열 수 있겠다' 하는 막연한 꿈이 현실적인 목표로 바뀌었다.

특히 당시는 스페인이나 노르딕 셰프들이 자국의 음식을 새롭게 재해석해 큰 주목을 받던 시기였다. 그 모습을 보며 '한식을 새롭게 하려는 내 길이 틀리지 않았구나'라는 확신을 얻기도 했다. 그래서 단순히 그들의 기술을 배우는 것을 넘어, 그들이 재해석한 음식을 어떤 방식으로 업계에 전달하는지를 배우는 게 더 중요했다. 셰프의 정체성이 그 어느 때보다 중요해지는 시기여서, 나만의 경험을 잘 살리면서 동시에 우리 전통 음식에 대해 깊이 연구하는 게 필요하다는 사실을 깨달았다.

강민구 셰프의 요리 철학에서
조희숙 셰프와 정관 스님 이야기는 빼놓을 수 없을 것 같다.

강민구　2014년에 밍글스를 처음 열었을 때는 지금처럼 파인 다이닝을 할 생각은 아니었다. 외부 투자 없이 내 돈으로 작게 시작한 오너 셰프 레스토랑이었다. 그래서 한식뿐만 아니라 내가 경험했던 다양한 아시아 요리를 섞어서 선보이고 있었다.

　　　그런데 당시에는 새로운 한식에 도전하는 젊은 셰프가 드물다 보니 시장의 기대가 밍글스로 쏠렸다. 손님들은 더 한식적이길, 더 '파인 다이닝스럽길' 원했다. 첫해부터 해외 유명 셰프들이 한국에 오면 꼭 들르는 곳이 되면서 부담감이 커졌다. 하지만 나는 한식을 정식으로 배운 적이 없었기에 초반 2년은 '외국 경력을 가진 셰프가 한국 식재료로 만든 유럽 음식'과 큰 차이가 없었다.

　　　그 무렵 지인의 소개로 조희숙 선생님을 만나게 됐다. 처음에는 선생님이 주부들을 대상으로 여는 요리 수업에 나갔는데, 내가 요리사라는 걸 알고는 많이 신경 써주었다. 결국 나중에는 셰프들을 위한 클래스를 부탁했고, 그때부터 인연이 깊어졌다. 조희숙 선생님은 엄청난 경험과 실력을 갖추었음에도 자신을 드러내는 분이 아니었다. '한식의 보물' 같은 그분을 직접 모시고 요리를 배운 건 아니지만, 수업과 인간적인 교류를 통해 나에겐 어머니이자 선생님 같은 분이 되었다.

　　　정관 스님은 조희숙 선생님과 비슷한 시기에 오랜 지인의 소개로 뵙게 됐다. 스님이 우리 레스토랑에 방문한 것을 계기로, 내가 스님의 요리를 배우고 싶어 주말마다 백양사 천진암으로 내려갔다. 1

박 2일씩 머물며 1년 반 동안 사찰 음식을 배웠다.

두 분의 가르침이 밍글스의 정체성을 만드는 데 결정적인 역할을 했다고?

강민구   두 분한테 배운 한식이 내 요리에 녹아들기 시작한 2016년부터 밍글스의 음식은 크게 변화했다. 이전에는 '해외 경험 위에 한식을 얹은' 느낌이었다면, 그 이후로는 '한식이라는 단단한 기반 위에 다양한 해외 경험을 더하는' 방식이 되었다. 비로소 새로운 한식을 선보이는 곳, 한식을 재해석하는 곳이라는 자신감이 생겼다.

조희숙 선생님에게서는 한식의 기본기와 음식을 대하는 태도를 배웠다. 선생님은 늘 배우려 하고 절대 만족하지 않는데, 그런 성향이 나와 꼭 닮았다는 생각이 들었다. 정관 스님한테는 제철 채소를 활용하는 창조성과 음식에 담는 마음가짐을 배웠다. 특히 재료의 제약을 오히려 창의성으로 승화시키는 법을 보며 큰 영감을 얻었다.

개인적인 생각으론, 조희숙 선생님은 한식 안에서 기존에 없던 것을 만드는 창의력이, 정관 스님은 예술에 가까운 감각적인 재능이 뛰어난 것 같다.

2014년 오픈 초기에 한식을 강조한 것이 아니었음에도 세계적인 셰프들이 어떻게 밍글스를 찾아왔을까?

강민구   당시에는 밍글스 같은 느낌의 식당이 거의 없었다. 특히 밍글스가 처음 선보였던 '한식 반상'을 모던한 코스 요리 중간에 넣는 시도는 굉장히 새로운 것이었다. 내가 아는 한 국내 젊은 셰프들 중에서는 최초였을 것이다. 이런 한국 식문화의 특징적인 부분을 잘 담아내려 한 노력이 좋은 평가를 받은 것 같다.

게다가 나는 오너 셰프였기 때문에 '이 레스토랑이 망하면 내 인생도 망한다'라는 절박함이 있었다. 그래서 늘 스스로를 엄격한 잣대로 평가하고 부족한 부분을 채우려 노력했다. 그런 절박함과 노력이 음식에 묻어났고, 그걸 알아봐준 분들이 다른 셰프들을 모시고 왔던 게 아닐까 싶다.

밍글스에서 추구하는 요리와 스타일을 한마디로 정의한다면 무엇일까?

강민구 내가 가장 듣고 싶은 말은 "강민구 셰프가 밍글스를 통해 한식의 영역을 확장했다"라는 것이다. 우리 레스토랑 메뉴판에도 "밍글스는 한식의 전통과 근원은 존중하되, 오늘날의 기술과 감성을 더해 밍글스만의 새로운 한식을 선보인다"라고 적어두었다.

부대찌개가 한식이냐 아니냐는 논란이 있었던 것처럼, 누군가는 우리 음식을 두고 한식이 아니라고 말할 수 있다. 물론 기존에 사용하지 않던 기술이나 담음새를 선보이기도 하지만, 우리는 분명 한국의 식재료를 사용하고, 한식 조리법으로 한국적인 맛을 담아낸다. K-팝이 새로운 방식으로 세계와 만났듯, 미식도 한국의 색채를 잃지 않고 글로벌하게 통용될 수 있는 포인트와 접점을 찾는 게 중요하다. 밍글스가 한정식집은 아니지만, 우리가 제공하는 것이 '새로운 결의 한식'이라는 점에는 의심이 없다.

새로운 코스를 개발하는 과정이 궁금하다.

강민구 레스토랑은 순위를 매기는 스포츠가 아니라, 우리가 직접 짜는 하나의 공연이자 상품과 같다. 그래서 늘 새로운 재료를 써보거나, 코스의 순서를 바꾸는 등 다양한 시도를 한다. 하지만 오랜 시간 요리를 해오다보니 새로운 음식을 만들어도 '밍글스스러움'이 느껴진다.

'밍글스스러움'은 바로 '한국 식재료와 한국적인 맛을 담는 것'이라고 정의할 수 있다. 예를 들어, 올리브오일이 더 어울리는 요리에 '우리는 한식'이라는 이유만으로 억지로 참기름을 쓰지는 않는다. 하지만 참기름을 썼을 때 더 새롭고 한국적인 결과를 낼 수 있다면, 그때는 과감하게 사용한다.

**이것만큼은 타협할 수 없다고 생각하는
한식의 핵심 가치가 있다면 무엇인가?**

강민구 한창 한식을 배우던 시기에는 오히려 너무 전통에 치우치기도 했다. 마치 사찰 요리 같아서 '학동사 밍글스님'이라는 별명도 얻었다. 그러다보니 '한식은 이래야만 해'라는 틀에 갇히는 기분이 들었다. 그 제약을 깨고 조금 더 편안하게 생각하기 시작하면서, '뉴 코리안'보다는 그저 '밍글스의 음식'으로 우리 요리를 정의할 수 있게 됐다.

하지만 그 안에서도 절대 타협하지 않는 핵심 가치는 바로 '한국적인 맛과 조리법'을 담아내는 것, 특히 장醬과 지역 식재료를 잘 활용하는 것이다. 서양의 기술이나 식재료를 사용하더라도, 그것이 우리 음식과 만나 더 새롭고 긍정적인 결과를 낼 때만 의미가 있다.

**장은 밍글스 요리의 핵심이다.
장에 익숙하지 않은 해외 손님들에게는 그 매력을 어떻게 전달하나?**

강민구 해외에서 일할 때부터 장의 중요성을 절감했다. 일본 미소시루와 한국 된장찌개는 맛이 완전히 다른데, 특히 고추장은 대체할 수 있는 소스가 없다. 나는 장을 알리는 것이 한국 식문화를 알리는 길이라고 생각했다. 이탈리아 요리를 이야기할 때 파스타뿐만 아니라 올리브 오일, 발사믹 식초, 파르미자노 치즈 등을 떠올리지 않나.

그래서 밍글스에서는 장의 쓰임에 제약을 두지 않는다. 디저트에 활용하거나, 서양 유제품과 합치기도 한다. 손님들, 특히 서양 셰프들은 "버터도 많이 쓰지 않는데 어떻게 이런 깊고 다채로운 감칠맛이 나느냐" 하고 자주 묻는다. 그럴 때마다 우리는 "그 비결은 바로 한국의 장"이라고 설명하곤 한다.

장 다음으로 주목하고 있는
한식의 요소나 기법이 있다면 무엇인가?

강민구 무언가를 특정해서 고민하는 것은 없다. 다만 밍글스의 요리에서 꾸준히 중요하게 사용하는 것은 한국의 식초와 저온 로스팅한 참기름, 그리고 김치나 장아찌 같은 발효 식품이다.

밍글스의 '밍글링 팟' 같은 메뉴는 한국의 다양한 '국물 문화'와 '쌈 문화'를 한데 모아 우리만의 방식으로 표현한 것이다. 설렁탕, 도가니탕 같은 고기 육수, 채수, 만두 등을 한 그릇에 담아 각각의 맛이 느껴지면서도 조화롭게 어우러지도록 했다. 비빔밥이나 잡채처럼 여러 재료가 섞여 있지만 각자의 역할이 살아 있는 것, 그것이 한국 음식의 큰 매력이기에 그것을 최대한 살리려고 노력한다.

셰프의 예술적 비전과 경영자의 현실적 판단이 충돌했던
가장 어려운 순간은 언제였나?

강민구 기술자로서의 강민구와 경영자로서의 강민구 사이에서 선택의 순간은 늘 있다. 예전에는 주방을 지키며 모든 음식을 직접 만드는 장인 셰프가 가장 멋지다고 생각했고 그렇게 되고 싶었다. 나는 지금도 항상 주방에서 모든 것을 체크하려고 노력하지만, 세상은 굉장히 빠르게 변하고 있고, 레스토랑도 그에 맞춰 계속 변화해야 한다.

실제로 알랭 뒤카스Alain Ducasse 셰프처럼, 최고의 요리를 선보이는 동시에 자국의 미식을 알리는 다양한 비즈니스를 통해 레스토랑의 지속 가능성을 확보하는 것도 중요하다고 본다. 그분과 여

러 차례 만나 직접 대화하면서 느낀 점은 여전히 새로운 것에 도전하고 늘 최고를 추구한다는 것이었다. 농담이겠지만 심지어 나를 향해서도 "경쟁자 중 한 명"이라고 말할 정도로 현역의 에너지를 보여준다. 나 또한 새로운 도전을 할 때면 '이것이 밍글스의 성장에 도움이 되는가?' 그리고 '개인의 성장에 도움이 되는가?'라는 기준을 함께 판단한다. 두 가지 모두에 부합한다면, 몸이 조금 더 바빠지더라도 새로운 도전을 즐기는 편이다.

평소 어디서 영감을 얻는가?

강민구　　오히려 요리 분야가 아닌, 각자의 분야에 깊이 몰두하고 있는 다른 업계의 장인들에게서 영감을 많이 받는다. 영역은 다르지만 일을 대하는 방식에 주목하게 된다. 예를 들어, 프릳츠 커피 같은 곳은 서양의 카페 문화를 한국으로 들여와, 우리만의 감성을 담아 역으로 세계를 매료하고 있다. 밍글스가 추구하는 바와 동일하다.

당신만의 리더십 철학, 그리고 팀원들에게
항상 강조하는 핵심 원칙도 물어보지 않을 수 없다.

강민구　　결국 이곳 또한 직장이기 때문에 기본적인 조건을 갖추는 것은 당연하다. 하지만 이 공간에서만 느끼고 누릴 수 있는 것, 즉 밍글스라는 조직이 가진 '공동의 꿈'을 만들고 공유할 수 있어야 한다. 공동의 꿈을 성취하기 위해 함께 노력하며 스스로 성장하고 있다는 느낌을 받는 것이 무엇보다 중요하다.

　　　　또한, 이 조직과 맞지 않는다고 해서 그 사람이 틀린 것은 아니라고 항상 말한다. 우리와 목표가 다를 뿐이다. 만약 이 공간에서 성장한다고 느껴지지 않으면, 떠나는 것이 맞다고 솔직하게 조언해 주기도 한다.

나는 팀원들에게 허황된 꿈을 이야기하지 않는다. 분명 어렵지만, 함께하면 실현 가능하다는 믿음을 주려고 노력한다. 우리가 예전 건물에 있을 때, 많은 사람들이 "그곳에서는 절대 2스타를 못 받는다"라고 말했다. 하지만 우리는 해냈다. 지금 우리보다 '소박'한 3스타는 없다는 것을 알지만, 그럼에도 "한번 해보자" 했을 때, 팀원 중 누구도 '저 사람 혼자 꿈나라에 있네'라고 생각하지 않았다.

미쉐린 3스타라는 영예를 계획보다 일찍 안게 됐다.
이른 시점에 이토록 좋은 결과를 얻을 수 있었던 이유는
무엇이라고 생각하나?

강민구 2~3년 후를 바라보며 노력했을 뿐인데, 솔직히 정확한 이유는 잘 모르겠다. 다만 가장 중요한 것은, 이런 평가를 받았을 때 우리가 그에 걸맞은 레스토랑이자 내가 스스로에게 떳떳하고 당당한 셰프여야 한다는 점, 그 결과에 대해 업계와 시대의 공감을 얻어야 한다는 점이다.

3스타를 유지해야 한다는 부담감이 없다고 하면 거짓말일 것이다. 그렇다고 방어적이고 안정적으로만 운영하는 것은 싫다. 제철 재료를 많이 사용해 새로운 것을 선보여서, 작년에 오셨던 단골손님이 올해 또 오셨을 때 "저번 계절도 좋았지만 이번 계절은 또 새롭고 맛있다"라는 이야기를 듣고 싶다.

3스타를 받은 이후, 셰프 개인과 밍글스 팀에게
새롭게 생긴 고민이 있다면 무엇인지 궁금하다.

강민구 국제적인 3스타 레스토랑들을 다니며, 음식 너머의 '총체적인 경험'이라는 측면에서 밍글스가 발전시켜야 할 부분이 많다는 것을 느꼈다. 그들 대부분은 우리보다 훨씬 오랜 역사를 가졌고, 그 시

간 속에서 축적된 경험과 시스템에서 오는 아우라가 있다. 흔히 말하는 '짬'을 무시할 수 없었다.(웃음)

밍글스는 아직 부족한 하드웨어를 팀원들의 노력, 즉 음식과 서비스라는 소프트웨어로 고생해서 메우고 있다고 생각한다. 지금의 노력을 유지하는 데 한층 더 좋은 하드웨어가 받쳐준다면, 고객에게 훨씬 더 좋은 경험을 제공할 수 있지 않을까 하는 고민을 한다.

밍글스는 미래 세대와 지속 가능성에 대한 고민도 깊어 보인다.
강민구 셰프가 구상하는 '지속 가능한 한식 파인 다이닝'의
청사진은 무엇인가?

강민구 지속 가능성을 고려한다는 것 자체가 먹고사는 문제 다음을 고민하는 선진 문화라고 생각한다. 한 명의 셰프나 하나의 레스토랑만으로 되는 것은 아니고, 사회적 환경과 더불어 인프라가 함께 갖춰져야 하는 부분이 많다. 예를 들어, 윤리적인 방식으로 생산된 고품질의 식재료가 다양하게 공급되어야 하고, 탄소 배출을 줄이기 위해서는 태양열 같은 친환경 시스템을 도입해야 한다. 이외에도 음식물 쓰레기를 활용한 퇴비 농장을 운영하는 방법도 있을 것이다.

지금 우리의 자리에서 할 수 있는 것들을 노력해야 한다. 현재 밍글스는 생산자와 직접 소통하며 제철 로컬 식재료의 중요성을 강조하고, 탄소 배출을 줄이는 노력을 하고, 공정무역 커피를 사용하는 등의 최선을 다하고 있다.

홍콩의 한식구와 프랑스 파리의 세토파를 통해 한식 세계화의
새로운 장을 열고 있다. 각 도시의 차별화 전략은 무엇이었나?

강민구 홍콩의 한식구는 파인 다이닝의 격전지인 그곳에 제대로 된 한식이 없다는 아쉬움에서 시작했다. 현지화된 한식이 아닌, 크림과 버터 같은 서양 식재료 사용을 절제하며 '제대로 된 모던 한식'을 선보이는 데 집중했다. 실제로 한식구가 생기고 나서 처음으로《미쉐린 가이드 홍콩》에 '코리안' 카테고리가 생겼고, 홍콩에서 미쉐린 스타를 받은 한식당도 한식구가 유일하다.

반면 파리는 자국 문화에 대한 자부심이 강하고 아시아 음식 수용이 더딘 곳이다. 그래서 그들이 가장 좋아하는 식재료인 닭고기를 중심으로, 조금 더 편안하고 캐주얼한 한식을 선보이는 세토파를 열었다. 그들의 식문화부터 시작해 더 깊은 한식을 소개하려는 전략이었다.

손님들이 밍글스에서 경험하는 한 끼가
그들의 삶에 어떤 의미를 선사하기를 바라나?

강민구　'한식을 이렇게도 표현하는구나' '이런 경험을 할 수 있구나' 하고 느끼셨으면 좋겠다. 한국인이든 외국인이든 각자가 가졌던 한식에 대한 고정관념이나 인식이 새롭게 확장되는 총체적인 경험 말이다. 단지 맛있는 한 끼가 아니라, 한국 작가들의 공예품과 인테리어, 한국 소믈리에의 서비스와 우리 전통술 등 모든 것이 어우러진 '문화'를 경험하는 시간이 되기를 희망한다.

앞으로 파인 다이닝 업계는
어떻게 변화할 것이라고 전망하나?

강민구　사람들의 입맛은 한번 좋은 음식을 경험하고 나면 다시 돌아가기 어렵다고 생각한다. 따라서 건강하고 맛있는 음식, 특별한 경험에 대한 수요는 계속될 것이다. 파인 다이닝에 국한해서 이야기하자면, 경험의 형태가 양분화될 것이라고 예상한다. 가격은 높지만 캐주얼한 분위기에서 편안하게 즐기는 다이닝과, 아무리 먼 거리에 위치

한 레스토랑이라도 몇 달을 기다려 네다섯 시간 동안 온전히 몰입하는 '데스티네이션destination 다이닝'으로 나뉠 것이다.

젊은 셰프들에게 전하고 싶은 조언이 있다면?

강민구 나는 과거 "재능이 없다"라는 말을 들었지만, 지금 생각해보면 재능이 없었던 것이 아니라, 내가 무엇을 잘하고 무엇을 못하는지 몰랐던 것뿐이다. 타고난 센스가 있는 타입은 아닐지 몰라도, 내가 잘하는 것도 분명 있었다. 성취하기 위해 여러 방법을 고민하고, 엄청난 노력을 하는 '끈기'가 나의 재능이었다. 젊은 셰프들도 자신만의 재능을 찾길 바란다. 그리고 어떤 조직이나 목표가 내가 가진 방향성과 다르다고 느껴지면 과감히 새로운 길을 찾는 용기도 필요하다고 말해주고 싶다.

파인 다이닝을 처음 접하는 이들을 위한 조언이 있다면?

강민구 음식은 맛이 가장 중요하지만, 파인 다이닝에서는 '맛있다' '맛없다'로만 판단하기엔 더 많은 요소가 있다. 셰프와 레스토랑의 배경, 어떤 경험을 거쳐 이 요리가 탄생했는지에 대한 사전 정보를 조금만 알고 오신다면, 같은 음식이라도 훨씬 더 풍요롭게 즐길 수 있다. 마치 미술관에 갈 때 도슨트의 설명을 들으면 작품을 더 깊게 감상할 수 있는 것과 비슷하다.

같은 라면 한 그릇이라도 누군가는 파와 계란을 넣고 좋은 그릇에 담아 자신만의 미식으로 즐기기도 한다. 내가 어떤 준비와 마음가짐으로 대하느냐에 따라 그 시간의 가치가 완전히 달라질 수 있다는 것을 인식하며 파인 다이닝을 즐기셨으면 좋겠다.

최고의 옆에서,
최고의 킹메이커를 향해

김영대

총괄 셰프

대한민국 파인 다이닝의 역사를 새로 쓴 밍글스의 강민구 총괄 셰프 옆에는 그 찬란한 여정을 묵묵히 뒷받침해온 가장 날카롭고도 단단한 칼이 있다. 주방을 총괄하는 김영대 셰프다. 호주의 아티카Attica와 테츠야Tetsuya's, 덴마크의 108이라는 세계 미식의 격전지를 거치며 스스로를 담금질해온 그는 이제 그 어떤 파고에도 흔들리지 않는 깊은 뿌리를 가진 거목이 되어 밍글스의 중심을 잡고 있다.

그를 마주했을 때 느껴지는 기운은 한 치의 빈틈도 허용하지 않는 정교함, 그리고 곁에 있는 것만으로도 전해지는 압도적인 든든함이다. "강민구 셰프는 나의 주군"이라며 자신을 기꺼이 왕좌를 지키는 충신이자 킹메이커로 정의하는 그의 고백은, 단순한 보좌를 넘어선 숭고한 장인정신의 발로다. 최고의 자리에 선 왕의 비전을 가장 완벽한 형태로 구현해내는 그의 결벽에 가까운 섬세함과 단단한 신념은, 밍글스가 세계의 정점에서 흔들림 없이 빛날 수 있게 하는 가장 견고한 성벽이자 믿음직한 닻이 되고 있다.

요리에 빠지게 된 특별한 계기가 있었는지 궁금하다.

김영대 학창 시절, 횟집을 운영하시던 부모님 덕분에 음식이라는 걸 쉽게 접할 수 있었지만 요리사를 꿈꾸지는 않았다. 요리를 시작한 것은 스무 살이 돼 대학교에 가면서부터다. 그때는 호텔 요리사가 전부인 줄 알았는데, 무오키의 박무현 셰프 같은 선배들을 보면서, 외국 셰프들이나 《미쉐린 가이드》 같은 세계를 알게 되면서 점점 더 요리의 세계에 빠져들었다.

특히 파인 다이닝 요리는 하나에만 집중하는 게 아니라 여러 가지를 동시에 보고 듣고 신경 써야 하는데 평소 여러모로 예민한 나의 성향과 더욱더 잘 맞았던 것 같다.

셰프로서 시작은 어디서였나?

김영대 워커힐 외식사업부 연회주방에서 시작했다. 당시 1년 1개월 정도 일하며 막내로서 시스템을 익혔다. 식자재 개수를 정확하게 세고, 기물을 옮기고, 단체 음식이 나가는 흐름을 파악하는 등 문자 그대로 '일머리'를 익혔던 것 같다. 파크 하얏트 서울에서 인턴을 마치고 나서, 해외 경험에 호기심이 생겨 미국행을 준비했지만 영어가 부족했던 탓에 비자 면접에서 탈락하면서 무산됐다.

다행히 당시 파크 하얏트 서울에 나를 추천해준 선배가 콘래드 호텔로 이력서를 넣어주어서 아트리오로 가게 됐다. 아트리오는 캐주얼 다이닝이었지만 약간의 코스 요리는 물론 룸서비스와 재료 손질까지 모두 해야 해서 정말 숨 쉴 틈 없이 바쁜 곳이었다. 주말에는 같은 층 뷔페 레스토랑에서 조리한 대용량의 음식을 관리해주는 경우도 있었다. 그곳에서 2년 3개월간 콜드 섹션(차가운 음식), 그릴 섹션, 룸서비스와 야간조까지 두루 경험했다.

호주의 아티카, 테츠야, 덴마크의 108까지,
해외에 나가 다양한 곳에서 경험을 쌓았다.
그 여정에서 무엇을 배웠나?

김영대 한국의 호텔에서 많은 것을 배우긴 했지만 어느새 나는 요리에 대한 열정이 식은 평범한 호텔리어가 되어 있었다. 안정적인 급여와 반복되는 생활에 안주하며 요리보다도 일상의 잡다한 이야기에 더 관심을 갖던 시절이다. 지금 이스트를 이끄는 조영동 셰프가 호주에서 1년간 경험을 쌓고 돌아와 만났는데, 당시 나에게 "처음 만났던 너의 모습이 없어졌다"라며 크게 실망했다고 했다. 파크 하얏트 서울에서 막내로 함께 일하며 친형제와 다름없이 지냈고 평생 요리를 같이 하자고 꿈을 나눴던 형의 말이 정말 큰 충격으로 다가왔다.

그 말을 듣고 바로 호주 아티카에 지원했다. 영어가 서툴러 6주간 스타주stage(견습생)로 허드렛일부터 시작했지만, 불평하지 않았다. 당시 닭 육수를 베이스로 한 요리에 49가지의 허브와 꽃이 들어갔는데, 허브만 따고 정리하는 데 하루가 다 갔다. 그렇게 묵묵히 일하는 모습을 보고 당시 수셰프가 직원으로 채용하겠다고 했다. 처음 해외 주방을 경험하며 많은 것을 배웠지만, 당시 사정상 급여는 줄 수 없다는 말에 시드니행을 결심하고 테츠야로 옮겼다.

군대에서 《미식의 테크놀로지》라는 책을 일고여덟 번 읽으며 테츠야에 대한 막연한 꿈을 키워왔기에 문자 그대로 '꿈의 주방'에서 일하게 된 것이다. 하지만 처음 3개월간은 언어 문제로 고생했다. 하지도 않은 일로 오해를 받거나, 억울하게 혼나도 제대로 설명조차 못 했다. 그러나 점차 적응하면서 일도 몸에 익고, 눈치도 생기고 단어가 하나씩 귀에 들리다보니 처음으로 파인 다이닝의 즐거움을 제대로 느낄 수 있었다.

워킹홀리데이 비자 규정상 한 업장에서 6개월까지만 일할 수 있었는데, 마침 조영동 셰프가 노르딕 퀴진을 경험하러 덴마크에 가자고 제안했다. 당시 세계적으로 노르딕 퀴진이 뜨고 있었기에 나 역시 낯선 요리에 대한 호기심이 컸다. 그렇게 노마Noma의 자매 레스토랑인 코펜하겐의 108에서 일하게 됐다. 신기하게도 그곳에서 한국인 셰프 네 명이 비슷한 시기에 함께 일했다. 지금 이스트의 조영동, 밀스의 정영훈, 마테르의 김영빈 셰프였다. 모두 이름 가운데에 '영'이 들어가서, 외국인 친구들이 굉장히 신기해했다. (웃음)

나는 다른 셋에 비해 영어가 가장 서툴렀는데도 셰프 드 파르티Chef de partie(특정 파트 담당)로 핫 섹션(따뜻한 음식)에 배치됐다. 셰프가 나의 경력과 일머리를 보고 맡겼던 것 같다. 덴마크 108에서의 생활은 호주보다 육체적으로 더 힘들었다. 매일 아침 수많은 소스와

파우더, 가니시를 준비하고 온갖 재료를 절이고 손질하는 일의 연속이었다. 그렇게 석 달 정도 서브쿡sub-cook과 튀김 소스 및 가니시를 담당했고 나중에는 메인 그릴을 맡았다. 그곳에서 지금은 미쉐린 2스타 셰프가 된 크리스티안 바우만Kristian Baumann 밑에서 일하며, 노마 스타일의 체계적인 시스템, 식재료 보관법, 위생 관념 등은 물론 단순히 재료 하나를 옮기는 과정부터 요리하는 작업 환경까지 정말 많은 것을 배웠다.

해외에서 돌아와 2018년 1월 밍글스에 합류했다.
당시 한국에도 여러 파인 다이닝 레스토랑이 생겨나고 있었는데,
왜 밍글스였나?

김영대   사실 당시에 밍글스에 대해 아주 잘 알지는 못했다. 덴마크 108에서 밍글스와 콜라보 행사를 했을 때 강민구 셰프를 처음 만났다. 당시 메뉴로 호박선, 감태쌈밥, 부각, 증편 그리고 오미자탕수 소스 같은 것들이 있었는데, 이 음식들에 140여 명의 외국인들이 엄청나게 환호하는 것을 보고 전율을 느꼈다. '나에게는 익숙한 것이 이들에게는 전혀 새로운 경험이 되는구나' 싶었고, 굳이 더 이상은 외국에서 일할 필요가 없겠다는 생각을 했다.

결정적으로는 조영동 셰프의 영향도 굉장히 컸다. "지금 한국에서는 밍글스가 제일 '핫한' 레스토랑 같다"라는 말에, 나도 '잘되는 데는 분명 이유가 있을 것'이라는 궁금증이 생겼다. 밖에서 이야기를 듣기보다 직접 들어가서 그 이유를 경험하고 배우고 싶었다.

어느덧 밍글스에서 8년 차가 됐는데,
그 '핫한' 이유를 찾았나?

김영대   강민구 셰프가 요리로 가득 차 있는 분이라는 사실이다. 늘 트렌드를 잘 읽고, 한 끼를 그냥 때우는 법 없이 항상 새롭고 색다른 음식을 경험하려고 노력한다. 본인의 요리에도 만족을 모르고 끊임없이 '더 맛있게' 할 방법만 고민한다. 밍글스와 요리만을 위해 살아가는 사람이다. 이런 분이 이끄는 업장이니 잘될 수밖에 없다.

밍글스는 팀워크가 훌륭한 레스토랑으로도 알려져 있다.
많은 이들이 오랫동안 함께 일할 수 있는
원동력은 무엇이라고 생각하나?

김영대 　가장 큰 이유를 꼽는다면 강민구 셰프가 계속해서 배울 수 있는 환경과 기회를 만들어준다는 점이다. 힘들어서 그만둔 친구들조차 다른 후배들에게 배우고 싶으면 밍글스에 가보라고 추천할 정도다. 그만큼 업무 강도가 높지만, 일에서도 요리에서도 배울 것이 많은 곳이라고 생각한다.

　　　　또한, 함께 일하는 이들에 대한 인정과 대우를 들 수 있겠다. 그러니 자연스레 오래 일하게 된다. 실제로 밍글스는 다른 업장에 비해 장기 근속자가 정말 많은 편이다.

여러 레스토랑을 경험했는데,
밍글스만의 문화가 있다면 무엇이라고 생각하나?

김영대 　나는 밍글스 주방을 '야생' 또는 '밀림'이라고 표현한다. 후배들을 온실 속 화초처럼 키우지 않는다. 주방은 스스로 강해져야 살아남을 수 있는 곳이다. 누군가 조금이라도 못해서 서비스 퀄리티에 영향을 주면, 주방 전체 분위기가 부정적으로 변하고 자연스레 압박이 시작된다. 테츠야와 108 모두 다르지 않았다.

　　　　하지만 그 과정을 이겨내고 스스로 강해져서 '잘하는 사람'으로 인정받기 시작하면, 그때부터 진정한 동료로서 팀워크가 생기고 서로 돕게 되더라. 처음부터 도와주기만 한다면 스스로 생각하는 능력이 키워지지 않고 성장하려는 의지도 꺾이게 된다. 그래서 나는 후배들에게 항상 질문을 던지는 방식으로 생각하게 만든다. 그 과정을 통해 혼자 힘으로 단단해지고 강해져야 한다.

강력한 주인의식 또한 밍글스의 문화다. 단순히 직장 생활로서 일하는 것이 아니라 자부심을 갖고 일하기 때문에 진심을 다할 수 있는 것 같다. 셰프는 요리만 하고, 홀 서버는 음식을 전달하기만 하는 직업이 아니다. 우리 모두가 모여 '환대'를 선사하는 직업이다. 주인의식이 있다면 손님에게 그 무엇도 대충 내어줄 수는 없다.

밍글스의 총괄 셰프 자리에 오르기까지
스스로 강해질 수 있었던 비결은 무엇인가?

김영대   나 역시 힘들고 짜증날 때가 있다. 하지만 잔소리를 듣는 걸 너무 싫어하는 성격이다. 그래서 한번 지적받은 것은 다시는 반복하지 않으려고 노력했다. 특히 힘든 순간마다 '이것도 못 버티면 앞으로 세상을 어떻게 살아가나' 하는 마음이었던 것 같다.

총괄을 맡고 있는 지금은 '본진'과 다름없는 밍글스의 주방이 안정적으로 돌아가고 퀄리티가 유지될 수 있도록 하는 것이 나의 첫번째 역할이다. 독특하게도 밍글스라는 레스토랑은 강민구 셰프 그 자체이고, 강민구 셰프가 밍글스와 다름없다. 하지만 셰프 혼자 모든 것을 할 수는 없기에 우리가 있는 것이다. 또한, 주방이 흔들리면 강민구 셰프가 밍글스의 확장과 성장을 위한 외부 미팅이나 새로운 메뉴 개발처럼 더 중요한 일에 집중할 수 없게 된다. 그분에게 주방에 대한 스트레스가 넘어가지 않도록 하는 것, 그것이 내가 해야 할 가장 중요한 임무라고 생각한다.

당신에게 강민구 셰프는 어떤 존재인가?

김영대   나의 '주군' 같은 분이다. 나는 고집도 세고 톡톡 튀는 성격이라 막내 시절에는 사회성이 부족하다는 소리를 듣기도 했다. 그런데 강민구 셰프는 그런 나를 유일하게 통제하고 이끌어주는 분이다. 병도 주고 약도 주는 것 같다. 나에게는 유비 같은 분이라 늘 이 사람을 '왕'으로 만들어야겠다는 생각을 해왔다. 미쉐린 3스타를 받을 수 있도록 최고의 서포트를 해야겠다는 마음으로 '킹메이커'로서 보필해왔다. 요리사로서, 사업가로서, 그리고 한 가정의 가장으로서 모든 면에서 성공한 강민구 셰프를 보며 깊은 존경심을 느낀다.

요리 이야기로 넘어가서, 밍글스에서 추구하는 요리와 스타일을 무엇이라고 표현할 수 있을까?

김영대   세 가지가 핵심이다. 첫째는 한식에서 빼놓을 수 없는 장이다. 밍글스의 요리 대부분에는 장이 활용된다. 외국에도 발효 음식은 많지만 대부분 신맛이 주가 된다. 하지만 한국은 된장, 간장, 고추장 모두 신맛 외에 그 특유의 풍미와 매력을 지니고 있다. 특히 장이야말로 집집마다 만드는 방법이 다른 우리만의 재료라는 점에서 한식 문화를 대표한다고 생각한다. 둘째는 제철 식재료다. 우리는 계절에 맞는 가장 맛있는 재료를 사용하려고 노력한다. 철이 지나면 아무래도 맛이 많이 빠지기 마련이다. 셋째는 국내 로컬 식재료다. 외국 재료를 사용하면 한국에 오는 동안 퀄리티의 차이가 나게 된다. 관세나 운송비 등 비용 측면에서도 불리할 수밖에 없다.

　　　　한국의 뚜렷한 사계절 속에서 나는 최고의 로컬 식재료와 명인들이 만든 장을 활용하여, 한식을 베이스로 강민구 셰프의 다양한 경험을 조화롭게 녹여낸 것이 밍글스의 요리이다. 그래서 한식 파인 다이닝을 가장 인상 깊게 경험할 수 있는 곳이 밍글스라고 생각한다.

셰프로서 가장 중요한 덕목이 있다면?

김영대   식재료를 끊임없이 확인하는 '관심'과 '책임감'이다. 매일 사용하는 재료라도 컨디션이 늘 다르기 때문에, 같은 레시피라도 미세한 차이를 느끼기 위해 집중해야만 한다. 3년 넘게 메뉴에 있던 요리도 쉬는 날을 제외하고는 매일 두세 번씩 맛을 봐왔다. 이제는 귀찮고 질릴 법도 하지만, '이건 나의 의무'라는 생각으로 임한다.

    또한 자신의 혀를 객관화시키는 것도 중요하다. 기분이 좋을 때나, 슬플 때나, 화가 날 때나 혀는 객관적인 상태를 유지해야 한다. 감정에 휘둘리지 말고 늘 일관된 기준을 지켜야 한다. 기분이 좋다고 간을 맞추는 기준이 허술해지거나, 스트레스를 받는다고 기준을 바꾸는 일이 있어서는 안 된다.

셰프로서 추구하는 목표 혹은 도달점이 있다면?

김영대   언젠가는 나만의 가게를 할 수도 있겠지만, 당장의 목표는 아니다. 지금은 강민구 셰프 곁에서 사업을 어디까지 확장하고 성장시키는지 함께 경험하며, 나 또한 같이 성장하는 것이 가장 큰 목표다. 최고의 주군 옆에서 그를 보좌하는 것 역시 영광스러운 일이라고 생각한다. 특히 나를 선택해준 믿음에 보답하고 싶고 실망시키고 싶지 않다.

    강민구 셰프는 이미 한국 외식업계에 자신만의 이름을 남긴 분이다. 나 또한 밍글스 속에서 '김영대'라는 이름과 발자취를 남기고 싶은 마음도 있다. 물론 지금은 나 자신을 더 단단하게 만들며 준비해야 하는 기간이라고 생각한다.

젊은 셰프들에게 전하고 싶은 조언이 있다면?

김영대   최대한 많은 경험을 해보라고 말하고 싶다. 요리사는 '워라

밸'을 보고 선택하는 직업이 아니다. 많은 이들이 힘든 일을 피하고 쉬운 일만 하려고 한다. 경험이 적은데도 대단한 무언가를 하려고 하며, 돈을 먼저 좇는다. 지금 노력하지 않으면 미래에는 기계에 대체될 뿐이다. 자신이 파인 다이닝, 호텔, 캐주얼 다이닝, 자영업 중 어떤 길을 갈 것인지 빨리 방향을 정하고, 그 길에 맞춰 필요한 경험과 책임을 다해야 한다.

파인 다이닝을 낯설어하는 분들에게
어떻게 즐기면 좋을지 팁을 준다면?
그리고 밍글스에서는 어떤 경험을 하길 바라는지?

김영대   처음부터 너무 비싸고 거창한 곳에 갈 필요는 없다. 훌륭한 레스토랑에서 경험을 쌓은 셰프들이 차린 캐주얼한 공간부터 시작해보시라고 조언하고 싶다. 국밥만 먹던 분이 갑자기 50만 원짜리 식사를 하면 거부감이 들 수 있다. 서서히 스며들듯 경험을 쌓다보면, 서비스와 맛의 차이를 느끼게 되고 자신만의 기준과 취향이 생길 것이다. 그렇게 차근차근 즐겨보시길 바란다.

        밍글스를 찾으시는 분들은 그날 하루의 기억이 완벽했으면 좋겠다. 음식이 맛있었거나 분위기가 너무 좋았을 수도 있지만, 그 모든 것이 한데 어우러져 작은 걸림돌 하나 없이 완벽했다는 기억만 남길 바란다. 우리는 손님이 시작부터 끝까지 완벽한 행복을 느낄 수 있도록 노력할 것이다.

밍글스는 이제 시작,
타협 없이 나아간다

김민성
총괄 매니저 겸 소믈리에

어떤 풍파에도 흔들리지 않을 것 같은 거대한 산의 믿음직함, 그리고 고단한 여정 끝에 만난 쉼터처럼 긴장을 녹이는 아늑함. 밍글스의 시작부터 11년을 함께해온 김민성 매니저는 레스토랑의 가장 낮은 곳부터 가장 높은 곳까지 모든 곳에 손길을 뻗으며 밍글스의 영광을 지탱해온 살아 있는 주춧돌이다.

주방과 홀, 음식과 사람 사이의 모든 흐름을 정교하게 지휘하는 '컨트롤 타워'로서 그의 감각은 한 치의 오차도 허용하지 않을 만큼 치밀하다. 하지만 그 철저한 완벽주의는 역설적으로 손님들에게 더할 나위 없는 여유와 평온을 선사하는 단단한 토대가 된다. 식사를 온전한 예술로 빚어내는 그의 사려 깊은 환대는 밍글스가 지닌 가장 따뜻하고 강력한 힘이다.

이전 경력이 궁금하다.

처음부터 소믈리에를 꿈꿨던 것은 아니라고 들었다.

김민성   군대를 가기 전부터 서비스업에 종사했는데, 전역 후 진로를 고민하던 중 전문적인 다이닝을 경험해보고 싶어 레스토랑에 들어간 것이 시작이었다. 2007년경 가회헌이라는 이탈리안 레스토랑에서 일을 시작했고, 그 후 프렌치 레스토랑 줄라이에서 근무를 했다. 그때까지만 해도 술은 좋아했지만 와인은 전혀 몰랐다. (웃음)

그런데 어떻게 와인의 세계에 빠지게 됐나?

김민성   시작은 순전히 타의에 의해서였다. 처음 일했던 레스토랑의 지배인이 와인에 매우 조예가 깊은 분이었는데, 레스토랑에서 일하는 사람은 무조건 와인을 알아야 한다며 출근 첫날부터 와인 책을 사오라고 했다. 그러고는 와인 지도를 펼쳐놓고 전부 다 외우라고 하더라. 내가 좀 곧이곧대로 하는 스타일이라, 시키는 대로 정말 일주일 만에 다 외웠다.

당시 레스토랑이 와인을 무척 중요하게 여기는 곳이라 매장

별로 자체 와인 대회를 열기도 했는데, 덕분에 나는 입사 3개월 만에 그 대회에서 1등을 했다. 그때부터 본격적으로 와인에 흥미가 생기고 더 깊이 파고들게 됐던 것 같다.

와인은 파도 파도 끝이 없는 다양성이 제일 큰 매력이었다. 끊임없이 새로운 와인을 경험하니 더욱더 호기심이 생겼다. 와인은 소주처럼 급하게 취하는 술이 아니라는 점도 좋았다. 천천히 취기가 오르니, 함께하는 사람들과 여유롭게 더 길고 깊은 대화를 나누면서 분위기와 시간을 즐길 수 있게 해주지 않나.

특히 개인적으로 그림 보는 것을 좋아하는데, 와인을 마시며 유럽 전반의 문화에 대해 한층 더 깊이 있게 공부하고 다양한 지식을 쌓을 수 있다는 점도 나에게는 장점이었다. 역사나 미술사를 보면 어디든 와인이 빠지지 않고 함께하고 있다는 것을 알게 됐다.

2014년, 밍글스 오픈 멤버로 합류했다.
당시에는 아무것도 갖춰지지 않은 스타트업과 같았는데,
어떻게 합류를 결심하게 됐나?

김민성 밍글스가 2014년 5월 문을 열었는데 나는 그해 1월 함께하기로 하고, 매장이 공사를 하고 있던 2월 1일부터 정식 출근했다. 당시 학동사거리 커피빈에서 면접을 봤던 날이 아직도 기억에 남는다. 내가 선택받는 입장인데도 불구하고 강민구 셰프는 노트북을 가져와 네 시간 동안 자신이 걸어온 길, 앞으로 하고 싶은 요리, 만들고 싶은 레스토랑에 대한 계획을 열정적으로 프레젠테이션했다. 그 모습에 깊은 감동을 받았다. '이 사람하고 함께하면 망하지는 않겠다. 잘될 것 같다'라는 강한 확신이 들어 그 자리에서 입사를 결심했다.

11년이 지난 지금을 돌이켜보면 강민구 셰프와 함께한 것은 최고의 선택이었다고 생각한다. 특히 지금 밍글스가 독보적인 아이덴티티identity를 지닌 레스토랑으로 성장했다는 점이 너무나 만족스럽다.

밍글스 성공의 핵심은 무엇이라고 보나?

김민성　　첫번째는 단연 음식이다. 강민구 셰프는 늘 새로운 것을 추구하고 끊임없이 메뉴를 업그레이드한다. 조금 잘된다고 해서 현실에 안주하는 법이 없다. 그런 노력과 혁신적인 시도들이 쌓여 지금의 노하우가 됐다고 생각한다.

　　두번째는 그 음식을 뒷받침하는 서비스다. 내가 추구하는 서비스는 '물 흐르듯' 자연스러운 것이다. 손님이 말하기 전에, 우리가 티를 내지 않고, 보이지 않게 모든 것을 챙겨주는 서비스다. 레스토랑은 음식을 먹는 공간이기도 하지만, 누군가와 소중한 시간을 공유하는 공간이다. 우리는 그 시간을 절대 방해하고 싶지 않다.

　　결국 '밸런스'가 가장 중요하다. 음식, 서비스, 주류, 어느 것 하나 빠지지 않고 완벽한 조화를 이룰 때 비로소 손님이 만족한다.

미쉐린 3스타를 받기까지의 과정이 궁금하다.
그리고 유지에 대한 부담감은 없는지?

김민성　　3스타를 목표로 일하지는 않았지만, 2스타를 받은 후 마지막 단계까지 최선의 노력을 해보자는 이야기를 나눴다. 그때부터 다른 3스타 레스토랑들을 벤치마킹하고, 미팅도 정말 많이 하면서 우리가 부족한 것이 무엇인지 하나하나 바꿔나갔다.

　　예를 들어, 하드웨어적으로는 화장실을 하나 더 만들거나 입구에 가벽을 세우고 서빙 카트 서비스를 도입하기도 했다. 소프트웨어적으로는 서비스 매뉴얼을 만들어 모든 직원이 일관된 서비스를 제공하도록 했고, 재료비에 타협하지 않고 우리나라 최고의 식재료를 쓰자는 원칙을 세웠다. 이렇게 모든 부분에서 세심한 진심이 반영

되면서 시너지를 낸 것 같다.

또한 밍글스가 지하에 있던 시절부터 우리를 응원해준 단골 손님들의 힘이 가장 크게 작용했다고 생각한다. 3스타를 받았을 때, 초창기부터 오셨던 손님이 눈물을 글썽이며 축하해주셨다.

우리의 3스타는, 만점이 3.9라면 이제 막 3.0이 된 것이라고 생각한다. 지금부터 글로벌 스탠더드를 향한 진짜 노력을 시작해야 한다. 물론 부담감은 엄청나게 크다. 이제 우리는 우리 자신과 타협하면 안 된다는 강한 책임감을 가지고 있다.

밍글스는 유독 장기 근속자가 많다.
이직이 잦은 업계에서 팀워크가 탄탄한 비결이 궁금하다.

김민성   이곳이 '발전 가능성'이 있다는 믿음을 주기 때문이라고 생각한다. 밍글스는 10년이 넘었지만 여전히 현재진행형이다. 멈춰 있지 않고 계속해서 발전하는 모습을 보여주니, 직원들에게도 동기부여가 되고, 우리 모두 함께 성장하는 성취감을 느낀다.

물론 현실적인 복지도 매우 중요하다. 강민구 셰프는 오너로서 직원들의 복리후생을 중요하게 생각한다. 영업하는 날은 너무나 바쁘지만, 한 달에 열흘 이상은 직원들이 쉴 수 있도록 문 닫는 날을 최대한 확보하는 등 근무 환경을 계속 개선하려고 노력한다.

밍글스만의 조직 문화라는 것이 있을까?

김민성   호텔이나 다른 기업형 레스토랑보다 허물없다는 점이다. 특히 홀과 주방의 사이가 매우 가깝다. 그래서 홀에서 발생한 손님의 요구 사항을 주방에 전달할 때 스스럼없이 소통을 한다. 파트가 다르다고 상대의 잘못을 따지기보다, 서로의 상황을 이해하고 들어주는 문화가 있다. 이런 유연한 소통이 결국 손님에게 더 빠르고 좋은 서비스로 이어진다고 생각한다.

매니저의 위치에서
어떤 철학을 갖고 일하고 있는지?

김민성　매니저로서는 홀 서비스 전반을 보는 컨트롤 타워 역할에 집중한다. 서비스는 음식이 손님에게 닿아야 비로소 완성되기에, 주방과의 소통을 통해 음식의 퀄리티가 100퍼센트 손님에게 전달되도록 하는 것을 최우선으로 여긴다. 모든 직원의 동선, 모든 테이블의 컨디션을 체크하고, 때로는 주방의 오더가 밀리면 잠시 끊어주는 판단까지 해야 한다. 홀과 주방의 모든 상황을 보고 끊김 없이 조율해야 하기에 더 넓고 예민한 시야가 필요하다.

이 일을 오랫동안 지속할 수 있었던
원동력은 무엇인가?

김민성　뉴욕 그래머시 태번Gramercy Tavern에서의 경험이 결정적이었다. 그곳에는 막내가 13년 차, 그 위로 17년, 25년 차 서비스맨들이 있었다. 백발이 성성한 분들이 단정하게 서비스를 하는 모습을 보며 큰 감동을 받았다. 우리나라 업계에서는 호텔을 제외하고는 40대 이상의 서비스맨을 찾아보기 어려운 것이 현실이다. 그래서 '나도 백발이 될 때까지 이 일을 해보자. 우리나라 서비스맨의 좋은 본보기가 되자' 하는 동기부여가 됐다.

　　　그에 더해, 한국 식문화가 발전하는 과정의 중심에 밍글스가 있다는 자부심과 밍글스의 미래가 궁금하다는 기대감이 지금까지 나를 이끌어온 것 같다.

그렇다면 서비스맨의 매력과 덕목은
무엇이라고 생각하는지?

김민성 　서비스맨의 매력이 있다면 몸에 밴 친절함이라고 생각한다. 일을 할 때나 안 할 때나 말이다. 또한 누군가에게 물질적이거나 금전적인 것이 아닌 서비스 하나로 행복감을 줄 수 있다는 것이 이 일의 가장 큰 매력이다. 맛있는 음식과 좋은 서비스를 통해 그 공간에서 손님을 기분 좋게 해드리고 "감사하다"라는 보답의 말 한마디를 들을 때 큰 보람을 느낀다.

　　　서비스는 결국 사람이 사람에게 하는 일이기에, 가장 중요한 덕목은 '상대방을 생각하는 마음'이다. 배려심과 이해심이 있어야만 진심에서 우러나오는 서비스가 가능하다. 내가 어떤 기분인지 손님은 귀신같이 알아차린다.

음식과 술 이야기로 넘어가보자.
밍글스 음식의 매력은 무엇인가?

김민성 　밍글스 음식은 굉장히 섬세하고 디테일하다. 하나의 요리에 여러 재료를 쓰면서도, 겉보기에는 재료를 별로 안 쓴 것처럼 보이게 한다. 하지만 그 안에는 재료뿐 아니라 찌고 튀기고 끓이는 등 굉장히 많은 조리 과정이 복합적으로 녹아 있다. 특히 유제품을 거의 쓰지 않아 먹었을 때 '헤비'하거나 부대끼는 느낌이 없다. 뻔한 것 같은데 새로운 맛이 나고, 익숙한 듯하지만 낯선 경험을 선사하는 것, 그 섬세한 조율이 밍글스 음식의 가장 큰 매력이다.

밍글스는 한국 최초로 전통주 페어링을 시작한 곳이다.
당시에는 큰 도전이었을 것 같다.

김민성 　처음에는 강민구 셰프의 요구였다. 한식을 하니, 와인 외에 한국을 표현할 수 있는 전통주 섹션이 있었으면 좋겠다는 것이었다. 하지만 당시 전통주는 대부분 도수가 높아서 손님들이 병으로 주문하기에는 부담이 컸다. 그래서 페어링으로 풀어보자고 생각했다. 나역시 전통주를 공부한 사람이 아니었기에, 그때부터 양조장을 찾아다니고, 주막에 가서 술을 마셔보고, 전통주 소믈리에 대회에 나가는 등 치열하게 공부했다. 그렇게 하나씩 우리 음식과 맞춰보며 지금의 페어링을 완성했다.

당신이 생각하는 좋은 페어링은 무엇이고,
강민구 셰프와 어떤 논의 과정을 거쳐 페어링을 완성하는가?

김민성　　내가 추구하는 좋은 페어링은 와인이 음식을 압도하지 않고, 오히려 그 부족한 부분을 채워주며 더 풍요롭게 만들어주는 것이다. 셰프가 신 메뉴를 만들면 가장 먼저 나에게 주고 음식이 어떤지를 물어본다. 그러면 나는 머릿속으로 어울릴 만한 것들을 생각하고, 셰프에게 제안해 함께 맛본다.

　　　　이 과정에서 강민구 셰프는 때로는 와인에 맞춰 음식의 재료를 추가하거나 변주를 주기도 한다. 대개는 푸아그라 메뉴에 달콤한 와인을 많이 페어링하는데, 우리는 그 대신에 푸아그라에 매실청을 바르고 거기에 맞춰 달지 않은 매실주를 페어링했다. 셰프와 끊임없이 소통하기에 이런 논의가 활발하게 이루어진다.

밍글스 페어링만의 강점이 있다면?

김민성　　좋은 와인을 좋은 가격에 제공한다는 점이다. 페어링 코스트를 높게 잡더라도, 많은 분들이 가치 높은 와인을 경험하게 하겠다는 것이 기본 생각이다. 소믈리에가 자신을 드러내려고 너무 튀는 와인을 고르는 경우도 있지만, 밍글스 페어링은 와인이 음식을 돋보이게 하는 '도우미' 역할을 하는 것이 핵심이다. 한마디로 '밍글링mingling(어우러짐)' 그 자체, 물처럼 자연스럽게 음식과 어우러지는 흐름이다.

페어링에 대한 영감은 주로 어디서 얻나?

김민성 기본적으로는 셰프가 만드는 음식과 코스의 흐름에서 영감을 얻는다. 봄나물처럼 코스 초반에 힘이 실리면 페어링도 앞부분에 포인트를 주고, 가을 버섯처럼 뒤로 갈수록 강해지면 페어링도 뒤쪽에 무게감을 싣는다. 예전에는 시작부터 테킬라가 나오고, 샴페인을 중간에 배치하는 등 일본 레스토랑의 예측불허한 페어링에서 영감을 받기도 했지만, 지금은 코스와의 조화를 가장 중시한다.

손님들이 밍글스에서
구체적으로 어떤 경험을 하길 바라는지?

김민성 밍글스의 음식은 매일 먹는 일상식이 아닌, 오직 그 손님만을 위해 정성을 다해 담아내는 특별한 음식이다. 그 가치를 전달하기 위해 우리 역시 미식적으로 더 많이 노력하고, 홀 직원들은 음식을 드시는 데 어떤 불편함도 없도록 최상의 서비스를 제공해야 한다.

나는 파인 다이닝이란 단순히 음식을 먹는 행위가 아니라, 음식과 서비스, 공간이 어우러진 '복합 문화'라고 생각한다. 손님들이 밍글스에서 '한식이 이렇게나 다양하게 변할 수 있구나' '한식의 퍼포먼스를 이런 형태로도 표현할 수 있구나' 하는 새로운 미식의 경험을 온전히 하실 수 있길 희망한다.

앞으로 추구하는 도달점, 개인적인 목표가 있다면?

김민성 뉴욕 그래머시 태번에서 봤던 백발의 서비스맨처럼 되는 것이 목표다. 나이가 들어도 오랫동안 단골과 편하게 이야기하며 현장을 지키는 모습으로 한국 서비스맨의 좋은 본보기가 되고 싶다. 셰프가 레스토랑의 상징이듯, 그 곁에서 오래 함께하는 매니저나 소믈리에도 그 레스토랑의 중요한 일부가 될 수 있다는 걸 보여주고 싶다.

나아가, 여러 F&B(식음료) 프로젝트들을 통해, 레스토랑이라는 공간에 갇히지 않고 김민성이라는 사람의 활용도를 계속 확장해나가는 모습을 보여줌으로써 후배들에게 새로운 길을 열어주는 사람이 되자는 것이 나의 가장 큰 목표다.

젊은 후배들에게 조언을 해준다면?

김민성 첫째, 힘들어도 한곳에 오래 근무하며 그 업장에서 배울 수 있으면 좋겠다. 둘째, 먼저 서비스맨이 되고 나서 와인을 접했으면 한다. 와인은 서비스맨의 훌륭한 '무기'이지, 서비스의 '본질'이 아니다. 서비스의 기본 없이 와인 지식만으로는 절대 좋은 소믈리에가 될 수 없다. 음식이 없는 소믈리에는 반쪽짜리에 불과하다. 사람을 대하는 따뜻한 마음과 배려심을 먼저 갖추길 바란다.

파인 다이닝이 낯선 이들에게
어떻게 즐기면 좋을지 팁을 준다면?

김민성 무엇보다 '오픈 마인드'를 가지고 오셨으면 좋겠다. 새로운 음식을 받아들일 수 있는 열린 마음 말이다. 때로는 '얼마나 잘하는지 보자' 하는 비평가의 시선으로 오시는 분들도 있는데, 맛있는 음식을 마음을 열고 먹으면 훨씬 더 맛있게 느껴질 수 있다. 우리나라 분들은 특유의 '빨리빨리' 문화 때문인지, 다이닝 공간에서조차 여유를 즐기기보다 음식을 빨리 달라고 재촉하는 경우가 종종 있어 안타깝다. 귀한 시간을 내서 오시는 만큼, 온전히 자신을 내려놓고 그 공간과 시간을 즐기셨으면 좋겠다.

결국 손님이 나를 만든다

이현재

총괄 소믈리에

감출 수 없는 영민함과 그 기저에 깔린 유연한 여유. 밍글스의 이현재 총괄 소믈리에는 다이닝의 흐름을 기민하게 읽어내는 똑똑한 감각과 적재적소에 던지는 재치 있는 호흡으로, 자칫 긴장될 수 있는 파인 다이닝의 공기를 기분 좋은 활기로 환기시킨다. 하지만 그 영리한 감각의 끝은 언제나 '손님'이라는 본질을 향해 있다. 손님이 그를 전적으로 신뢰하며 다시 찾아주는 그 찰나의 순간에서 소믈리에로서의 존재 이유를 발견한다는 그는 스스로를 손님을 빛나게 하는 '그림자'이자 후배들이 마음껏 역량을 펼칠 수 있게 돕는 단단한 '울타리'로 정의한다.

유려한 대화 속에 날카로운 전문성을 숨긴 채, 미식이라는 종합예술을 완성해나가는 그의 리더십은 밍글스의 서비스가 지향해야 할 가장 똑똑하고도 따뜻한 이정표가 되어주고 있다.

소믈리에의 길은 어떻게 시작하게 됐나?

이현재   20대가 되기 전에 자급자족을 해야 했던 상황이라, 고등학교 때부터 음식점 서빙 아르바이트를 시작했다. 음식과 연을 맺은 것은 그때가 처음이었다. 사실 부끄럽지만 철없던 시절에는 가수가 꿈이었다. 노래든 무엇이든 내 목소리를 내는 행위 자체를 좋아했던 것 같다. 그때의 연습 덕분인지, 어렸을 때부터 나이에 비해 말투가 다듬어져 있다는 이야기를 종종 들었고 그것이 지금도 나의 강점이라고 생각한다.

가수의 꿈을 접고 생활을 위해 일을 하던 20대 시절, 우연히 와인을 접하게 됐다. 친구와 함께 와인을 마시는데, 와인만 마셨을 때와 음식을 먹으며 마셨을 때의 맛이 완전히 달라지는 경험을 하게 됐다. 1 더하기 1이 2가 아니라 3이나 4가 되는 신기한 경험이었다. 각자에게서는 나올 수 없는, 전혀 새로운 맛이 탄생하는 것을 보고 와인이라는 술에 눈을 뜨게 됐다.

그 경험이 소믈리에라는 직업으로 이어진
결정적인 계기가 된 것인가?

이현재   그렇다. 이 일을 제대로 해보고 싶다는 생각에, 당시 서비스와 와인을 가장 전문적으로 배울 수 있을 거라 생각했던 호텔에서 아르바이트를 시작했다. 그랜드 하얏트 서울 연회장에서 일하며 상하 관계가 명확한 조직 문화를 처음 경험했다. 하지만 호텔에서는 손님과 직접 소통하며 와인을 다루기까지 너무 오랜 시간이 걸린다는 것을 깨달았다. 10년, 15년 차 선배들이 많아 기회가 쉽게 오지 않을 것 같았다. 그래서 레스토랑으로 눈을 돌렸고, 2010년 줄라이에 입사하며 본격적인 길을 걷게 됐다.

특히 당시 줄라이에서는 서비스맨으로 손님을 응대하는 동시에 와인을 다루는 것까지 자연스럽게 할 수 있는 사람을 필요로 했다. 서비스와 와인은 자연스럽게 같이 가야 한다는 마인드가 장착된 곳이었기 때문에 더 깊이 와인을 공부할 수밖에 없었다.

와인을 공부하다보면 소믈리에는 '엉덩이 싸움'이라는 이야기가 나오는데, 실제로 책상 앞에 앉아서 굉장히 많은 시간을 투자해야 소믈리에의 그릇을 한층 더 키울 수 있다.

서비스와 와인을 별개의 분야로
생각하는 이들도 적지 않다.

이현재   물론 서비스맨과 소믈리에의 역할이 나뉘는 곳도 있다. 하지만 나는 서비스와 와인이 같은 선상에 놓여야 한다고 생각한다. 와인 서비스를 하기 전에, 먼저 음식 서비스를 하며 손님의 표정, 대화, 식사 속도를 파악한 사람이 그 테이블을 훨씬 더 깊이 이해할 수 있다. 그 이해를 바탕으로 와인을 추천하고 설명할 때, 손님은 더 큰 신뢰와 편안함을 느끼게 된다.

소믈리에도 당연히 음식에 대해 프로페셔널하게 알아야 한다. 이 음식의 어떤 포인트가 이 와인의 어떤 포인트와 잘 맞는지를 정확히 짚어줄 때, 비로소 완벽한 마리아주mariage가 완성된다. 고객도 그 차이를 분명히 느낄 것이라고 생각한다.

그렇다면 '이제 나는 진짜 소믈리에가 되었구나'라고 느꼈던 순간은 언제였나?

이현재 물론 자격증을 취득했을 때도 성취감이 있었지만, 가장 근간이 되는 순간은 언제나 '테이블 위'에 있었다. 와인을 많이 아시는 손님 앞에서 와인에 대해 이야기하고 추천드렸는데 그분들이 나의 말에 귀 기울여주시고, 나아가 나에게 모든 것을 일임해주셨을 때였다. 식사가 끝난 후 "정말 만족스러웠다" 하며 웃으면서 나가실 때 그리고 다음 방문에도 나를 다시 찾아주실 때, 그렇게 손님과의 신뢰와 관계가 쌓여가는 것을 느낄 때, 비로소 '내가 소믈리에로서 잘하고 있구나'라고 생각하게 된다. 결국 나를 소믈리에로 느끼게 해주는 것은 손님이다. 손님이 나를 만드는 것이다.

소믈리에로서 오랫동안 일을 할 수 있었던 원동력은 무엇인가? 그리고 와인의 매력은 무엇이라 생각하나?

이현재 이 일을 오래 할 수 있는 것은 이 일이 나에게 '살아 있음'을 느끼게 해주기 때문이다. 소믈리에의 일은 테이블이라는 무대 위에서 펼쳐지는 '종합예술'에 가깝다. 음식과 와인을 넘어 역사, 예술 등 다양한 분야와 접목되며 끝없이 공부해야 하는 어렵고 힘든 길이지만, 손님과 교감하며 새로운 아이디어를 얻고 에너지를 받을 때 오히려 살아 있다고 느낀다. 손님 앞에 서서 와인을 서비스하는 그 순간이 나는 집에서 지내는 시간보다 더 편안하게 느껴진다.

와인의 가장 큰 매력은 다양성과 변화라고 생각한다. 나는 와인을 하나의 모습으로 정의 내리지 않으려고 한다. 마치 사람처럼, 같은 와인이라도 언제, 어디서, 누구와, 어떤 음식과, 어떤 기분으로 마시는지에 따라 전혀 다른 모습을 보여주기 때문이다. 그래서 최대한 좋은 핸들링과 컨트롤로 최상의 와인을 선보이는 것이 나의 임무다.

줄라이에서 7년 넘게 근무했고, 이후 그곳에서 개점한
캐주얼 레스토랑 더 그로브의 오픈과 운영까지 맡았다.
각 공간에서 어떤 배움을 얻었나?

이현재   줄라이는 당시 호텔을 제외하고는 손에 꼽히는, 체계가 잡힌 레스토랑이었다. 그때 밍글스의 김민성 매니저와도 3년 정도 함께 일했는데, 현재 제로컴플렉스의 송현태 매니저, 라모라의 안인호 대표 등 최고의 동료들과 눈빛만으로 합을 맞추며 '그림자 같은 서비스'를 펼쳤다. 우리가 돋보이지 않고 손님을 돋보이게 하는 서비스의 기반을 다진 시기였다. 또한 젊은 나이에 '와인 복'도 누릴 수 있었다. 와인도 사람 인연과 비슷해서 인연이 닿지 않으면 만나기 어려운 것들이 있는데, 그 시기에 정말 좋은 와인을 많이 경험하며 견문을 넓힐 수 있었다.

이후 더 그로브를 오픈하면서는 무無에서 유有를 창조하는 경험을 했다. 비스트로였지만 위치 선정부터 인테리어, 기물, 메뉴까지 모든 것을 셰프와 논의하며 꾸려나갔다. 대표가 나를 믿고 모든 것을 일임해준 덕분에, 내가 만약 오너가 된다면 어떻게 운영해야 할지 간접적으로 경험해볼 수 있었다. 그래서 다른 레스토랑을 볼 때도 단순히 직원의 시선이 아닌, 공간의 모든 요소를 존중하고 이해하는 프로의 시선을 갖게 되었다.

2019년 밍글스에 합류하게 된 계기는?

이현재   사실 밍글스에 합류할 기회는 이전에도 한 번 있었지만 당시에는 여러 상황이 맞지 않아 함께하지 못했다. 이후 더 그로브를 그만두고 약 두 달간의 휴식기를 가졌는데, 쉬면서 '역시 나는 일을 해야하는 사람이구나' 절실히 깨달았다. 다시 일에 목말라 있을 때, 마침 김민성 매니저가 연락을 주었다.

      하지만 이미 미쉐린 2스타인 레스토랑에 합류하는 것은 솔직히 부담감이 적지 않았다. 나로서는 잘해야 본전인 상황이었으니까. 그래서 밍글스와 손님 그리고 동료들에게 누가 되고 싶지 않다는 생각, 그리고 '제대로 도전해보자'는 마음으로 입사했다.

미쉐린 3스타를 받기까지 어떤 노력을 기울였고,
3스타를 받을 수 있었던 결정적인 이유는 무엇이라고 생각하나?

이현재   총괄 매니저가 전체적인 분위기를 봤다면, 나는 조금 더 낮은 시선으로 기물, 커틀러리, 서비스 동선, 직원들의 손끝 하나까지 디테일에 신경 썼다. 무엇보다 의자를 놓는 위치부터 손님에게 건네는 한 마디 대사까지 고민했다. 특히 팀원들에게 서비스를 가르칠 때는 "여자친구 혹은 남자친구의 부모님께 하듯 서비스해보라" "편안함 속에서 예의를 찾는 서비스를 제공하라"처럼 누구나 쉽게 이해할 수 있는 비유적인 표현을 많이 사용했다.

      3스타를 받을 수 있었던 것은 밍글스 안에 있는 각각의 요소들이 자기주장을 하기보다는 밍글스라는 하나의 그림 안에서 완벽하게 융화된 덕분이라고 생각한다. 손님들이 밍글스에 오셨을 때, 밍글스라는 '하나의 경험' 자체를 느끼고 가셨으면 하는 바람이었는데, 그 노력이 인정받은 것 같다.

**소믈리에의 입장에서 바라본 밍글스의 음식은
어떤 매력을 가지고 있나?**

이현재   밍글스가 11년이라는 시간을 거치며, 지금은 그야말로 시그니처 메뉴들이 단단하게 모여 있는 단계에 이르렀다고 생각한다. 최근 점심 코스가 너무 긴 것 같아 메뉴를 줄여보려고 했는데, 모든 음식의 완성도와 밸런스가 훌륭해 뺄 요리가 하나도 없을 정도였다.

음식의 맛 점수가 1부터 10까지 있고 5 이상이면 누구나 맛있다고 느낄 수 있는 요리라고 가정해보자면, 밍글스는 모든 음식이 최소한 6 이상이라고 생각한다. 누가 언제 먹어도 모든 음식을 맛있게 먹을 수 있는 것이다. 또한 너무 직관적이거나 어느 한쪽으로 치우치지 않고, 은은하면서도 깊은 감칠맛을 지니고 있다. 아마 강민구 셰프가 장을 과하지 않게, 적재적소에 사용하는 노하우 덕분이라고 생각한다.

음식 자체만으로도 훌륭하지만, 와인이든 다른 음료든 함께 했을 때 절대 해가 되지 않도록 섬세하게 설계되어 있다. 이런 균형감이 있기에, 소믈리에들은 어떤 방향으로든 페어링의 가능성을 자유롭게 탐색할 수 있다. 마치 '배려'의 미덕을 지닌 음식 같다.

**그렇다면 좋은 페어링이란 무엇이며,
'밍글스다운 페어링'은 어떻게 정의할 수 있을까?**

이현재   좋은 페어링이란 단순히 맛있는 것을 넘어 손님에게 특별한 경험을 선사하는 것이라고 생각한다. 와인과 음식을 매칭할 때 크게 세 가지 방향이 있다. 첫째, 와인과 음식이 같은 방향으로 나아가며 시너지를 내는 것. 둘째, 와인이 음식을 감싸주거나 음식이 와인을 보좌하는 것. 셋째, 서로 다른 방향성을 가진 와인과 음식이 만나 전혀 새로운 제3의 맛을 창조하는 것. 세번째가 흔히 말하는 마리아주인데, 사실 이런 경험은 손에 꼽을 정도로 만나기 어렵다.

'밍글스다운 페어링'은 이런 철학 위에서 한 발짝 더 나아간 다. 밍글스의 음식은 겉보기엔 익숙하지 않지만, 맛을 보면 누구나 고 개를 끄덕일 만한 한국적인 감칠맛이 녹아 있다. 우리는 여기에 일부 러 모두가 잘 아는 유명한 와인, 프랑스 부르고뉴의 뫼르소Meursault 나 샤사뉴-몽트라셰Chassagne-Montrachet 같은 와인을 매칭하는 경우 가 많다. '아, 이 와인이 한국적인 음식과도 이렇게 잘 어울리는구나' 하는 새로운 경험을 선사하고 싶기 때문이다. 익숙함과 특별함이 만 나 일으키는 시너지라고 표현하는 것이 적절할 것 같다.

**밍글스의 페어링은 선택지가
다양하다는 점도 강점인 것 같다.**

이현재   밍글스는 네 잔으로 구성된 '포 글라스 페어링'과 '전통주 페 어링' 그리고 모든 코스에 맞춰 제공되는 '시그니처 페어링'까지 세 가 지 선택지를 제공한다. 사실 나는 한 와인으로 두세 가지 음식을 아울 러야 하는 '포 글라스 페어링'이 가장 어렵고, 그래서 더 많은 고심을 한다. 실제로 '포 글라스 페어링'에 나오는 와인과 '시그니처 페어링' 에 나오는 와인은 종류가 완전히 다르다.

또한 자주 방문하시는 분들을 위해서는 마치 커스터마이징 하듯 완전히 새로운 와인을 제공하기도 하고, 특정 와인 종류에 따른 호불호에 따라 페어링을 완전히 바꿔드리기도 한다. 이렇게 선택지 를 다양하게 두는 것 자체가 손님에 대한 환대라고 생각한다.

**와인과 다른 캐릭터를 지닌 전통주를 페어링할 때
특별히 더 신경 쓰는 부분이 있다면 무엇인가?**

이현재   오히려 와인보다 더 정확하고 상세한 정보 전달이 필요하다.

와인은 '먼 미지의 땅'을 설명하는 것이라면, 전통주는 우리에게 가깝지만 잘 모르는 '익숙한 미지'를 설명하는 것과 같기 때문이다. 예를 들어, 전라도, 강원도, 충청도 같은 익숙한 곳에서 온 술이기에 손님들은 더 편안하게 느끼고, 질문을 더 많이 하신다. 그래서 와인 페어링보다 설명이 더 길어질 때가 많다.

강민구 셰프, 김민성 매니저와는
어떤 과정을 거쳐 페어링을 완성하나?

이현재   특정 날짜에 모두가 한자리에 모여서 회의를 하거나 서비스 중 주방에서 많은 의견을 주고받는다. 그러면 힌트를 얻기도 하고, 내가 셰프에게서 직접 메뉴의 상세한 구성 요소를 받아 와인 후보를 정하기도 한다. 그리고 최종적으로 음식을 조금이라도 맛본 뒤 와인을 결정한다. 무엇보다도 이 과정에서 강민구 셰프가 나를 전적으로 믿어주어 훨씬 더 원활하게 작업이 이뤄진다.

특히나 다들 경력이 오래됐고 함께한 시간이 길다보니, 긴 회의 없이도 대화만으로 합을 맞출 수 있게 된 것 같다. 물론 아주 어려운 메뉴가 나오면, 상사이자 선배인 김민성 매니저에게 여러 안을 가지고 도움을 요청하고 함께 토론하며 최선의 답을 찾아간다.

소믈리에와 매니저로서 각각 가장 중요한 덕목은
무엇이라고 생각하나?

이현재   소믈리에로서의 덕목은 와인을 향한 겸손함이다. 와인을 내 마음대로 컨트롤할 수 있다고 생각하는 순간, 분명히 뒤통수를 맞게 된다. 그래서 항상 와인을 의심하고, 매번 체크하며 겸손한 자세를 유지하는 것이 중요하다. 똑같은 와인이라도 소믈리에라면 언제나 확인, 또 확인을 해야만 한다.

매니저로서의 덕목은 팀의 가장 낮은 곳에 서는 것이다. 직급은 위에 있지만, 역할은 팀원들의 가장 밑에서 그들을 받쳐주고 끌어올려주는 것이라고 생각한다. 직원들이 새로운 도전을 하다 실수를 하더라도 "괜찮아, 내가 해결해줄게" 하며 그들이 성장할 수 있는 울타리가 되어주는 것이 중요한 역할이다.

사실 서비스맨으로서, 소믈리에로서, 매니저로서 가져야 하는 덕목은 모두 일맥상통한다고 생각한다.

서비스할 때 손님의 무드를 살피는
노하우나 비결이 있다면?

이현재　영업 비밀이지만,(웃음) 사실 특별한 비결은 없고, 다만 나만의 가이드라인은 있다. '누구와 어떤 자리인가'를 파악하는 것이 시작이다. 내가 테이블에 다가가 "안녕하세요, 더운 날 함께해주셔서 감사합니다"라고 첫인사를 건넸을 때 돌아오는 그 한마디의 톤, 분위기를 통해 많은 것을 파악한다. 낯선 상견례 자리인지, 오래된 부부의 기념일인지, 풋풋한 연인의 데이트인지. 그 상황에 맞춰 조금 더 친근하게 다가가기도 하고, 때로는 있는 듯 없는 듯 테이블의 분위기를 살려주기도 한다. 이런 상황별 대응법을 스스로 정리하고 고민하는 과정을 반복하다보면 자연스럽게 응대하게 되는 것 같다.

개인적으로 추구하는 도달점
혹은 목표가 있다면 무엇인가?

이현재　변하지 않는 열정과 배려가 공존하는 모습으로 향후 20년은 더 손님들 앞에 서고 싶다. 또한 앞으로 밍글스를 더 큰 회사로 만드는 데 내 역할을 하고 싶다. 그리고 그 이후에는 내가 지난 수십 년간 쌓아온 서비스에 대한 노하우와 매뉴얼을 후배들에게 알려주는 '서비스 교육'을 해보고 싶다. 지금 우리나라에는 정확한 매뉴얼이 갖춰지지 않은 곳이 많다. 내가 겪었던 수많은 경험, 성공과 실패를 겪으며 찾았던 답을 통해, 후배들이 더 좋은 방향으로 빠르게 성장할 수 있도록 돕는 '큰 사람'이 되는 것이 나의 목표다.

**젊은 소믈리에 혹은 매니저로 활약하는 후배들에게
전하고 싶은 조언이 있다면?**

이현재 열정과 배려, 이 두 가지를 함께 가졌으면 좋겠다. 이 두 단어는 성향이 아주 다르지만, 훌륭한 서비스 전문가가 되려면 반드시 필요한 요소다. 열정적으로 앞으로 나아가야 할 때와 한없이 상대를 배려해야 할 때를 알고 균형을 잡을 줄 아는, 그릇이 넓은 사람이 되었으면 한다.

**파인 다이닝이 여전히 낯선 분들이 많다.
어떻게 즐겨야 할지 팁을 준다면?**

이현재 딱 한 가지만 말씀드리고 싶다. "질문하는 것을 두려워하지 마세요." 그것 하나면 충분하다. 비싼 돈 내고 오셨으니, 궁금한 것은 하나부터 열까지 전부 물어보셔도 괜찮다. 그러면 직원들과의 대화도, 드시는 음식도 분명 더 좋은 쪽으로 흘러갈 것이다.

SOIGNÉ

스와니예

2013년 서울 서초동에서 시작해 신사동으로 자리를 옮겨 새 둥지를 튼 이곳은 2023년 미쉐린 2스타를 획득했다. '현대 서울 음식'을 테마로 아홉 가지 키워드를 기반한 코스를 운영하며, 오픈 키친 중심의 역동적인 공간에서 전문적인 스토리텔링 서비스를 제공하는 것이 특징이다.

스와니예에서는 잘 짜인 한 편의 여행이자 흥미진진한 연극과도 같은 식사를 체험할 수 있다. 익숙한 한식의 정의에 갇히지 않고, '한국다움'의 본질이 무엇인지 치열하게 고민한 흔적이 곳곳에 묻어나온다. 특히 특정 재료나 레시피가 아니라 우리의 '문화'와 '행동' 그 자체를 접시 위에 담아낸 과정이 놀랍도록 신선하다.

정해진 정답 대신 질문을 요리하는 이곳의 음식은 끊임없이 본질을 탐구하는 우아한 '물음표'와 같다. 그 물음표가 혀끝에서 마침내 기분 좋은 감탄으로 바뀌는 순간, 우리는 비로소 깨닫게 된다. 미식이란 단순히 먹는 행위를 넘어, 시대를 읽고 문화를 향유하는 가장 감각적인 행위임을.

정답을 버리고 질문을 요리한다

이준 셰프와 마주하면 치밀하게 학문을 탐구하는 명민함과, 주저 없이 미지의 대륙을 향해 돛을 펴는 개척자의 대담함이 동시에 느껴진다. 그는 '한국다움'이라는 익숙하고 안이한 관념에 안주하지 않는다. 대신 수백 년 전의 고조리서古調理書를 파헤쳐 '전통이란 당대의 가장 혁신적인 시도였다'라는 논리적 해답을 도출해내고, 이를 현대의 언어로 유려하게 번역해낸다.

모두가 정답이라 믿는 경로를 거침없이 비켜나 '문화'와 '행동'이라는 새로운 본질을 향해 나아가는 그의 행보는 두려움 없는 선구자의 그것과 닮아 있다. 음식을 비비고 조합하는 한국인 특유의 역동성에서 미식의 가능성을 발견하고, 이를 정교한 코스로 설계해내는 그의 감각은 영리함을 넘어 경이롭기까지 하다.

영웅적인 셰프 한 명의 카리스마에 기대기보다 스타트업과 같은 유연한 집단지성을 통해 끊임없이 질문을 던지고 증명해나가는 그의 방식은 스와니예를 한국 미식의 가장 똑똑한 실험실이자 그 누구도 침범할 수 없는 독보적인 영토로 만들고 있다.

이준
셰프

셰프의 길은 대부분 요리가 좋아서 시작하는데,
이준 셰프는 '만드는 행위' 자체가 동기였다는 점이 독특하다.

이준　　맞다. 초등학생 때부터 부모님이 요리하실 때 옆에서 적극적으로 거들었고 혼자 계란프라이를 해먹었는데, 무언가 만드는 게 좋았다. 어릴 땐 기계 만지는 것이나 미술을 좋아했고, '과학상자' 만들기도 즐겼다. 그러다 중학생 때 '평생 만들 수 있는 게 뭘까'를 고민하다 요리를 발견했고, 그때부터 요리사의 꿈을 꾸기 시작했다.

경희대학교 조리학과에 진학하며
본격적으로 요리 공부를 시작했다. 그 시절은 어땠나?

이준　　중학교 3학년 때 한국조리과학고등학교가 개교했다는 소식을 들었지만 당시 나는 인문계 고등학교로 진학했다. 요리사를 꿈꾸는 것이 막연했기에, 조리과가 있는 경희대학교에 들어갔다. 그곳에서 비슷한 취향의 사람들을 만나며 진짜 요리 공부를 시작했다.

　　　　실질적으로 주방에 들어가 경험을 쌓은 것은 그때부터다. 처음에는 특정 전공이 정해져 있지 않았지만, 개인적으로 중식에 깊이 빠져 있었다. 대학 시절, 학교 전체 축제보다 더 컸던 조리과 축제에서 실제 주방을 꾸려 메뉴를 만들어보는 등 해볼 수 있는 경험은 다 해봤고, 군대를 다녀온 후에는 미국으로 가야겠다고 다짐하고 뉴욕으로 넘어갔다.

미국 CIA(Culinary Institute of America)에 진학했고,
재학 중 뉴욕의 미쉐린 3스타 레스토랑 퍼 세Per Se에서 일했다.
학교와 현장을 동시에 경험한 과정이 특별하게 들린다.

이준　　처음엔 정보도 연고도 없어 막막했다. 그나마 가장 쉬운 방법이 학교에 들어가는 것이라 CIA 진학을 결심했다. 하지만 계획이 없었던 것은 아니었다. 퍼 세의 토머스 켈러Thomas Keller 셰프 밑에서 일하고 싶다는 목표가 있었기에, 입학 때부터 주 5일은 학교 수업을 받고 주말 이틀은 퍼 세의 주방에서 일하는 생활을 졸업할 때까지 계속했다.

엄청난 시너지가 끈끈하게 일어났다고 표현해야 할 것 같다. 대부분의 요리학교 학생들은 이론을 배우고 한참 뒤에 현장을 경험하지만, 나는 학교에서 배운 기본 원리가 퍼 세라는 최상위 레벨의 주방에서 어떻게 구현되는지 곧바로 지켜보며 기술의 완성도를 높일 수 있었다. 반대로 현장에서 부딪힌 문제나 궁금증을 바로 다음 주 학교 수업에서 이론적으로 해결했다. 다른 사람들이 몇 년에 걸쳐 배우는 것을 아주 압축적으로, 그리고 깊이 있게 배웠던 행운 같은 시간이었다.

퍼 세 이후 링컨Lincoln 레스토랑의 오픈 멤버로도 활약했다.
그곳에서는 무엇을 배웠나?

이준   링컨은 퍼 세의 헤드 셰프가 독립해서 연 이탈리안 레스토랑이었고, 나는 그곳에서 파스타 섹션을 담당했다. 오픈 멤버로서 메뉴의 베이스부터 모든 것을 만들어가는 과정을 경험하며 자연스럽게 생면 파스타의 매력에 빠졌다. 나는 만드는 것 자체를 좋아했기 때문에, 라인에 서서 요리하거나, 뒤에서 사전 준비를 하는 모든 과정이 재미있었다. 링컨에서는 레스토랑 운영의 기준과 요리사로서의 자세, 철학 등 그야말로 모든 과정의 총합을 배운 것 같다.

한국에 돌아와서는 대한민국 최초의 팝업 레스토랑을 열었다.
그리고 그 경험이 스와니예를 여는 기반이 되었다.

이준   4년 가까운 미국 생활을 마치고 비자 문제로 한국에 돌아왔

71

을 당시에는 솔직히 내가 일하고 싶은 레스토랑이 없었다. 내가 배운 것과 하고 싶은 것을 펼쳐볼 수 있는 곳이 호텔 외에는 없었지만, 호텔은 내가 원하는 방향과 달랐다. 원래 미국에 있을 때부터 홈 파티를 자주 열었기에, 미국에서 막 생겨나던 '팝업' 개념을 차용해 나만의 다이닝 팝업을 시작했다.

처음에는 지인들로 시작해 입소문이 나면서 모르는 손님들이 찾아오고, 규모는 점점 커졌다. 다이닝 팝업을 7~8회 정도 하고, 파스타 팝업은 한 달, 6개월 단위로 길게 진행하기도 했다. 레스토랑을 기획하고, 팀원을 모으고, 메뉴를 짜고, 운영하고, 해산하는 전 과정을 반복했다.

이 모든 과정이 절반은 내가 좋아서 한 것이고, 나머지 절반은 '남보다 내가 더 잘할 수 있을 것 같다'라는 생각으로 한 것이다. 이 경험을 통해 레스토랑을 탄생시키는 과정 자체가 익숙해졌고, 팝업으로 쌓은 신뢰를 바탕으로 지금의 투자자를 만나 2013년 12월 24일 서울 서래마을에 스와니예를 오픈하게 됐다.

12년 동안 스와니예를 이끌어오고 있는데,
스와니예의 문화가 있다면 무엇일까?

이준 　　'집단지성'이리고 말할 수 있을 것 같다. 내기 한국에 돌아왔을 때, 많은 레스토랑의 의사결정 구조가 대부분 수직적이고 권위적이며 주먹구구식이라고 느꼈다. 나는 내가 미국에서 경험한 '좋은 회사' 같은 레스토랑을 만들고 싶었다. 좋은 시스템이 좋은 사람을 만든다고 생각했다. 단순히 칼질과 같은 기술의 발전을 넘어 경영, 기획까지 배워 함께 성장해나갈 수 있는 공간 말이다. 이 직업을 가진 많은 이들이 결국엔 '내 가게'를 갖고 싶다는 희망이 있다보니, 그 꿈의 초석을 마련해주고 싶다는 마음이 컸다.

때문에 실제로 스와니예는 스타트업 같은 문화를 가지고 있다. 누구의 아이디어든 좋으면 쓰고 나쁘면 버리는 수평적인 구조를 지향한다. 막내라고 허드렛일만 하는 것이 아니라, 아이디어 회의에 자유롭게 참여한다. 셰프 한 명의 영웅적인 플레이가 아닌 조직과 팀으로 움직이는 것. 그것이 우리의 가장 큰 문화이자 힘이다.

계속 메뉴를 개발하고 코스를 변화시키는 이유도 이것의 연장이다. 우리는 특정시기가 되면 모든 직원들 사이에서 메뉴를 바꿔야 한다는 분위기가 형성된다. 직급에 상관없이 모두가 아이디어를 내놓는다. 스와니예는 모든 직원이 창작자이기 때문에 끊임없이 창작 작업이 이뤄진다. 이렇게 완성된 결과물은 예술가의 작품처럼 독창적이어야 하지만, 그것을 구현하는 과정만큼은 지극히 체계적이고 합리적인 시스템에 기반해야 한다.

스와니예를 오픈 키친으로 설계한 이유도 셰프 한 명의 모습이 아니라, 이처럼 여러 사람이 얽혀 결과물을 만들어내는 '과정'을 보여주고 싶었기 때문이다.

셰프 이준과 경영인 이준 사이에서
균형을 잡는 것이 어렵지는 않은가?

이준　예전에는 그 둘을 이분법적으로 봤지만, 요즘에는 자연스럽게 합쳐지고 있다고 느낀다. 굳이 구분을 짓자면, 요리사로서의 나는 매출 목표를 떠나 개인적인 욕망 해소나 수련의 과정에 있다고 할 수 있다. 반면 경영인으로서의 나는 나 이후에 이 업계를 끌고 갈 다음 세대를 어떻게 키워낼 것인가, 현재의 토양에서 지금의 사람들이 더 나은 레스토랑을 만들도록 어떻게 판을 짤 것인가를 고민하고 있다. 이제는 나 혼자 잘하고 끝나는 것을 넘어 나로 인해 만들어진 우리 조직이 계속 유지되어 발전하고 확장하는 것을 더 중요하게 생각한다.

스와니예에는 소믈리에, 지배인 등 6년 이상 함께한 멤버들이 있다. 이직이 잦은 이 업계에서 오랜 팀워크를 유지할 수 있었던 원동력은 무엇이라고 생각하나?

이준　　첫째로는, 나와 '결'이 맞는 사람들을 많이 뽑았기 때문이다. 내가 나아가려는 방향을 인정하고 좋아하는 사람들이 모인 것이다. 둘째로는, 그들이 직원임과 동시에 회사를 만드는 주체로서, 내가 만든 토대 위에서 '좋은 회사'의 가능성을 발견했기 때문이라고 생각한다. 스와니예는 똑같은 일을 반복하기보다는 늘 새로운 비전을 제시하는 데 집중한다. 우리 팀원들은 '이곳이 나에게 가장 잘 맞는다'라고 느꼈기 때문에 함께하고 있는 것 아닐까 싶다.

그렇다면 스와니예의 요리는 어떤 스타일인가?

이준　　그것은 나에게 언제나 가장 어려운 질문 같다. 그래도 한 단어로 정의 내리자면 '현대 음식'이라고 생각한다. 처음 스와니예의 문을 열 때부터 우리의 부제는 '현대 서울 음식'이었다. 나는 서울에서 태어나고 자랐지만 뉴욕이라는 도시의 영향을 받았다. 요리에는 한국의 식재료와 세계의 여러 조리 기술을 사용하는데 이것을 과연 '한식'이라고 정의할 수 있을까? 나는 아니라고 생각했다.

　　사람들은 음식을 특정 장르로 분류하길 좋아하지만, 나는 그것이 편협한 시각이라고 본다. 예를 들어, 우리는 해외 언론이 '한국의 대표 음식'으로 짜장면을 꼽으면 이상하게 여긴다. 마치 비빔밥이나 불고기, 김치만이 정답인 것처럼 생각하는 경향이 있다.

　　나는 이러한 고정관념에서 벗어나고 싶었다. 특정 재료들이 한국 음식의 전부이자 정수인 것처럼 여겨지는 방식에 대해 반골 기질을 보인 것이기도 하다. 된장과 간장은 다른 아시아 국가에도 있다. 수많은 문화에 공통된 재료의 변주일 뿐이다. 나는 한국 사람만이

하는 행동, 한국인만의 '식문화' 자체를 요리에 담으려고 노력한다.

'한식'이 아니라 '한국의 식문화'를 담는다는 것은 구체적으로 어떤 의미인가?

이준　스와니예의 메인 요리에는 서너 가지 반찬이 나간다. 하지만 그 요소 하나하나는 서양의 조리 기술로 만들어졌고, 한국적인 향이나 맛이 없는 것도 있다. 중요한 것은, 주식과 반찬을 앞에 두고 손님 스스로가 그것을 '능동적으로 조합'하려는 행동이다. 이 행동이야말로 다른 문화권에서는 찾아보기 힘든, 지극히 한국적인 식문화다.

예쁘게 차려진 음식을 기꺼이 '비벼 먹는' 행위도 마찬가지다. 아마 그릇에 밥 대신 파스타가 담겨 있어도 한국 사람들은 비비려고 할 것이다. 음식점에 가서 여러 음식을 함께 시켜서 '깔아놓고' 각자의 접시에 덜어와 먹는 것 또한 특유의 문화다. 나는 바로 이런 '행동'과 '문화'를 요리에 표현하고자 한다. 기술은 세계의 어떤 것이든 가장 좋은 것을 쓰고, 식재료는 한국의 것을 쓰되, 맛과 조합의 기준은 '한국의 문화'에서 찾는 것이다.

본래 한식에 큰 관심이 없었다고 했는데, 어떤 계기로 '한국의 식문화'를 깊이 파고들게 됐나?

이준　한식에 관심이 없었다기보다는, 한국 사람이기에 당연한 것이라 깊게 생각하지 않았다는 표현이 맞겠다. 음식 자체는 늘 궁금했지만, 한식을 어떻게 해보겠다는 생각은 아예 없었다. 그런데 지식이 쌓이면서, 몰랐으면 지나갈 수 있었던 것들을 알게 되면서 자꾸 더 찾아보게 된 것이다.

특히 해외를 다니며 다른 나라 셰프들을 만나면서 이 고민은 더 깊어졌다. 그들은 나를 자연스럽게 한국 사람으로 보고, 내게서 어떤 '한국적인 것'을 기대한다. 그럴 때마다 '무엇이 한국을 정의하는가?'라는 질문을 스스로에게 던지게 됐다. 그런 의문이 꼬리에 꼬리를 물다보니, '한식'이라는 프레임을 넘어 '한국의 식문화'라는 더 넓은 개념에 관심을 갖게 된 것 같다.

《수운잡방》《임원십육지—정조지》《군학회등》《음식디미방》《음식방문》
《규합총서》《산가요록》 등 조선시대 초기에서 후기까지 걸친
일곱 권의 고조리서를 깊이 탐구하는 것으로도 유명한데,
이러한 과정을 통해 무엇을 깨달았나?

이준   처음에는 다음 시즌의 '주제'를 찾기 위해 고조리서를 읽기 시작했다. 국립중앙도서관이 가까워 원문을 접하기도 쉬웠다. 그런데 읽으면 읽을수록 레시피 자체가 아니라 '이 저자는 왜 이렇게 썼을까?'에 더 집중하게 됐다. 우리가 지금 '전통 한식'이라고 믿는 것들이 사실은 당시 사람들에게는 그 시대의 재료와 기술로 만든 '현대 음식'이었다는 걸 깨달았다. 그러자 엄청나게 새로운 세계가 열렸다.
        실제로 고조리서에는 막걸리로 만든 요거트나 아궁이 연기로 만든 훈제 돼지고기 같은, 지금의 시각으로는 한식이라 부르기 어려운 레시피가 많다. 하지만 그 수많은 기록 중 지금 우리가 한식답다고 생각하는 것들만 살아남아 '전통'이라는 이름표를 단 것이다. 결국, 전통이란 고정된 것이 아니라, 끊임없이 교류하고 변화하며 만들어지는 것이라는 사실을 알았다. 이러한 인식은 내가 더 자유롭게 '현대 서울 음식'을 할 수 있는 철학적 기반을 마련해주었다.

그렇다면 지금 만드는 '현대 서울 음식'이
100년 뒤에는 어떤 '전통'으로 기록되길 바라나?

이준   지금 내가 하는 모든 것들이 결론이 아닌 과정의 일부라고 생각하기 때문에 그 부분에 대해 깊게 생각해본 적은 없다.

만약 조선시대의 문화를 지금 기준에서 '태초의 전통'이라고 본다면, 지금 우리는 그 전통을 기반으로 무언가를 처음 시도해보는 세대라고 생각한다. 6·25전쟁 등을 겪으며 우리는 식문화를 깊이 고민할 여유가 없었기 때문이다. 그래서 어렵고 사실상 백지상태에서 시작하는 것과 다름없다.

미래에는 지금의 시도들이 하나의 '다리' 역할을 할 것이다. 미래의 셰프들은 태초의 전통뿐만 아니라, '전통에서 영감을 받아 나온 지금의 결과물'에서 또 다른 영감을 받게 될 것이다. 그저 '중간에 이런 해석과 시도들이 있었구나' 정도로 기억되는 것, 그것만으로도 충분하다고 생각한다.

그렇다면 세계에서 배운 현대적 조리법과
고조리서를 통해 얻은 전통 사이의 균형은 어떻게 찾고 있나?

이준　　그냥 될 때까지 해보는 것 같다. 계속해보다가 내가 생각하는 개념을 잘 설명할 수 있는 요리가 나오게 되면, 그걸 조금 더 발전시켜보는 방식이다. 무엇이 맞고 틀리다고 정의 내릴 수는 없기에, 나는 나름의 방식으로 계속 깎고 또 깎는 과정을 거칠 뿐이다. 나는 서양과 한국에서 배운 여러 기술을 총동원해 도구로서 사용하고, 그 결과물이 '한국의 문화'라는 맥락 안에서 자연스럽게 조화를 이루도록 노력하고 있다.

당신이 생각하는 한식의 핵심 가치는 무엇인가?

이준　　나도 매일같이 스스로에게 던지는 질문이라 한마디로 정의하기는 어렵다. 하지만 잠정적으로는 조화, 즉 밸런스인 것 같다. 한국 음식 안을 들여다보면, 어느 하나의 요소가 그 자체만으로 존재하는 경우가 거의 없다. 넓게는 한상차림이 있고, 좁게는 비빔밥이 있다. 고조리서를 봐도 바다의 재료가 있으면 땅의 재료가 있고, 찬 성질이 있으면 따뜻한 성질이 있는 등 어느 한쪽으로 치우치지 않으려는 개념이 보인다. 그것이 내가 생각하는 한식의 핵심 가치다.

"한국적인 식문화는 능동적인 조합과 비빔에 있다"라는 말이
무척 인상 깊다. 현재 스와니예 메뉴 중
이러한 철학이 가장 잘 반영된 요리는 무엇이며,
손님들이 그 요리를 어떻게 경험하길 바라나?

이준   특정 요리 하나로 말하기는 조금 까다롭다. 메뉴 전반에 그 기초를 잊지 않고 계속 표현해보려고 노력하고 있다. 가장 직접적으로 드러나는 것은 메인 요리다. 고기 요리를 중심으로 서너 가지의 사이드 디시를 함께 제공하는데, 이를 통해 손님들이 스스로 생각하는 맛의 조합을 능동적으로 만들어보도록 유도하는 것이다.

그 사이드 디시는
가니시와는 접근 방식이 다른 것 같다.

이준   어떻게 보면 종이 한 장 차이일 수 있다. 하지만 우리의 접근법은 무언가를 조합할 때 맛이 변화하는 폭을 훨씬 더 크게 하는 것이다. 단순히 주재료를 보조하는 것에서 끝나는 게 아니고. 어떤 손님은 사이드 디시로 맛의 높낮이를 더 크게 해서 즐길 수 있고, 어떤 손님은 오히려 고기가 사이드 디시를 보조하도록 해서 즐길 수 있다.

　　　궁극적으로는 음식의 구조가 한쪽으로 치우치지 않도록 노력한다. 부드러운 요소가 있다면 반드시 그에 반대되는 요소를 고민하는 식이다. 하나의 특정 재료로만 음식을 완성하는 것을 지양한다.

**과거 8년간 매 시즌 특정 주제로 음식을 풀어내는
'에피소드' 방식을 고수하다가,
약 5년 전 현재의 형태로 운영 방식을 바꿨다.
어떤 계기나 철학적 변화가 있었는지 궁금하다.**

이준　　철학적인 변화라기보다는 솔직히 너무 힘들어서 그만두고 싶었다. 그러한 콘셉트는 한국 시장에서 운영하기에 굉장히 어려운 점이 많았다. 어찌 보면 너무 앞서나갔던 것일 수도 있다. 한국 미식에 대한 개념이 정립되기도 전에, 미식의 끝을 경험한 사람들이나 즐길 법한 복잡한 이야기를 하려 했기 때문이다. 손님을 설득하는 과정도, 그로 인한 스트레스도 엄청났다.

　　8년 동안은 좋아서 했지만, 9년 차에 접어들면서 '이걸 지속할 수 있을까' 하는 고민과 함께 조금은 냉소적인 시각도 생겼다. 그래서 '주제'라는 큰 틀은 내려놓고 지금의 방식으로 바꾸게 되었다.

**8년의 '에피소드' 방식이 고통스러웠다고 했지만,
그 시간을 통해 얻은 가장 큰 깨달음이 있다면 무엇일까?**

이준　　가장 크게 깨달은 것은 고민을 거듭할수록 그 근본에 다가가게 된다는 사실이다. 나의 가장 근본적인 고민은 '이 나라의 고급 음식 문화란 무엇일까?'라는 질문이었다. 매번 에피소드 주제를 정하는 과정 자체가 '한국의 다이닝이란 무엇인가'에 대해 스스로 질문하는 것이었고, 음식으로 그 답을 찾아가는 과정이었다.

　　그 8년의 고민이 쌓여, 지금 메뉴 개발의 바탕이 되는 아홉 가지 키워드를 뽑아낼 수 있었다. 오랜 시간에 걸쳐 여러 시도를 필터링한 결과, 이제는 내가 생각하는 핵심에 아주 조금 더 가까워졌다고 느낀다. 그래서 더 이상 선문답 같은 거창한 주제를 잡을 필요가 없어진 것이다.

그렇게 도출한 아홉 가지 키워드는 무엇인가?

이준   크게 세 가지 카테고리로 나뉜다. '인문학적 특징' '지정학적 특징' '경험'이다. 인문학에는 보양·절기·발효, 지정학에는 산·바다·대지, 경험에는 고조리서·식습관·추억이 속해 있다. 대부분의 메뉴는 이 키워드 중 하나 이상에 맞춰 개발하려고 한다.

물론 이 키워드들이 완벽히 독립적이진 않고 서로 귀속되고 연결되기도 한다. 어떤 것은 같은 뜻인데 다른 표현이기도 하다. 최근에는 이 모든 것이 '식습관'이라는 하나의 개념으로 통합된다고 느껴질 때도 있다.

**2017년 이후 꾸준히 미쉐린 1스타를 유지하고,
2023년부터는 2스타로 승격했다.
미쉐린 스타를 받을 수 있던 이유는 무엇이라고 생각하나?**

이준   미쉐린 1스타는 당연히 받아야 할 것을 받았다고 생각했다. 나의 착각일 수도 있겠지만 당시 내가 먹어본 모든 1스타 레스토랑보다 우리가 잘했다고 확신했기 때문이다. 나는 값비싼 돈을 받고 좋은 음식을 제공하는 곳이라면 그저 맛있는 것에서 멈추지 않고 철학이 깃들어 있어야 한다고 생각한다. 내가 느끼기에 좋은 레스토랑들은 분명한 철학이 있는 곳이었고, 스와니예 또한 철학을 갖고 철저하게 운영하고 있었으니까.

당시에는 지금보다 더 심하게 오리지널리티originality를 중요하게 여기기도 했다. 지금도 마찬가지이지만 당시 스와니예 음식은 99퍼센트가 오리지널 레시피였다. 지금은 영감을 주는 요소가 너무나 많아 자연스럽게 겹치는 일도 있는 것 같다. 그래서 오히려 왜 이렇게 오래 1스타에 머물렀는지 의아할 정도였다.

하지만 2스타를 받았을 때는 놀랍다는 생각이 들었다. 스와니예는 메뉴가 계속해서 바뀌는 콘셉트였기에 오히려 미쉐린 승격이 쉽지 않다고 생각했기 때문이다. 사실 2스타를 위해 무언가 특별히 추가적인 노력을 한 것도 크게 없었다. 그저 늘 하던 대로 계속해서 하고 싶은 것을 했고, 평상시처럼 더 높은 목표를 향해 노력했을 뿐이다.

3스타를 받고는 싶지만, 그것이 내 일의 최종 목표는 아니다. '올해는 꼭 따내겠다'라는 생각으로 일하면 오히려 스스로를 갉아먹게 될 것이다. 지금도 끊임없이 업그레이드하고 있고, 2스타에 걸맞은 음식과 서비스를 제공하려고 노력하고 있다. 그 모든 것이 잘 모여서 만약 3스타를 받는다면 너무나 좋겠지만 말이다.

셰프로서 가장 중요한 덕목은
무엇이라고 생각하나?

이준　셰프는 두 부류로 나뉜다고 본다. 하나는 특정 요리의 마스터가 되어 한 가지를 깊게 파고드는 장인이고, 다른 하나는 끊임없이 새로움을 전달하는 사람이다. 조각 하나에만 올인한 조각가가 전자에 가깝다면, 끊임없이 새로운 것을 만드는 배우나 음악인은 후자일 것이다. 내가 생각하는 셰프는 창의성과 새로움을 갖춘 사람이다.

물론 매일 같은 음식을 만들더라도 '어떻게 하면 더 좋게 만들까?'를 고민하는 것 자체가 새로움을 추구하는 것이라는 점에서 모든 것이 유기적으로 연결되어 있다고 생각한다. 그런 고민조차 없이 '귀찮다, 그냥 똑같이 하자' 한다면 셰프의 마음가짐이 결여된 것이라고 본다.

손님들이 스와니예에서
어떤 경험을 하기를 바라나?

이준　예전에는 내 음식의 철학이나 재료를 알아봐줬으면 하는 욕심이 많았다. 하지만 요즘에는 거창한 것 없이, 그저 "좋았다" 한마디면 충분하다. 소비자가 모든 것을 이해해야만 제대로 즐기는 것은 아니지 않나. 단순하게, 혹은 복잡하게, 각자의 방식대로 좋은 경험을 만들고 가시면 된다. 그 이후에 내 욕심을 조금 보태자면, 음식에 담긴 내용이나 내가 추구하는 요리에 대해서도 조금만 더 관심을 가져주시면 감사하겠다.

이준 셰프가 도달하려는 지점은 어디인가?

이준　　우리나라의 기본 식문화 수준 자체를 끌어올리는 데 역할을 하고 싶다. 지난 10여 년간 파인 다이닝 신은 많은 시도와 정제 과정을 거치며 철학을 다듬어왔다. 이제는 그 과정이 캐주얼 다이닝에서도 일어났으면 한다. 저렴하고 대중적인 음식을 만들더라도, 그 과정에는 '이 음식을 더 잘 만들고 싶다'라는 진심 어린 고민이 담겨야만 한다.

　　주방은 깨끗해야 하고, 정해진 규칙은 지켜져야 하며, 서비스는 손님을 기쁘게 해야 한다는 기본 원칙이 자연스럽게 자리 잡는 모습을 보고 싶다. 효율을 위해 원칙을 무시하지 않았으면 좋겠다. 누군가 감시하지 않아도, 누군가 알아주지 않아도 노력해야 한다.

　　한편으로는 그러기 위해서는 결국 손님들의 입맛과 수준도 함께 높아져야 한다고 생각한다. 더 좋은 음식, 더 깨끗한 음식을 찾는 손님들이 많아진다면 선순환 구조 속에서 식문화는 한층 더 발전할 것이다.

개인적으로 소박한 목표도 있을 것 같은데?

이준　　소박한 목표는 은퇴다. 나 스스로도, 다른 사람들도 이 정도면 충분히 했다고 인정할 때 은퇴하고 싶다. 물론 제대로 은퇴를 하려면 그 과정이 소박하지 않으니, 이것 또한 원대한 꿈일 수 있겠다. 이 일을 죽을 때까지 해야겠다고 생각하진 않는다.

다만, 우리나라의 미쉐린 스타 레스토랑에서는 해외처럼 60대, 70대, 80대가 되어서도 현역으로 활동하는 셰프의 선례가 아직은 없다. 그러니 그 예시가 되기 위해 계속 도전해보는 것이다. 한국은 굉장히 척박한 환경에서 마치 숟가락으로 보석을 캐내는 느낌으로 파인 다이닝 신을 발전시켜왔다. 제로 베이스에서 압축적인 성장을 하며 이만큼 만들어왔으니, 앞으로 더 잘되지 않을까 하는 희망을 품고 계속 나아가는 것이다.

젊은 셰프들, 셰프를 꿈꾸는 이들에게
해주고 싶은 조언이 있다면?

이준 　예전에는 많이 놀아보라고 조언했다. 사람을 즐겁게 하는 법을 배우라는 의미였다. 요즘에는 특히 우리나라 젊은 셰프들이 자신이 얼마나 시야가 좁고 무지한지를 알았으면 좋겠다. 아직 한국 식문화는 시도해야 할 것이 무궁무진한, 완성되지 않은 필드다.

글로벌 경쟁은 한층 더 치열해졌고, 동남아 국가의 셰프들은 무서운 속도로 쫓아오고 있다. 실패에 대한 두려움 때문에 안전한 길만 가기보다는 위험한 도전도 많이 해봤으면 좋겠다. 스스로 왕좌에 앉으려는 생각보다는 가장 좋은 '과정'을 만드는 데 집중했으면 한다.

다이닝을 낯설어하는 분들을 위해
어떻게 즐기면 좋을지 팁을 준다면?

이준 　어쩌면 마음가짐에 대한 이야기라고 할 수 있는데, 다이닝은 일종의 문화생활과 다름없다고 생각하셨으면 좋겠다. 유튜브로 음악을 들을 수 있는데도 굳이 콘서트에 가고, 불편함을 감수하고 해외여행을 가는 것은 그 현장에서만 느낄 수 있는 경험을 원하기 때문이다. 다이닝도 마찬가지다. 그 공간, 그 서비스, 그 음식에 기꺼이 비용과 시간을 지불하고 열린 마음으로 즐기겠다는 자세가 필요하다.

수동적인 손님에게는 서비스를 제공하는 사람도 무언가를 더 해드리기 어렵다. 궁금한 것을 물어보고, 와인 페어링도 시도해보는 등 적극적인 교류를 할 때 120퍼센트, 150퍼센트의 즐거움을 느낄 수 있다. 예산과 시간을 조금 더 넉넉하고 여유롭게 확보해 그곳의 경험을 온전히 누릴 수 있을 때 즐긴다면 훨씬 더 큰 감흥을 받을 수 있을 것이다.

한국의 파인 다이닝 신이 '반짝 유행'으로 그치지 않고 탄탄하게 성장하려면, 지금 우리에게 가장 필요한 것은 무엇이라고 생각하나?

이준   관심이다. 지금까지 한국 미식 시장이 빠르게 성장할 수 있었던 것은 대중의 폭발적인 관심 덕분이었다. 수많은 요리 프로그램 덕분에 셰프라는 직업도 알려졌다. 하지만 그건 '몰랐던 산업'에 대한 일차적인 관심이었다. 이제부터가 진짜 시작이다. 음식의 퀄리티와 그 안에 담긴 철학에 대한 실질적인 관심이 늘어나야 한다. 그런 깊이 있는 관심이 계속될 때, 우리 파인 다이닝 신은 다음 단계, 또 그다음 단계로 성장할 것이다.

서비스 최고의 무기는
존중, 배려, 이해

이현준
지배인

모든 긴장을 무장해제시키는 푸근한 온기와 기분 좋은 위트로 현장의 공기를 유쾌하게 환기하는 그는 화려한 파인 다이닝 무대 위에서 스스로 '확실한 조연'이 되기를 자처하며 자신만의 문법으로 환대를 정의한다. 스와니예를 비롯한 4개 매장과 80여 명의 크루를 진두지휘하는 지배인으로서, 그의 시선은 언제나 셰프와 동료들이 주연으로 빛날 수 있도록 견고한 무대와 정교한 시스템을 설계하는 데 향해 있다. 100점짜리 요리가 500점의 기억으로 완성될 수 있게 레스토랑의 미세한 온도부터 직원 사이의 보이지 않는 유대까지 조율하는 그의 너른 마음과 유연한 처세는 스와니예 그룹을 움직이는 거대한 엔진이자 환대의 본질을 지탱하는 가장 따뜻하고 단단한 토대가 된다.

호텔이 아닌 레스토랑에서
전문 지배인을 만나는 것이 흔치 않은 것 같다.
스와니예 그룹에서 어떤 역할을 하고 있나?

이현준   스와니예 그룹에서 이제 7년 차가 됐다. 내가 하는 일을 간단히 설명하자면, 그룹 레스토랑 운영 전반을 서포트하는 역할이라고 말할 수 있을 것 같다. 직원 관리, 서비스 관리부터 시작해서 여러 가지 시스템을 만들고 매뉴얼을 구축하는 일을 주로 한다.

서비스업, 특히 파인 다이닝의 길을 걷게 된 계기가 궁금하다.
어떤 계기로 이 분야에 발을 들이게 됐나?

이현준   원래 내 꿈은 요리사였다. 중학교 때 만화《원피스》의 '상디' 캐릭터를 너무 좋아해서 요리사의 꿈을 키웠고, 한국관광대학교 호텔조리학과에 진학했다. 원래는 졸업 후 프랑스 파리로 유학을 갈 생각이었는데, 군대에 갈 무렵 집안이 어려워져 계획이 무산될 위기에 처했다. 앞길이 막막하니 일단 군대에서 프랑스 요리책을 사서 독학을 시작했지만 책이 불어로 돼 있어서 하나도 이해할 수가 없었다. 그런데 책 한쪽에 메뉴마다 와인이 계속 곁들여져 있는 것을 보았다. '왜 매번 다른 술이 음식과 함께 나올까?' 그 호기심이 와인과 프랑스 외식 문화 전체에 대한 관심으로 번졌다. 그때 '소믈리에'라는 직업을 알게 됐고, 요리사의 길을 잠시 접고 당시 우리나라에 흔치 않던 이 직업에 도전하기로 결심했다.

　　그렇게 군대에서 2년간 독학으로 와인을 파고들었고, 전역 하자마자 한국에서 취득할 수 있는 와인 자격증을 전부 땄다. 스물네 살 때 와인 관련 레스토랑에서 일하고 싶어 첫 직장으로 노아 비스트 로에 들어갔다. 당시 와인 수집이 취미인 대표가 운영해서 '5대 샤토 château' 같은 좋은 와인들을 직간접적으로 많이 경험할 수 있었다.

　　그러던 중, 주방에서 일하는 셰프가 더 힘든 곳에서 일해보 지 않겠냐고 제안을 주었다. 성장에 대한 욕구가 있던 터라 당시 가장 유명했던 레스토랑인 보나세라로 자리를 옮기게 됐다. 보나세라에서 막내 서버로 시작해 소믈리에, 캡틴까지 5년 가까이 일했다. 아마도 '버텼다'라는 표현이 더 정확할 것 같다.

**당시의 경험이 지금의 이현준 지배인을 만든
중요한 토대가 되었을 것 같다.**

이현준　　보나세라에서 소믈리에 출신이었던 김창모 지배인을 비롯한 여러 선배들에게서 정말 많이 배웠다. 운이 좋게도 회사 지원으로 이 탈리아, 일본 등 해외 미쉐린 레스토랑 출장을 1년에 네 번씩 다니며 파인 다이닝 경험을 쌓았고, 그것을 레스토랑에 적용할 수 있었다. 파 인 다이닝 레스토랑에서 일하고 싶다는 꿈이 확고해지는 시간이었다.

　　보나세라를 그만둔 후에는 박민재 셰프가 운영하던 프렌치 파인 다이닝 레스토랑인 보트르메종으로 옮겼다. 당시 《미쉐린 가이 드》가 한국에 들어온다는 소문이 돌면서, 스타를 받기 위해 레스토랑에 엄청난 투자를 했다. 처음에 소믈리에로 들어갔다가 스물여덟 살에는 매니저 역할까지 맡게 됐다. 그때부터 본격적으로 매니저의 길을 걷기 시작했고, 프렌치 다이닝과 와인 페어링에 더 깊이 빠져들었다. 박민재 셰프 덕분에 매년 파리로 가서 미쉐린 스타 레스토랑을 투어하며 진짜 파인 다이닝 서비스가 무엇인지 배울 수 있었다.

파인 다이닝, 특히 서비스 자체의 매력에
빠지게 된 계기가 궁금하다.

이현준   보나세라에서 일할 때, 고객과의 '티키타카'가 되는 순간 서비스의 진정한 재미를 느꼈다. 내가 삼형제 중 둘째라 눈치가 굉장히 빠른 편인데, 손님을 살펴보다가 적절한 순간 어떤 말을 던졌을 때 그 반응을 보는 과정이 너무 재미있었다. 특히 손님과 유대를 쌓고, 그분이 내 이름을 기억해주시고, 다음 예약 때 나를 찾아주시는 경험이 이어지면서 이게 진짜 보람이구나 싶었다.

　　　　해외 출장으로 간 일본에서는 40대 현지인 소믈리에가 우리가 한국인인 것을 알고, 서툰 한국말을 일부러 검색해 와서는 계속 말을 걸어주었다. 그 순간 음식이 아니라 '그 사람'이 기억에 남았고, 레스토랑 전체가 기분 좋은 추억이 됐다. 특히 파리에 갔을 때는 그런 유쾌하고 친밀한 서비스가 일상이었다. 담당 서버와 함께 호흡을 맞추며 나누는 깊이 있는 상호작용. 그때부터 서비스의 매력에 완전히 빠지게 됐던 것 같다.

　　　　매니저 역할에 본격적으로 집중하게 된 것은 이준 셰프가 운영하던 또 다른 레스토랑인 디어와일드에 합류한 이후였다. 실력 있는 소믈리에들을 채용하다보니, 내가 와인까지 관여하는 것은 그들의 영역을 침범하는 것이라 생각했다. 나는 매니저로서의 역할이 더 즐거웠다. 자연스레 나는 서비스 매뉴얼을 만들고 시스템을 구축하는 일에 집중하고, 와인은 동료들에게 맡겼다. 관리직이 된 것은 2021년, 디어와일드 매니저에서 스와니예 그룹 총괄 매니저가 되면 서부터다.

**당시 미쉐린 스타가 없던 디어와일드에 합류한 것은
의외의 선택처럼 보이는데, 어떤 계기가 있었나?**

이현준   실제로 그전에는 비교적 큰 기업에서만 주로 일해왔다. 큰 조직은 안정적이지만, 무언가 새로운 시도를 하기에는 적합하지 않았다. 결재를 받는 데만 1~2주가 걸리는 등 절차가 복잡했다. 그사이 내 열정은 조금씩 식어가고 있었다. 시키는 대로 하는 것보다는 새로운 도전을 하는 성향이기에 답답했다.

그러던 차에 먼저 디어와일드의 김도완 소믈리에가 함께 일하자는 제안을 줬다. 나는 "미쉐린 별이 없으면 가지 않겠다"라고 퉁 겼지만,(웃음) 이준 셰프가 시도 때도 없이 새로운 것에 도전하는 스타일이라는 말을 듣고 마음이 움직였다. 내가 마음껏 시도할 수 있는 '무대'가 되어줄 것이라는 확신이 들었다.

**스와니예 그룹에서 7년째 일하고 있는데,
이곳에서 오래 뿌리내릴 수 있는 이유가 있다면?**

이현준   이준 셰프와 대표의 신뢰다. 그게 스와니예 그룹에 다니는 가장 큰 원동력이라고 할 수 있다. 두 분은 무대만 만들어주고, 그 위에서 어떤 퍼포먼스를 할지는 온전히 내 자유에 맡긴다. 그래서 나도 직원들에게 똑같이 이야기한다. "내가 너의 무대를 만들어줄 테니, 마음껏 뛰어라. 고객의 호응만 받으면 된다." 이렇게 나를 존중해주는 환경이 나를 움직이게 만든다.

끊임없이 도전을 멈추지 않는 이준 셰프의 모습이
좋은 자극이 될 것 같다.

이현준　정확하다. 결코 멈추는 법이 없다. 단지 요리라는 분야에 국한되지 않고, 모르면 알 때까지 찾아보고 배워서 직접 해보는 분이다. 작은 일부터 직접하려고 하고, 3D 프린팅까지 다룰 정도다. 그 모습을 보면 '나도 뒤처지면 안 되겠다. 저 형을 따라가야겠다'라는 원동력이 생긴다.

이현준 지배인이 생각하는
스와니예의 매력은 무엇인가?

이현준　우리가 추구하는 모던한 서울의 음식을 느낄 수 있는 것이 가장 큰 매력이라 생각한다. 셰프의 요리는 한입 먹었을 때 분명 어디서 먹어본 익숙한 맛이지만, 그게 무엇인지 알 수 없어 생각하게 만드는 재미가 있다. 직원들조차 새로운 메뉴를 테이스팅할 때면 깜짝 놀랄 정도로 도전적이고, 새롭게 풀어내는 음식이 많다.

　　　　스와니예를 한마디로 표현하자면, '모던의 끝판왕'이라고 하고 싶다. 아직까지 '끝판왕'을 향해 나아가는 중이지만.

스와니예만이 가진 차별점과 강점은
무엇이라고 생각하는지?

이현준　'진중하지만 멋지고 밝고 명랑하게'라는 콘셉트가 곧 차별점이라고 할 수 있다. 직원들이 손님과의 유대를 쌓는 것을 매우 강조하고 있다. 실제로 정장을 입지만 운동화를 신고 일하고, 음악 역시 계절과 메뉴 콘셉트, 점심과 저녁의 템포를 고려해 내가 직접 선정해 다른 파인 다이닝 레스토랑보다 조금 더 밝은 분위기를 만들려고 노력하고 있다.

디지털 혁신 또한 스와니예의 가장 큰 강점이다. 우리가 직접 개발한 디지털 메뉴판은 메뉴뿐 아니라 셰프의 요리 의도를 다양한 방법으로 보여준다. 와인 페어링의 경우 생산 지역을 구글 맵과 연동해 보여주는 등 풍부한 정보를 제공하고 있다. 특히 영어, 중국어, 일본어 등 다국어 번역을 지원하고 있는데, 지금은 중국 SNS에서 '말이 통하지 않아도 편하게 즐길 수 있는 미쉐린 레스토랑'으로 소개될 정도로 주목받고 있다. 셰프와 나의 목표는 〈아이언맨〉에 나오는 인공지능 비서인 '자비스' 같은 시스템을 만드는 것이다.

7년 차 지배인으로서
어떤 철학을 갖고 일하고 있는지 궁금하다.

이현준　연차가 쌓일수록 역할이 계속해서 변한다는 것을 느낀다. 예전에는 '고객 만족' 같은 서비스 철학만 이야기했다면, 지금은 '운영'이라는 큰 틀에서 모든 것을 바라보게 됐다. 나의 역할은 스와니예 그룹의 한가운데서 레스토랑 전체를 책임지는 것이다. 직원 관리뿐만 아니라 레스토랑의 온도, 습도, 음악, 주방 및 다른 팀과의 커뮤니케이션 및 유대 관계까지, 모든 것을 조율하고 운영한다. 여기에 더해, 어떻게 모두 함께 어깨동무를 하고 발전할 것인지까지 나의 더 큰 철학이 됐다.

이현준 지배인에게 완벽한 서비스란 무엇인가?

이현준　표준화된 호텔식 서비스는 이제 기본값이라고 생각한다. 우리 레스토랑을 찾는 손님들은 목적과 성향이 모두 다른데, 그들에게 똑같은 서비스를 제공하는 것은 최악의 서비스다. 우리가 추구하는 완벽한 서비스는 코스가 진행되는 동안 손님의 성향과 목적을 파악한 뒤 그에 맞춰 유대를 쌓고 퍼포먼스를 보여주는 것이다.

주방에서 100점짜리 음식이 나온다면, 그것을 101점, 혹은 500점으로 만드는 것이 서비스팀의 역할이다. 손님의 니즈를 파악하고, 유쾌한 '티키타카'를 통해 단순한 식사가 아닌 즐거운 경험을 만드는 것이 진정한 서비스라고 생각한다.

수많은 단골 고객들의 취향과 방문 기록을 어떻게 관리하는지, 본인만의 특별한 노하우가 있다면?

이현준   손님과의 유대감을 쌓는 '티키타카'의 성공률은 40퍼센트 정도인 것 같다. 외국인 손님들과는 언어의 장벽이 있기 때문이다. 하지만 말이 통하지 않는 중국인 손님들을 위해 중국어 메뉴판을 만들고, 태블릿에 영어, 중국어, 일본어 번역본을 넣어두는 것만으로도 만족도를 크게 높일 수 있었다.

커뮤니케이션이 가능한 분들에게는 "어제 뭐 하셨어요?" "내일은 어디 가실 거예요?" 같은 간단한 질문을 던지며 자연스럽게 유대를 쌓는 편이다. 한국 손님들은 셰프의 요리를 경험하러 오신 분들이 많기에 "이 음식에서 셰프님의 킥을 느끼셨나요?" 같은 질문을 던지며 음식에 대한 대화를 유도한다. 물론 비즈니스나 소개팅처럼 음식이 주가 아닌 경우에는, 그분들의 시간을 존중해 설명을 짧게 할지 길게 할지 미리 여쭤보고 상황에 맞게 서비스를 준비한다.

기록 면에서는, 과거 이준 셰프가 직접 만든 프로그램에 손님이 누구와 언제 왜 왔는지에 대한 방문 기록부터 왼손잡이 여부, 음식 간, 알레르기 등 모든 것을 태그로 기록해왔다. 내가 입사한 2019년도부터 이미 활성화되어 있었다. 지금은 예약 앱의 기능을 100퍼센트 활용하고 있다. 서비스가 끝나면 각 담당자들이 그날 손님과 관련된 모든 기록을 남긴다. 이 기록이 계속해서 쌓여 다음 방문 시 우리에게 굉장히 중요한 정보가 된다.

**레스토랑의 분위기는 보이지 않는 서비스로
완성된다고들 말한다. 좋은 분위기를 만들기 위해
가장 신경 쓰는 디테일이 있다면?**

이현준   고객과의 유대만큼이나 직원들 간의 유대가 너무나 중요하다. 팀이 끈끈해야 보이지 않는 곳에서 진짜 서비스가 나온다고 믿기 때문이다. 그래서 분기별로 전 직원과 개인 면담을 진행하며 고민이나 앞으로의 방향성에 대해 듣는 시간을 갖는다.

또한, 불과 몇 년 전만 하더라도 실수를 했을 때 혼내는 문화가 있었다. 하지만 지금은 동료가 즉시 와서 손님도 모르는 사이에 그 실수를 수습해주고, 실수를 한 직원은 잠시 빠져 '멘탈'을 회복하고 돌아올 수 있는 시스템을 만들었다. 물론 적당한 긴장감도 필요하지만 이렇게 서로를 돕는 끈끈한 팀워크가 좋은 분위기의 레스토랑을 만드는 데 핵심이라고 생각한다.

주방과의 이상적인 관계는 어떤 모습일까?

이현준   가장 중요한 것은 화합이다. 이를 위해 커뮤니케이션이 선행되어야 한다. 우리는 서비스팀, 소믈리에팀 미팅은 물론, 분기별로 주방팀과도 함께 미팅을 한다. 서비스 중에 불만이 생겨도 절대 그 자리에서 표출하지 말고, 적어뒀다가 회의 때 토론을 통해 해결하자고 항상 이야기한다.

어떤 부서든 힘들고 각자의 입장이 다르니 자칫 잘못하면 감정적으로 부딪힐 수 있다. 하지만 서비스할 때는 최대한 그러한 감정을 빼고 냉정해야 한다고 강조한다. 주방과 홀의 사이가 나빠지면 그 피해는 고스란히 고객에게 돌아가기 때문이다.

지배인으로서 가장 중요한 덕목이 있다면 무엇일까?

이현준 　요즘 직원들에게 가장 많이 강조하는 것은 존중, 배려, 이해다. 이 세 가지는 손님을 향하기 이전에, 직원들 사이에서 먼저 이루어져야 한다. 동료 간에 서로 존중하고 배려하고 이해할 수 있다면, 손님에게는 그 마음이 자동으로 향하게 된다. 또한 내부적으로 그렇게 되면 일하는 환경 자체가 힘들어지지 않는다고 생각한다.

**스와니예가 미쉐린 2스타를 받기까지
어떤 노력이 있었는지 궁금하다.
당시 상황이 매우 어려웠다고.**

이현준 　스와니예는 1스타를 6년간 유지했는데, 사실 2스타를 받았을 때가 이준 셰프한테는 가장 힘든 해였다. 디어와일드가 문을 닫고, 기존 매니저가 퇴사하며 서비스팀이 거의 공중분해된 상태였다. 상황이 열악하다보니 예약을 받기가 어려울 정도였다. 그래서 아무도 기대를 안 했는데 2스타로 호명되는 순간, 온몸에 소름이 돋으며 모두가 함께 기뻐 날뛰었던 기억이 있다. 최악의 해에 받은 상이라 더 의미가 깊었다. 아무리 생각해도 꾸준함과 방향성을 굳건히 유지한 것이 가장 큰 이유인 것 같다.

**2스타 유지나 3스타로의 도전에 대한
압박감은 없나?**

이현준 　솔직히 둘 다 없다. 스와니예는 미쉐린에 대한 압박을 내려놓으려고 하는 레스토랑이다. 우리는 그냥 해왔던 대로 계속해서 멈추지 않고 도전하며, 우리의 방향성을 유지하고 꾸준히 나아갈 뿐이다. 사실 하루하루가 너무나 바쁘기 때문에 그런 압박감을 느끼지 못하는 것 같기도 하다.

스와니예가 어떤 공간이 되기를 바라나?

이현준   스와니예는 도전과 혁신을 많이 하는 만큼 다른 해외 레스토 랑과 콜라보도 굉장히 많이 하는 편이다. 예를 들어, 얼마 전 덴마크 코펜하겐의 미쉐린 2스타 레스토랑인 콩 한스 켈데르Kong Hans Kælder 와 협업했는데, 덴마크까지 가지 않고도 특별한 경험을 서울의 스와 니예에서 할 수 있는 기회를 마련했다. 이렇게 새로운 것을 경험할 수 있는 공간이 되길 목표로 한다.

손님들이 이곳에서 어떤 경험을 하길 바라는지
조금 더 구체적으로 설명해준다면?

이현준   우리나라 파인 다이닝은 대부분 무겁고, 진중하고, 경직된 느낌의 레스토랑이 많다고 생각한다. 스와니예는 그런 분위기를 지 양한다. 수십만 원이라는 큰돈을 내고 경직된 상태로 식사하면 체하 기 마련이다. 그래서 나와 셰프가 가장 중요하게 생각하는 것은 손님 들이 '편하게, 재밌게, 맛있게' 식사하는 것이다. 편안한 분위기에서 음식을 즐기고, 셰프와 안부도 물으며 즐거운 시간을 보내는 경험을 하셨으면 좋겠다.

지배인으로서 이현준이라는 사람의
관전 포인트는 무엇일까?

이현준   스와니예 하면 이현준이라는 이름이 떠오르지 않게끔 '확실 한 조연'이 되려고 노력하고 있다. 나에 대한 관전 포인트는 '없음', 심 지어 내 존재조차 몰라주셨으면 하는 게 나의 바람이다.(웃음) 지금은 나를 내세우기보다, 소믈리에나 캡틴처럼 실무에서 활약하는 동료들 을 더 내세우고 뒤에서 완벽한 서포터 역할에 집중하고 있다. 스와니 예 그룹의 중심에서 기둥과 뿌리가 되어주는 것이 내 목표다.

지배인을 목표로 하는 후배들에게
전하고 싶은 조언이 있다면?

이현준   앞서 이야기했던 존중, 배려, 이해, 이 세 가지가 없으면 이
일을 하면 안 된다고 단언할 수 있다. 절대 좋은 매니저가 될 수 없다.
매니저가 되면 고객보다 오히려 내부 직원, 운영진과의 마찰이 더 많
다. 그때 이 세 가지 가치가 조직이 망가지지 않고 앞으로 나아가게
하는 가장 중요한 힘이 된다고 확신한다.

마지막으로, 다이닝을 낯설어하는 분들에게
어떻게 즐기면 좋을지 팁을 준다면?

이현준   솔직히 파인 다이닝은 굉장히 비싼 것이 사실이다. 그래서
억지로 경험하기보다는 여유가 생기면 그때 즐기시라고 말씀드리고
싶다. 하지만 큰마음 먹고 기념일 등에 오시는 분들께 드리고 싶은 팁
은, 담당 서버와 열린 마음으로 최대한 많이 소통해보시라는 것이다.
직원들 또한 손님과 '티키타카'가 되면 더 해주고 싶은 말이 생기고,
평소에 안 하던 재미있는 설명도 해주게 된다. 때로는 셰프에게 특별
히 인사를 부탁드리는 등, 메뉴판에 없는 다른 경험을 하실 수도 있
다. 담당 서버와의 유대를 통해 평소에 겪을 수 없는 즐거움을 찾아보
시길 바란다.

15년의 무대,
매일 새로운 공연처럼

김도완

헤드 소믈리에

진중한 태도 속에 결코 무겁지 않은 편안함을 머금은 김도완 헤드 소믈리에는 15년 동안 매일의 서비스를 한 편의 새로운 공연처럼 정성스럽게 무대 위에 올린다. 와인 한 병으로 사회적 장벽을 허물고 사람과 사람 사이의 소통을 이끌어내는 힘에 매료된 이후, 스와니예에서 7년째 이준 셰프와 호흡을 맞추며 '현대 서울 음식'의 섬세한 결을 선명하게 부각하는 팔색조 같은 페어링을 선보이고 있다.

와인 하나하나를 고유한 생명력을 가진 존재로 예우하면서도, 손님 개개인의 호흡에 맞춰 유연하게 이야기를 건네는 그의 노련함은 좋은 소믈리에의 기본은 결국 훌륭한 웨이터가 되는 것이라는 확고한 철학에서 비롯된다. 전문 지식의 무게에 짓눌리지 않고 고객의 즐거움을 최우선으로 삼는 그의 사려 깊은 환대는 스와니예의 식탁을 더욱 풍요롭고 유쾌한 교감의 장으로 완성한다.

본인에 대한 간단한 소개부터 부탁드린다.

김도완 올해로 15년 차 소믈리에로 근무 중이다. WSET(Wine & Spirit Education Trust) 레벨3 외 다수의 전문인 과정을 취득한 후에 소믈리에로서 많은 업장에서 최고의 선후배들과 함께 다양한 경험을 했다. 현재는 스와니예의 헤드 소믈리에인데 내년부터는 매니저로서 이끌어가려고 한다.

처음 와인을 시작한 곳은 지금은 없어진 전설적인 공간 뱅가였다. 한 5년간 근무했는데, 당시 국내에서 와인을 1,000종 이상 보유한 곳은 뱅가가 거의 유일했다. 국내 5성급 호텔조차 그 정도는 아니었으니까. 와인 스펙테이터Wine Spectator 레스토랑 어워드에서 2글라스, 3글라스까지 신청했던 유일한 곳이기도 했다(매해 초에 각 레스토랑에서 와인 리스트를 보내면 〈와인 스펙테이터〉에서 검토 후 1글라스, 2글라스, 3글라스를 부여하는 방식).

뱅가에서 와인 경험치를 압축적으로 쌓았다. 남들에게 15년,

20년 걸릴 경험을 5년 안에 한 것 같다. 덕분에 '100점짜리 와인'의 기준을 알게 되었고, VIP 고객들을 응대하며 최상위 다이닝 서비스의 기본기를 몸에 익혔다. 내 소믈리에 경력의 80퍼센트는 이 시기에 만들어졌다고 해도 과언이 아니다.

뱅가를 졸업한 후에는 다이닝 공부를 하고 싶어 당시 떠오르던 아메리칸 다이닝 레스토랑인 세컨드 키친에서 1년 정도 일했고, 이후에는 프렌치 레스토랑 줄라이에서 소믈리에로 3년간 있었다. 중간에 공부를 위해 잠시 쉬었다가 2019년에 스와니예에 합류했다.

뱅가 이후 세컨드 키친, 줄라이 등 각 레스토랑에서의 경험을 통해
구체적으로 어떤 점들을 배웠는지?

김도완　세컨드 키친에서는 캐주얼 다이닝의 위대함을 배웠다. 조수용 대표가 문화 사업의 일환으로 만든 공간이었는데, 그곳에서 단순히 '포멀'한 것이 서비스의 전부가 아니며, 캐주얼한 접근이 오히려 더 멋지고 가치 있을 수 있다는 것을 깨달았다. 문화를 통해 서비스를 풀어내고, 때로는 시적인 표현을 사용하며 고객과 소통하는 방식이 인상적이었다.

줄라이에서는 한국 파인 다이닝의 시작점을 엿볼 수 있었다. 서래마을 특유의 분위기와 고객층을 경험하며, 조금 더 보수적인 형태의 서비스도 접해보았다. 오랜 역사를 가진 레스토랑의 운영 방식을 배울 수 있었다.

호텔 경험도 있다고 들었다.
외식 파트가 아닌 호텔 서비스 경험이 와인과 소믈리에의 길로
들어서는 데 어떤 영향을 미쳤나?

김도완　아주 잠깐 호텔 신라 컨시어지에서 인턴십을 했다. 당시 나이도 어렸고, 신라호텔이 워낙 힘든 곳이라 6개월 정도만 하고 고향인 부산으로 내려가려 했다. 그런데 그때 호텔 선배들 덕분에 와인을 처음 접하게 됐다. 당시 호텔 회식은 소주, 맥주가 아니라 와인으로 하는 문화가 있었는데, 나는 와인을 전혀 몰랐다. '너는 이런 것도 몰라?' 하는 느낌에 자존심이 상해서, 그때부터 와인 공부를 시작했다. 당시 큰 수입사들은 와인 노트를 제공했는데, 그걸로 공부하다보니 와인이 재미있게 느껴졌다.

와인 자체의 매력보다는
와인을 마시는 분위기나 와인이 가진 '힘'에 더 끌렸다고 하던데.
구체적으로 어떤 점이 소믈리에가 되겠다는 결심으로 이어졌나?

김도완   나는 술을 잘 마시지 못하는데도, 와인 마실 때의 분위기가 참 좋았다. 와인 한 병을 매개로 다양한 대화가 오가고, 비즈니스가 성사되기도 하고, 때로는 깊은 친목이 다져지기도 한다. 와인이라는 아이템 하나로 남녀노소, 사회적 지위를 넘어 소통할 수 있다는 점이 매력적이었다. 예를 들어, 소위 상위 1퍼센트의 회장님들과도 와인 한 병 앞에서는 격의 없이 대화할 수 있었다. 와인이 가진 이런 힘으로 많은 것을 할 수 있다고 느꼈을 때 소믈리에가 되고 싶다는 생각이 강해졌다. 그래서 호텔경영학을 공부하던 대학교도 중퇴하고 소믈리에의 길로 들어섰다.

소믈리에로서 가장 중요한 덕목이 있다면
무엇이라고 생각하나?

김도완   항상 겸손해야 하는 것 같다. 와인이라는 것은 공부만 해서 되는 것이 아니라, 많은 사람을 만나듯 많은 와인을 직접 경험해봐야 더 깊이 이해할 수 있다. 나도 공부를 많이 했지만, 와인을 정말 많이 드서보신 분들과 비교하면 내 지식은 부족할 때가 많다. 같은 빈티지, 같은 시간에 나온 와인이라도 한 병 한 병 컨디션이 다르고 개체가 다르기 때문에 마셔봤다고 해서 자만해서는 안 된다.

와인 한 병을 대할 때마다 '이 와인은 어떤 아이일까?'라는 마음으로, 0에서부터 알아가려는 겸손한 자세가 중요하다. 와인을 단순한 술이 아닌, 각자의 스토리를 가진 하나의 '존재'로 대해야 한다.

15년 동안 슬럼프 없이
소믈리에로 일할 수 있었던 원동력은 무엇인가?

김도완　매일매일 다른 사람을 만나고 다른 와인을 만나기 때문에 슬럼프가 없었다. 처음 나를 가르쳐준 이탈리아 지배인이 "매일매일이 공연"이라고 말했는데, 실제로 매일이 새로운 공연 같다. 내가 원래 낯가림이 심한 성격인데, 소믈리에라는 역할을 맡으니 매일 다른 모습을 보여줄 수 있었다. 어떤 날은 냉소적인 척하다가, 어떤 날은 손주나 아들처럼 친근하게 다가간다. 배우가 매번 다른 역할을 맡듯 나도 매일 다른 손님 앞에서 다른 모습으로 소통할 수 있다는 점이 이 직업의 가장 큰 매력인 것 같다.

스와니예에는 어떻게 합류하게 됐나?
이준 셰프의 어떤 점에 끌렸는지 궁금하다.

김도완　이준 셰프의 천재성과 창의력에 매력을 느꼈다. 국내 최초로 팝업 레스토랑을 여는 등 기존 파인 다이닝 셰프들의 프레임에 갇히지 않고 늘 새로운 시도를 하는 분이었다. 욕을 먹을 걸 알면서도 남들이 하지 않는 일을 하는 모습이 흥미로웠다. 마침 이준 셰프가 디어와일드라는 새로운 콘셉트의 매장을 준비 중이었고, 그 또한 궁금해서 지원하게 되었다.

스와니예에서 7년이라는 긴 시간 동안
함께할 수 있었던 이유는 무엇일까?

김도완   이준 셰프는 하루도 생각을 쉬지 않는 분이다. 실패한 아이템도 많지만 그만큼 끊임없이 새로운 것을 시도한다. 덕분에 나도 매일 새로운 주제로 대화하고, 새로운 프로젝트에 참여하며 배울 점이 많았다. 그는 늘 10년 단위의 계획을 가지고 있어서, 나 역시 정체되지 않고 계속 앞으로 나아가는 느낌을 받는다. 특히 이준 셰프의 생각을 보면 정말 '입체적인 사람'이라는 생각이 든다. 생각의 면이 다각도에서 보인다.

스와니예에 있으면 평생 소믈리에만 하지는 않겠다는 생각이 들 정도로 다양한 경험을 할 수 있다. 티, 맥주 개발에 참여했고, 지금은 향 아이템인 사셰sachet(방향 주머니)도 만들고 있다. 내년에는 와인 생산도 계획 중이고. 레스토랑 안에서 다양한 역할을 수행하며 성장할 수 있다는 점이 가장 큰 이유인 것 같다.

이준 셰프는 음식을 만들 때
때로는 맛의 지점을 비워두기도 한다던데,
이런 특징이 페어링에는 어떤 영향을 주나?

김도완   이준 셰프의 음식이 섬세하고 유연해서 내가 페어링으로 색칠할 수 있는 여지가 많다는 것이 장점이다. 음식이 너무 강하거나 모든 맛이 꽉 채워져 있으면 페어링이 단조로워질 수 있기 때문이다.

최근 콩 한스 켈데르와의 콜라보를 통해 느낀 점인데, 외국 셰프들은 와인 페어링을 염두에 두고 의도적으로 음식의 특정 맛을 비워두는 경우가 많다. 그 비어 있는 부분을 와인이 채워주면서 전체적인 맛의 시너지를 내는 거다. 하지만 한국 음식은 대부분 그 자체로 맛이 완성되어 있다. 스와니예 음식은 그 중간 지점에 있는 것 같다.

음식도 훌륭하지만, 페어링을 통해 그 색깔을 더 진하고 선명하게 만들거나, 때로는 내가 의도적으로 맛의 균형을 무너뜨려 새로운 호기심을 자극할 수도 있다.

김도완 소믈리에가 생각하는
좋은 페어링은 무엇인가?

김도완 좋은 페어링은 마리아주의 의미처럼 '잘 어우러지는 것'이다. 부족한 부분이 보완되며 어우러질 수도 있고, 와인과 함께한 음식이 더 맛있다고 느껴질 때 어우러질 수도 있다. 하지만 최고의 페어링은 내가 정의 내릴 수 있는 것이 아니라, 결국 고객이 판단하는 것이라고 생각한다. 같은 페어링이라도 어떤 분은 보완될 때 좋아하고, 어떤 분은 더 강렬한 '킥'을 원하기도 한다. 맛을 느끼는 것은 개개인마다 다르기 때문에 답은 고객에게 있는 '열린 결말'과 같다.

그렇다면 페어링에서
가장 중요하게 생각하는 것은 무엇인가?

김도완 음식과 와인, 두 가지 모두를 동시에 잘 표현해줄 수 있는 '무게감의 밸런스'를 맞추는 것이다. 와인이 너무 강하면 음식의 섬세한 맛이 가려지고, 반대로 너무 약하면 와인의 캐릭터가 묻혀버린다. 음식과 와인이 가진 열 가지 캐릭터 중 최소 여덟 가지 이상을 동시에 느낄 수 있도록 미세한 균형점을 찾는 것이 가장 중요하다.

이 밸런스를 찾기 위해 음식 하나가 나오면 열 가지 이상의 와인을 테이스팅한다. 머릿속으로 맛과 향을 상상하며 후보를 추리고, 실제로 맛을 보며 조율한다. 때로는 모든 팀원들과 함께 테이스팅하고 피드백을 모아 페어링을 수정하기도 한다. 열 명의 손님이 오면 열 명 모두가 즐거워야 하니까.

고객 개개인의 선호도에 따라
페어링 방식을 조절하기도 하나?

김도완　와인을 직접 바꿔드리기보다는 먹는 방식과 순서를 조절해
드린다. 예를 들어, 음식과 와인을 입안에서 함께 씹으며 맛의 충돌과
시너지를 느끼는 방식이 기본적인 페어링 방법인데, 만약 손님이 더
부드러운 조화를 원하시면 음식을 삼킨 후 와인을 마시도록 안내한
다. 반대로 와인을 먼저 마셔 입안을 드라이하게 만든 후 음식을 먹으
면 감칠맛이 더 도드라지기도 한다. 이런 식으로 고객의 취향에 맞춰
경험을 미세하게 조절해드릴 수 있다. 손님이 페어링 와인을 직접 바
꿔달라고 요청하는 경우는 거의 없다. 소믈리에가 고심해서 짠 페어
링에 대한 존중이 있기 때문인 듯하다.

이준 셰프와는 어떤 논의 과정을 거쳐
페어링을 완성하나?

김도완　이준 셰프는 나의 페어링을 절대적으로 존중해준다. 다른 와
인을 써달라고 한 적이 한 번도 없다. 과거 디저트에 논알코올 음료를
페어링했을 때 악평을 들은 적도 있었는데, 그때도 "네가 어떤 의도
로 했는지는 알겠는데, 일반적인 손님들이 공감할 수 있을까? 괜찮겠
어?"라며 걱정만 해주었지, 바꾸라고는 안 했다.

　　　　내가 이준 셰프에게 의견을 구할 때는 "셰프님이 이 음식에
서 특별히 살리고 싶은 맛이나 강조하고 싶은 포인트가 있다면 말씀
해주세요" 정도다. 그러면 "나는 이 맛이 좀 더 강조되었으면 좋겠어"
라고 답해주고, 나는 그 맛을 더욱 돋보이게 하거나, 혹은 반대로 그
맛만 남도록 다른 맛들을 눌러주는 방식으로 페어링을 구성한다. 이
준 셰프가 표현하고 싶은 의도만 파악하고, 그것을 어떤 색깔로 표현
할지는 온전히 내가 판단한다. 그런 절대적인 신뢰 덕분에 내가 소신

껏 페어링을 시도할 수 있는 것 같다.

다른 곳과 비교했을 때 스와니예 페어링만의
차별점과 강점이 있다면 무엇일까?

김도완   남들이 하지 않는 것, 새로운 시도를 많이 한다는 점이다. 물론 정석을 완전히 무너뜨리지는 않지만, 같은 정석이라도 다른 뉘앙스로 보여주려고 노력한다. 그래서 손님들이 우리 페어링을 '흥미롭다' '재미있다' 하고 평가해주시는 것 같다.

예를 들어, 샴페인을 서브할 때 단순히 씁쓸한 맛만 강조하는 것이 아니라 글라스를 바꿔 향과 맛의 변화를 유도하거나, 올드 빈티지 와인은 야생 육류 요리에 낼 때 단순히 곁들이는 것이 아니라 마치 '소스를 붓는' 느낌으로 음식에 없는 풍미를 더하는 데 활용한다. 소비뇽 블랑을 물김치와 페어링하여 그래시grassy한(풀 향) 풍미의 연결점을 찾아내는 것처럼, 익숙한 와인으로 새로운 경험을 선사하는 것이 우리 페어링의 특징이다. 집에 돌아가서도 응용해볼 수 있도록 안내해드리기도 한다.

한마디로 '팔색조 같은 페어링'이라고 표현하고 싶다. 열 명이 오든 백 명이 오든, 각기 다른 손님의 취향과 그날의 분위기에 맞춰 다양한 색깔을 보여줄 수 있다는 의미다. 손님들의 피드백을 통해 내가 미처 보지 못했던 새로운 색깔을 발견하기도 한다. 페어링 주문율이 80퍼센트에 육박할 정도로 고객들의 반응이 좋다.

가장 중요하게 생각하는 것은 무엇일까?

김도완   '이야기'이다. 이준 셰프도 스토리텔링을 중요하게 생각하는데, 나 역시 페어링에 이야기를 담으려고 노력한다. 이야기가 있으면 세 시간이라는 다이닝 시간이 지루하지 않고, 마치 재미있는 영화 한

편을 보는 것처럼 느껴질 수 있다. 손님들이 다음 음식과 와인이 나올 때마다 기대감을 가지고 집중해주는 눈빛을 보면 나도 더 신나서 이야기를 들려드리게 된다.

미쉐린 2스타를 유지해야 한다,
혹은 3스타로 가야 한다는 부담감은 없는지?

김도완　유지를 해야 한다는 부담감은 분명히 있다. 2스타에서 1스타로 내려가면 내리막길이라는 인식이 있다. 하지만 우리는 여전히 하고 싶은 것을 하고, 새로운 시도를 멈추지 않는다. 3스타는 모든 것이 완벽해야 받을 수 있는 것이기에 지금 당장의 목표라기보다는 '줄 때 되면 주겠지'라는 마음으로 임하고 있다. (웃음)

손님들이 스와니예에서 어떤 경험을 하길 바라는지?

김도완　다이닝이 재미있다고 느끼셨으면 좋겠다. 세 시간 동안 조용하고 차분하게 식사하는 공간이 아니라, 때로는 왁자지껄 웃고, 담당 서버나 소믈리에와 편하게 농담도 나누며 시간 가는 줄 모르는 즐거운 경험을 하시길 바란다. 공간이 주는 압박감이나 격식에 얽매이지 않고, 친근한 음식을 멋스럽게 즐기는 편안한 시간이 되었으면 한다. 고객들에게 "스와니예에 가면 항상 즐겁다"라는 인상을 남기고 싶다. 손님들이 웃으며 식사하고 만족하며 돌아가시는 모습을 보는 것이 가장 큰 기쁨이다.

앞으로 새롭게 시도해보고 싶은 페어링이 있다면?

김도완　시장이 양극화됨에 따라, 고객층의 기대치도 높아지고 있다. 특히 외국인 고객 비율이 높아지면서, 그분들의 기준에 맞는 '프리미엄 와인 페어링'을 준비하고 있다. 국내 레스토랑 코스 가격보다 비싼 페어링이 될 수도 있지만, '이래서 2스타구나'라는 인정을 받을 수 있도록 과감한 시도를 할 계획이다. 물론 내가 추구하는 '재미있는 페어링'과는 상반될 수도 있지만, 두 가지 옵션을 제공하며 스와니예 페어링의 기준점을 높여가고 싶다. 누구나 "이걸 페어링에 쓴다고?" 하고 놀랄 만한 와인들을 선보이는 것이 목표다.

김도완 소믈리에가 추구하는 도달점은 무엇인지 궁금하다.

김도완　평생 와인을 친구처럼, 동반자처럼 곁에 두고 싶다. 와인은 내가 외식업을 시작하고 사랑하게 된 계기이기 때문이다. 더 나아가, 다이닝 문화가 한국 사회에 좀 더 편안하게 자리 잡는 데 기여하고 싶다. 다이닝이 특별한 날에만 가는 곳이 아니라, 일상적인 메뉴 선택지 중 하나가 되는 그런 문화를 꿈꾼다.

젊은 소믈리에들에게 전하고 싶은 조언이 있다면?

김도완　'겉멋'으로 소믈리에를 하지 말라는 말을 꼭 해주고 싶다. 좋은 소믈리에가 되기 위해서는 먼저 좋은 웨이터가 되어야 한다. 와인 지식에만 치우치지 말고, 레스토랑 운영 전반과 음식에 대한 이해를 넓혀야 한다. 그래야 와인을 통해 레스토랑의 색깔을 입히고 손님에게 더 깊은 감동을 줄 수 있다.

　　　　와인을 지식으로만 접근하면, 실제로 많이 마셔본 손님들에게는 금방 간파당한다. 겸손한 자세로 끊임없이 경험하고, 와인 한 병 한 병을 처음 만나는 것처럼 신중하게 대해야 한다. 소믈리에라는 프레임에 갇히지 말고, 외식업 전체를 보는 넓은 시야를 갖길 바란다. 나무만 보지 말고 숲 전체를 볼 수 있어야 한다.

마지막으로, 파인 다이닝을 낯설어하는 분들에게
어떻게 즐기면 좋을지 팁을 준다면?

김도완 　금액에 대한 부담감을 조금 내려놓으셨으면 좋겠다. 비싸다는 생각에 경직되면 온전히 즐기기 어렵다. 즐기는 그 순간만큼은 가격 생각은 잠시 잊고 우리가 정성껏 준비한 음식과 서비스, 그리고 그 안에 담긴 이야기를 통해 소중한 추억을 만들어가시길 바란다. 다이닝도 많고 많은 식당 중 하나일 뿐이니 너무 격식 차리려 애쓰지 마시고 편안한 마음으로 오시면 된다. 그리고 마음을 열고 경험 자체에 집중하는 것이 가장 중요하다.

EATANIC GARDEN

이타닉 가든

서울 역삼동 조선팰리스 호텔 최상층에서 도심을 조망하는 코리안 컨템퍼러리 레스토랑이다. 2023년을 시작으로 3년 연속 미쉐린 1스타를 받았으며, 계절의 생명력을 담은 요리와 소믈리에의 정교한 와인 페어링으로 고차원적인 미식 경험을 설계한다.

이타닉 가든에서는 셰프와 소믈리에, 매니저가 함께 빚어내는 거대한 하나의 종합 예술과 마주할 수 있다. 셰프의 요리는 명연기처럼 펼쳐지고, 빈틈없는 서비스는 매끄러운 카메라 워크가 되며, 기물과 조명은 아름다운 미장센으로 잊을 수 없는 장면을 완성한다.

무엇보다 깊이를 가늠하기 어려운 뜨거운 열정과 한없이 온화한 상냥함의 공존. 그 온도 차가 만들어내는 거대한 여운은 어느 곳보다도 길고 짙다. 계절의 생명력을 앞세워 한식을 대담하고 세련되게 풀어낸 요리, 그리고 따스한 환대. 이것은 단순한 식사를 넘어 삶을 지탱하는 소중한 추억이 되기에 충분하다.

L'AMANT SECRET

라망 시크레

서울 중구 레스케이프 호텔에 자리한, 5년 연속 미쉐린 1스타 레스토랑이다. '비밀스러운 연인'을 뜻하는 만큼 로맨틱한 붉은 톤의 감각적 공간과 세련된 인테리어가 두 눈을 사로잡는다. 손종원 셰프는 감각적인 컨템퍼러리 프렌치 퀴진을 선보이며, 직원들은 고객 맞춤형 밀착 서비스로 짙은 감동을 안긴다.

단순한 식사를 넘어, 현대 예술의 한 장면에 들어와 있는 듯한 매혹적인 경험을 선사하는 공간이다. 장미보다 붉고 벨벳처럼 부드러운 이 공간은 시각적 아름다움 속에서도 음식의 본질인 '맛'을 결코 놓치지 않는다. 특히 화려함에 매몰되지 않고, 치열한 고민 끝에 완성해낸 섬세한 맛의 레이어와 완벽한 밸런스는 깊은 감동을 안겨준다

무엇보다 피에르 가니에르Pierre Gagnaire 셰프가 말한 요리의 가치인 '질서, 철저함, 타인에 대한 사랑'을 명확하게 느낄 수 있다. 흐트러짐 없는 미각적 완성도 속에 손님을 향한 진한 애정이 전해지기 때문이다.

어려운 길을 선택하고,
해야만 하는 이유를 찾는 것

7년 전 그와 처음 마주했던 순간이 생생하다.
긴 시간 동안 그는 세계 미식의 중심에서 눈부신 성장을
거듭해왔지만, 그때나 지금이나 한결같이 상대를
배려하고 자신을 낮추는 겸손함은 조금도 변함이 없다.
평소에는 부드럽고 온화한 미소로 주위의 긴장을
무장해제시키지만, 정작 음식 이야기를 시작할 때면
그의 눈빛은 일순간 뜨거운 불꽃처럼 진지하게 변하곤
한다. 그 누구보다 진중한 태도로 요리에 대한 철학을
꺼내놓는 그의 모습은 지켜보는 이의 마음을 움직일 만큼
압도적이다.
손종원 셰프는 세계 3대 요리학교로 손꼽히는 미국
CIA를 시작으로, 미국 샌프란시스코에 위치한 미쉐린
3스타 레스토랑 베누Benu, 퀸스Quince와 코아Coi를
비롯해 덴마크 코펜하겐의 노마 등 세계 미식의 중심이라
불리는 곳들에서 치열하게 경험을 쌓았다. 현재 대한민국
미쉐린 스타 레스토랑 가운데 두 곳 이상에서 동시에
별을 획득하고 지켜내고 있는 유일한 셰프인 그는
안주하지 않고 매 순간 자신을 담금질하며 오늘날 한국
미식의 품격을 우아하고도 뜨겁게 증명하고 있다.

손종원
세프

텍사스주 명문 사립고등학교를 수석 졸업하고
인디애나주 로즈헐먼 공대 토목학과에 입학했다.
요리와는 다소 거리가 있는 삶을 살아온 것 같은데?

손종원　아주 어렸을 때부터 요리를 좋아해서 책을 보며 간단한 요리
를 했다. 부모님의 친구분들이 오시면 메뉴판을 직접 만들기도 했다.
그저 취미였을 뿐 요리를 직업으로 삼을 수 있겠다는 생각을 해본 적
은 없다.

　　　　공과대학을 다니면서 연구실에서 하루 종일 즐겁게 공부하
는 친구들을 보며 내가 진정으로 행복한 순간은 언제인가를 떠올려
봤다. 우연히 CIA를 지나갈 일이 있었는데, 학생들이 셰프복을 입고
굉장히 바쁘게 몰입해서 요리하는 모습을 보고 옛날 꿈이 생각났다.
셰프라는 직업이 인기 있을 때도 아니었지만 결국 내가 좋아하는 것
을 해야겠다는 생각이 들었다. 당시에는 CIA에 들어가려면 실무 경
험이 있어야 해서 시애틀의 일식집에서 1년 일을 한 뒤 CIA에 입학했
다. 부모님의 반대가 엄청났던 기억이 있다. (웃음)

모두가 꿈꾸는 레스토랑에서 경력을 쌓았는데,
그 여정에서 무엇을 배웠는지 궁금하다.

손종원　베누의 코리 리Corey Lee 셰프에게는 셰프는 어떻게 생각하
고, 어떤 행동과 마음가짐으로 임해야 하는지, 셰프 그 자체에 대해서
제대로 배웠던 시간들이다. 코아에서는 프렌치 퀴진의 위대함을 배
웠다. 그전에는 프렌치 퀴진의 의미를 정확히 알지 못했다. 퀸스에서
의 경험도 색달랐다. 직접 농장을 운영하기 때문에 식재료의 중요성
과 그것을 요리로 다루는 방법에 대해서 배운 것 같다. 노마에서는 질
문의 연속이었다. 르네 레드제피René Redzepi 셰프는 모든 것에 이유
가 있어야 한다고 강조했다. 관습적으로 하지 않고 생각하고 질문하

는 법에 대해 많은 가르침을 얻었다.

　　그간 여러 곳에서 배운 것들이 지금 두 레스토랑에 녹아 있다고 볼 수 있다. 배운 것이 있다면 그것을 활용하고 후배들에게 물려줘야지 혼자만 끌어안고 있지 말라는, 코아에서 실제로 들었던 조언이 지금까지 영향을 끼쳤다.

한국에서 이렇게 큰 규모의 파인 다이닝 레스토랑
두 곳의 헤드 셰프를 역임하는 일은 흔치 않다.

손종원　2018년에 라망 시크레, 2022년에는 이타닉 가든의 헤드 셰프로 초빙됐다. 사실 한국에서의 여정이 이렇게 길어질 것이라고는 예상하지 못했다. 처음에는 한국인으로서 한국을 반드시 알아야 한다는 생각에 2년 정도 일을 배워보려고 했다.

　　하지만 팀의 규모가 점차 확장되며 책임감도 더욱 커졌다. 그 과정에서 '할 수 있는 만큼은 해보자'라는 생각으로 미국 영주권을 포기하고 더욱더 레스토랑에 전념하게 된 것 같다. 특히 이타닉 가든을 맡게 될 줄은 몰랐다. 한국인인데 한식을 모르는 것이 일종의 결핍이라고 생각해 꾸준히 궁중음식을 배우고 궁중병과연구원 등에서 수학한 것이 큰 도움이 됐다.

두 레스토랑의 리더로서 느끼는
부담감과 책임감도 상당할 것 같다.

손종원　사람이 제일 힘들다는 말처럼, 처음에는 누군가 레스토랑을 퇴사하면 '내가 부족해서 그런가?' 하는 자괴감과 스트레스가 상당했다. 하지만 지금은 나의 성장과 팀원의 성장이 유기적으로 함께 흘러간다고 생각한다. 내가 성장해야 팀원들이 성장하고, 팀원들이 성장해야 다시 내가 성장할 수 있는 것이다. 때문에 팀원들의 비전과 가치

를 키우는 일이 무엇보다 중요하다는 것을 깨달았고, 이들이 성장할 수 있는 자리와 발판을 마련해주기 위해 노력하고 있다.

그래서 미디어나 시상식 같은 공식적인 자리에도 팀원들을 자주 대동하려 한다. 조리뿐만 아니라 대외적으로 어떻게 행동하는지에 대한 학습도 중요하다고 생각해서다. 많이 성장한 후배로는, 라망 시크레 초창기에 합류하여 지금 이타닉 가든의 셰프 드 퀴진Chef de Cuisine으로 대들보 역할을 하고 있는 유동근 셰프가 좋은 예다.

그리고 내 생각에 불필요한 부분에서는 팀원들에게 스트레스를 주지 않으려고 나름 노력을 많이 한다. 업무 자체가 육체적으로나 정신적으로나 매우 힘드니까. 하지만 꼭 지켜야 할 부분은 나 또한 타협하지 않고 지켜 모두에게 공평해지려고 한다.

**라망 시크레는 프렌치 퀴진 기반이지만
한국적 식재료를 많이 사용하고 있고,
이타닉 가든은 새로운 한식의 탄생처럼 느껴진다.
이처럼 한식을 하는 이유는 무엇인가?**

손종원　음식이 진정으로 발전하려면 현지화가 중요하다고 생각한다. 일본을 예로 들어보자면, 일본 내에서 프렌치 퀴진은 좋은 방향으로 변형되고 발전돼 '재패니즈 프렌치'라는 멋진 장르가 탄생했다. 개인적으로는 이것이 클래식 프렌치 퀴진만큼이나 대단한 것 같다.

한국 역시 한국만의 색깔이 있을 것이다. 라망 시크레와 이타닉 가든의 음식은 절대 같지 않다. 하지만 각기 다른 방식으로 한국적인 색깔을 찾아가는 과정에 있다는 점은 동일하다. 아직 답을 발견하지는 못했지만, 조금씩 빛이 보이고 있어서 어떤 방향으로 나아가야 할지 알 것 같다.

예를 들어, 최근에는 나물에 꽂혀 있다. 한국처럼 다양한 야생의 풀을 이렇게 다양한 조리법으로 먹는 문화는 많지 않은 듯하다. 아시아권에서도 일본은 한국만큼 디테일하지 않고, 중국은 오히려 한국보다 종류가 적다. 편하게 데쳐서 무치면 나물이라고 생각했는데 조희숙 선생님이 나물을 다루는 방식을 보고 굉장히 놀랐다. 나물에 어울리는 조리법이 따로 있고, 그 맛을 끌어올리는 방법도 나물마다 다르다는 사실을 최근에서야 새롭게 배웠다. 어쩌면 이것은 한국에선 너무 익숙하고 흔한 것이라 사람들이 인지하지 못했을 거라는 생각이 들었다. 그래서 이타닉 가든을 통해 한국의 이런 훌륭한 전통과 조리 방식이 있다는 것을 더 알리고 싶다는 마음이 생겼다.

각기 다른 두 레스토랑에서
어떤 요리 스타일을 추구하고 있는지도 궁금하다.

손종원　라망 시크레에서는 정말 아름답고 디테일한 프랑스 요리를 한국적인 재료를 활용해 현대적으로 풀어내려고 한다. 특히 로맨틱한 공간에 더 잘 어울릴 수 있도록 조금 더 화려하고 감각적인 요리를 선보이고 있다. 그래서 맛 또한 대담하고 강렬한 것이 많은데 디테일은 놓치지 않으려고 한다. 맛의 설계에 있어서도 쌓아가는 레이어가 굉장히 많다. 소스 하나도 간단해 보이지만 끓이고 졸이는 데 3일 정도 걸리는 경우도 있다. 자연스레 플레이팅 역시 한층 강렬해진다.
　　　　이타닉 가든은 한식을 하는 만큼 한국적인 아름다움에 대한 고민을 계속하고 있다. 한국적인 아름다움이 무엇인지 묻는다면, 단아하면서도 우아한 느낌이라고 말할 수 있을 것 같다. 영원할 것 같은 아름다움이랄까? 그래서 라망 시크레와 달리 음식의 맛 또한 조금 더 은은하게 가는 편이다. 음식과 공간 그리고 서비스까지 라망 시크레보다는 전체적으로 한층 더 차분한 느낌을 추구하고 있다. 특히 이타닉 가든에서는 한식이 이렇게 멋지고 좋은 것이라는 점을 전달하려고 애쓰고 있다. 한국 사람으로서 평범하고 쉽게 접할 수 있는 것들조차 누구보다 아름답게 풀어내고 싶다.

라망 시크레와 이타닉 가든의 주방을 오갈 때마다 '모드'를 전환하는 노하우가 있나?

손종원　스위치를 껐다 켰다 하는 것처럼 마인드셋을 바꾸지는 않는다. 워낙 나에게 각별하면서도 모두가 뜻을 모아 만들어온 공간이라, 시간이 지나면서 자연스럽게 형성된 두 레스토랑만의 다른 분위기가 있다. 레스토랑의 특징에 제한을 두는 느낌이라 사실 두 레스토랑 다 '시그니처 요리'라는 말을 최대한 피하려고 하지만, 두 곳의 색깔을 최대한 존중하고 어떻게 그 특색을 더 살려 끌어낼지를 고민한다.

시즌마다 두 곳의 메뉴를 바꾸고 코스를 구성하는 과정도 보통 어려운 일이 아닐 텐데?

손종원　실제로 손이 많이 가고 굉장히 어렵다. 어떤 것이 됐든 새로운 것을 만들어내는 과정은 굉장히 고통스럽다. 지난해까지만 해도 새로운 메뉴를 만드는 시즌마다 괴로웠다. 하지만 지금은 맷집이 좋아졌는지 고통스럽지는 않다. (웃음)

　　때때로 계절에 따라 메뉴를 개편할 필요가 없다고 말씀하는 분들도 있는데, 그 말에도 일리가 있다. 하지만 나는 여전히 내 요리가 갈 길이 멀다고 생각한다. 발전하려고 애쓰지 않으면 퇴보한다는 느낌이 든다. 멈추지 않고 나아지려고 노력하는 과정이 이제는 패턴화됐다.

　　좋은 팀원들과 함께 일하다보니 새로운 메뉴를 개발하고 코스를 구성하는 것이 예전보다는 수월해졌다. 노마의 르네 셰프는 팀 미팅에서 종종 한 명의 아이디어보다는 여러 사람의 머리에서 나온

아이디어가 더 값지다는 말을 하곤 했다. 대다수의 요리들이 나의 생각을 이야기하고 또 팀원들의 아이디어를 수용하는 데서 탄생했다.

최근에는 환경을 고려해
지속 가능한 요리에도 힘 쏟고 있다고?

손종원   좋은 환경이 파괴되면 좋은 식재료를 구하는 것은 어려워질 수밖에 없다. 나의 행동 하나가 엄청난 파급력을 불러일으킬 순 없지만, 내가 시작해야 같이 일하는 동료들도 영향을 받고 어떠한 움직임이 일어날 수 있다. 실제로 베누에서도 지속 가능한 요리에 대해 굉장히 많이 배웠다. 이제는 나 역시 실천할 단계라고 생각한다.

      그래서 탄소 배출을 줄이는 식재료를 사용하려고 노력한다. 메인 요리도 닭을 쓰고 있고, 해산물과 채소를 조금 더 많이 쓰려고 한다. 하지만 이 모든 것에는 설득력이 있어야 한다. 결국 요리란 맛있는 하나의 '점'을 찾기 위한 과정이기 때문에 환경적인 부분을 생각하면서도 맛을 놓치지 않아야 한다.

키친 안 벽면에 'Evolve(진화하다)'라는 글자가 굉장히 크게 적혀 있다.
라망 시크레와 이타닉 가든, 두 곳의 모토 모두 'Evolve'라고 알고 있는데
방금 한 이야기와 일맥상통하는 부분이다.

손종원   어마어마한 도약과 극적이고 급격한 진화를 목표로 하기보다는 이제보다 오늘 조금 더 발전하고 싶은 마음이 담겨 있다. 사실 어제보다 오늘 조금이라도 더 발전했다면 결국에는 진화하게 되는 것 아닌가. 그렇게 해야 보람찬 하루를 보내고 후회 없는 삶을 살 수 있다. 팀원들에게 가장 많이 이야기하는 것도 이러한 부분이기 때문에 같은 것을 반복하는데 퀄리티가 낮아지는 것은 용납하기 어렵다.

이타닉 가든의 요리

끊임없이 발전하고 변화하고 진화하게 하는
특별한 원동력이 있을까?

손종원   베누의 코리 리 셰프가 어떤 노력을 기울이며 요리했는지 옆에서 봤고, 그분처럼 정말 혼신의 열정으로 열심히 하는 사람들이 많다. 그들처럼 돼야겠다는 마음이 큰 것 같다.

물론 최근의 가장 큰 원동력은 함께 일하는 팀원들이라고 할 수 있다. 실제로 라망 시크레에 가면 팀원들이 나를 '아부지'라고 부른다.(웃음) 라망 시크레와 이타닉 가든에서는 내가 '가장' 같은 느낌이 있다. 이들에게 부끄럽지 않은 셰프가 돼야 하고, 내가 흔들리면 이들도 흔들릴 수 있다는 생각에 더욱 힘을 내서 나아가는 것 같다.

복잡하고 섬세한 맛의 레이어를 설계하는데
그런 요리의 영감은 어디서 얻는지 궁금하다.
긴장감을 풀어주는 당신만의 '소울 푸드' 같은 것도 있나?

손종원   요리의 영감은 그야말로 모든 곳에서 얻는 듯하다. 그중 가장 큰 것은 요리 스승들에게서 배웠던 것들이다. 여기에 나의 경험을 더한다. 미술관 가는 것을 좋아하고, 음악을 듣거나 공연을 즐기는 것도 좋아한다. 최근에는 다니엘 로자코비치Daniel Lozakovich가 불탄 노트르담 성당의 문을 다시 여는 기념비적인 자리에서 연주한 바흐의 관현악 모음곡 3번 영상을 가장 많이 돌려본 것 같다. 다양한 음악을 즐겨 듣는데 마일스 데이비스Miles Davis나 쳇 베이커Chet Baker 같은 재즈 음악과 힙합 또한 좋아한다.

하지만 정확히 그 순간 영감이 떠오르는 것은 아니다. 단지 그것이 무엇이든 감각을 열어두려고 노력한다. 그런 상태로 감정을 즐기면 어느 순간 문득 무언가 새로운 것이 떠오른다.

그리고 두세 달에 한 번 정도 점심과 저녁 서비스 사이에 팀원들과 함께 나와서 조선팰리스 앞에 있는 '복돈이'란 순댓국집에 간다. 그곳이 근 몇 년간 나의 마음을 풀어주는 역할을 해주고 있다.

**라망 시크레는 오픈 2년 만인 2021년 1스타를 받고
5년 연속 유지하고 있고, 이타닉 가든 또한
2023년부터 3년 연속 1스타를 유지 중이다. 특히 이타닉 가든은
올해 〈아시아 베스트 레스토랑〉 25위에도 이름을 올렸다.**

손종원　여러 미쉐린 3스타 레스토랑에서 일을 하며 마치 내가 3스타처럼 오만하게 생각했던 적이 있었다. 하지만 나의 음식을 만들고 그것으로 평가받으면서 나는 정말 아무것도 아니라는 것을 깨달았다. 문자 그대로 '맨땅에 헤딩'하며 '나의 것'을 한다는 것은 너무나 어려운 과정이었다.

　　　그간 다양한 레스토랑에서 쌓인 경험치와 데이터가 있지만 라망 시크레와 이타닉 가든, 두 곳 모두 손님들이 만족하고 다시 찾는 레스토랑으로 만드는 것을 주요한 목표로 삼았다. 레스토랑은 음식이 제일 중요하니까 우리만의 독창성이 있는 음식을 만드는 것이 급선무였다. 하지만 음식을 만드는 것에서 끝나지 않고, 음식이 손님 바로 앞에 전달되는 방법까지 생각하는 것이 셰프의 몫이라고 생각했다. 그래서 두 레스토랑 모두 음식은 물론 서비스와 공간에 대한 명확한 콘셉트를 잡았다. 이를테면 라망 시크레는 로맨틱한 공간에서 조금 더 친근하게 손님과 마주한다면, 이타닉 가든은 차분한 톤을 유지하는 것이다. 이러한 콘셉트를 팀원들이 이해하고, 공감하고, 체화하도록 있는 힘을 다해 이끌었다.

**두 레스토랑의 별을 유지하거나,
2스타로 나아가야 한다는 부담감은 없는가?**

라망 시크레의 요리

손종원　별을 잃을 걱정보다는 앞으로 나아갈 것에 대해 더 고민하고 싶다. 2스타에 대한 부담이 없다고 하면 거짓말이지만 나에게 아직은 미지의 영역처럼 느껴지는 것이 사실이다. 지금은 미쉐린의 별도 중요하지만 더 많은 분들이 좋아해주시고 찾아주시는 레스토랑이 되는 것을 우선 목표로 하고 있다.

　　미쉐린의 별 역시 그것이 목표라기보다는 팀원들의 발전을 위해 필요한 것 중 하나라고 생각한다. 별이 하나라도 더 있다면 더 좋은 직원이 합류할 가능성이 높아지고, 그러면 우리가 함께 더 발전할 수 있는 부분도 많아진다. 특히 누구보다 열심히 일하는 직원들의 경력에도 도움이 될 것이다.

손님들이 라망 시크레와 이타닉 가든에서
어떤 경험을 하길 바라는가?

손종원　레스토랑의 주인공은 음식일까, 손님일까? 딜레마 같아서 고민했던 적이 있다. 하지만 결국 주인공은 손님이고, 손님이 좋은 기억을 안고 가는 데 음식이 한몫을 할 수 있다는 것이 내가 내린 결론이다. 우리는 늘 손님이 최고의 경험을 하시도록 노력하고 있기 때문에 음식을 통해 멋진 기억을 안고 돌아가셨으면 좋겠다.

　　실제로 라망 시크레에는 100번가량 오신 부부 손님이 계시는데, 우리에게도 너무나 감사한 일이다. 그만큼 자주 오시면 가족 같은 느낌을 많이 받는다. 음식과 더불어 누구보다 반갑게 반겨드리는 팀원들도 다시 찾아주시는 이유가 아닐까 싶다. 코로나19 시절 우리 요리를 드시고 너무 맛있어서 잃었던 미각이 돌아왔다고 장난스레 해준 말씀이 기억난다. 이렇게 손님과 기쁨을 주고받을 수 있다는 것은 축복과 다름없다.

손종원 셰프가 추구하는 도달점과
셰프로서 가장 중요하게 생각하는 덕목이 있다면?

손종원　셰프로서 타협할 수 없는 가장 중요한 덕목은 주방을 지키고 일을 해야 한다는 것이다. 하지 않으려고 하면 안 할 수 있는 이유야 너무나도 많다. 하지만 하지 않을 이유가 넘쳐나는 와중에 어렵더라도 해야만 하는 이유를 찾는 것이 중요하다고 생각한다.

　　　목표가 있다면 죽을 때까지 요리하는 것이다. 내가 하고 싶은 상황에서 요리하는 것은 사실 굉장히 흔치 않은 귀한 케이스다. 나이를 먹어도 주방에서 음식을 테이스팅하고, 요리를 하고, 팀원들과 시간을 보내고 하면서 물리적으로 가능한 한 오래 요리를 하고 싶다. 그렇게 죽는 그 순간까지 요리를 하며 많은 후배들에게 긍정적인 도움을 주는 것이 궁극적인 목표가 아닐까 싶다.

젊은 셰프들에게 조언 한마디를 전해준다면?

손종원　누군가에게 행복과 기쁨을 직관적으로 줄 수 있는 직업은 많지 않다. 셰프는 요리를 통해 누군가를 행복하게 해줄 수 있으니 얼마나 복된 일인가? 다른 생각 없이 정말 순수하게 요리했으면 좋겠다. 어려운 길이지만 하다보면 결국엔 답이 나오는 것 같다. 목표까지 얼마 남겨두지 않고 포기하는 친구가 많은데 꾸준히 요리하기 바란다.

앞으로 셰프 손종원은 어떻게 진화evolve할까?

손종원　아직 모르겠다. 빛을 향해 가려면 한참 멀었다. 사실 나는 말도 잘 못하고 굉장히 재미없는 사람이다. 그래서 멋있게 보이려는 것은 내려놓고 최대한 있는 그대로 진실되게 보여드리려고 노력한다. 무언가 거창하거나 허세 있는 것을 싫어하기 때문에 앞으로도 솔직 담백하고 진솔한 마음을 전해드리고 싶다.

완벽한 서비스에 우연은 없다,
모든 순간을 준비한다

김성국

조선팰리스 총괄 소믈리에

김성국 총괄 소믈리에와 나누는 대화는 유쾌한 위트와 재치로 가득하지만, 그 이면에는 지극히 진지한 철학과 치밀한 계산이 깔려 있다. 같은 와인이라도 어떤 서사를 입히느냐에 따라 경험의 가치가 달라진다는 믿음 아래, 그는 모든 손님을 위해 '플랜 C'까지 준비하는 완벽주의를 발휘한다. 한 잔의 와인에 최소 세 가지 이상의 설명을 예비하고, 옆 테이블과는 또 다른 이야기를 건네며 오직 한 사람만을 위한 순간을 설계하는 것이다. 세계 최연소 상파뉴Champagne 기사단 상급 기사 작위 수여라는 화려한 이력은 철저한 자기 객관화와 스스로를 증명하기 위한 치열한 도전이 빚어낸 결실이다. '나의 마지막 셰프'를 만나 비로소 진정한 완성을 꿈꾸게 되었다는 진솔한 고백은 한국 소믈리에 업계의 내일을 더욱 기대하게 만든다.

15년간 호텔 소믈리에로 한 길을 걸어왔다.
그 길은 어떻게 시작하게 됐나?

김성국   일본에서 유학하며 바텐더와 요리를 경험하고 배웠다. 하지만 결국 나에게 맞는 것은 서비스라는 것을 깨닫고, 호텔 서비스맨이 되고자 한국으로 돌아왔다. 한국에서 커리어의 시작은 2011년 여의도 콘래드 호텔이었다. 당시 오픈 멤버로 출발해 2019년까지 근무했다. 이후 2020년부터 2022년까지는 페어몬트 호텔에서 베버리지 beverage 매니저로 활약했다. 조선팰리스에 합류한 것은 2022년 말이다. 호텔에서 소믈리에 직책으로 계속 승진하는 것이 쉽지 않은데, 현재 총괄 소믈리에로 있는 유일한 케이스라고 알고 있다.

여러 경험을 했는데,
서비스맨에 마음이 갔던 특별한 이유가 있나?

김성국   사람들하고 이야기하는 것을 좋아하는데, 같은 이야기를 어떤 방식으로 전달하느냐에 따라 듣는 사람의 반응이 바뀌는 것이 너무 재밌었다. 내가 이야기하면 더 재밌어지거나 더 슬퍼지는 그 과정이 즐거웠다. 여기에 워낙 먹는 것을 좋아하는 데다 어머니가 요리를 하신 것에 영향을 받아 자연스럽게 F&B 업계로 오게 된 것 같다.

소믈리에가 되겠다고 마음먹은
결정적인 순간은 언제였나?

김성국 바텐더로 일할 당시, 바 너머 손님과 웃으며 대화를 나누는 소믈리에의 모습이 너무 멋있어 보였다. 순간 '바 밖으로 나가야겠다' 생각했다. 그때부터 와인을 집중적으로 공부했다.

특히 당시 와인을 잘 모르던 선배 한 분이 손님에게 과장된 비유와 잘못된 설명을 섞어 와인 서비스를 하는 모습을 본 것이 결정적인 계기가 됐다. 나는 진실되지 않게 하고 싶지는 않았다. 그렇게 '진짜 공부를 하고 지식을 쌓아 훨씬 더 많이 아는 상태에서 서비스해야겠다' 하고 다짐했다. 실제로 6개월 만에 자격증을 따고, 바로 다음 해 대회에서 수상하며 자연스럽게 소믈리에의 길로 들어섰다.

그렇다면 와인이라는 술 자체가 가진 매력은
무엇이라고 생각하나?

김성국 와인은 반드시 대화가 오가는 술이다. 나는 장난 삼아 와인을 '함께'를 뜻하는 조사 '와(with)' 그리고 '사람 인(人)'이라고 말한다. 와인이 있는 자리를 생각해보면 사랑, 비즈니스, 혹은 진중하고 솔직한 대화가 함께한다. 다른 술과는 다르게, 자리에 품격을 더하는 음료라고 생각한다. 특히 역사를 좋아하는 나에게 와인 하나하나에 담긴 이야기는 알아갈수록 너무나 재밌는 최고의 콘텐츠다.

콘래드, 페어몬트 등 두 호텔의 오픈 멤버로 활약했는데,

각 호텔에서 무엇을 배우고 경험했나?

김성국　콘래드 호텔이 설립될 당시 여의도는 외식업이 발전된 동네가 아니었다. 그때 우리는 '여의도라는 섬에 마카오를 만들자'라는 목표로, 즐길 수 있는 호텔을 만들고자 했다. 콘래드 호텔에서는 10년간 근무하며 소믈리에로서의 기본기와 시스템을 배웠다. 인터내셔널 호텔의 스탠더드를 확실하게 배운 곳이라고 할 수 있다.

　　페어몬트 호텔에서는 오픈을 경험하며 새로운 시스템을 구축하는 법을 익혔다. 페어몬트는 거대한 콘래드와 달리 부티크 호텔이다보니 살아남기 위해 마케팅과 프로모션 활동을 정말 많이 했다. 그곳에서 내 브랜드를 더 알리는 법을 배웠다. 당시 한 와인 애호가가 내가 로마네 콩티Romanée-Conti를 디캔팅하는 영상을 릴스로 올렸는데, 380만 뷰가 나왔다. 제스처가 "가볍다"라며 악플도 정말 많이 달렸지만, 의도한 연출이었기에 나는 되레 이슈가 된 것이 기뻤고 이를 기회의 발판으로 삼았다.

조선팰리스에 합류하게 된 계기도 궁금하다.

김성국　페어몬트 호텔에서 베버리지 매니저로 호텔을 활성화시키는 일은 분명 재미있었다. 하지만 10년 넘게 이 길을 걸어오면서, '나의 셰프'에 대한 갈증이 가장 컸다. 와인을 진정으로 이야기를 하려면 음식이 반드시 뒷받침되어야 하고, 좋은 셰프와 함께 멋진 이야기를 만들어야만 내 커리어가 완성될 수 있다고 생각했다.

　　그래서 무엇보다도 손종원 셰프가 결정적인 요인이었다고 말할 수 있다. 이곳에서 손종원 셰프와 함께하며 이타닉 가든이 변하고 발전해나가는 과정에 참여하는 것이 무척 매력적이었다. 셰프가 이야기하고자 하는 바와 내가 바라보는 방향이 같아지는 것을 느끼며, 최고의 파트너를 만났다고 확신했다.

나는 일 중독자인데, 손종원 셰프는 나보다 일을 더 많이 하는 사람이다. 나도 창의적이기 위해 노력하는데 그는 나보다 훨씬 더 창조적인 사람이다. 그런 사람 옆에 있으면 너무 행복하다. 손종원 셰프에게 말하지는 않았지만 나는 손종원 셰프와 헤어지는 순간이 은퇴하는 순간이라고 생각한다. 그를 만나며 더 오래 소믈리에를 하고 싶다는 마음이 들었다. 그가 나의 마지막 셰프다.

물론 조선팰리스라는 곳이 나에게 준 신뢰와 자율성, 그리고 성장 가능성도 굉장히 중요한 요소였다. 나에게 많은 것을 요구하지 않았고 그저 "가장 잘하는 것을 마음껏 해보라" 하는 미션만을 주었다.

한국인 유일 쥐라드 드 생테밀리옹 Jurade de Saint-Émilion **기사 작위,**
세계 최연소 샹파뉴 기사단 상급 기사 작위,
한국 국제소믈리에협회 이사 및 세계미식가협회
라 셴 데 로티쇠르la chaîne des rôtisseurs**의 마스터 소믈리에,**
아시아 최초 도멘 바롱 드 로스차일드 Domaines Barons de Rothschild
앰버서더 등 굉장히 화려한 타이틀을 가지고 있다.

김성국　　솔직히 말하면, 이렇게 많은 타이틀은 나의 열등감에서 비롯된 것이다. 프랑스나 이탈리아, 미국처럼 와인 산지에서 시작한 소믈리에들은 나보다 제반 지식이 훨씬 많을 수밖에 없다. 때문에 손님들에게 나는 '누구보다 믿을 만한 소믈리에'라는 것을 보여주고 싶었다. 그렇게 되기 위해서는 나 스스로가 대단한 사람이 되어야 한다고 생각했고, 전략적으로 대회에 나가고 나를 홍보하며 스스로를 증명해왔다. 2015년 콘래드에서 담당자가 되고 나서부터 '슈퍼쏨'이라는 이름으로 '셀프 브랜딩'을 시작한 것도 같은 일환이다.

'쏨즈SOMZ'라는 젊은 소믈리에 모임도 운영하고 있다.
직업의 지속적인 발전을 도모하기 위해 시작했다고 들었다.

김성국　여의도에서 10년간 근무하다보니 다른 소믈리에들과의 교류가 너무 어려웠다. 그때 쵸이닷 총괄 매니저인 조내진 소믈리에를 만나 '우리가 평생 해온 소믈리에라는 직업이 왜 제대로 인정받지 못할까?' '우리가 무얼 할 수 있을까?'라는 토론을 했다. 우리가 다음 세대와의 징검다리가 되어 이 산업을 성장시키고, 소믈리에라는 직업 자체를 브랜드로 만들어보자는 목표로 2022년 12월 '쏨즈'를 창설했다. 현재는 17개 레스토랑에서 근무하는 약 40명의 소믈리에가 함께 하고 있다.

　　　나의 해외 채널을 활용해 마스터 소믈리에나 마스터 오브 와인을 초청해 강의를 열기도 하고, 뜻이 맞는 와이너리들의 도움을 받아 매년 스콜러십으로 젊은 소믈리에들을 해외에 보내기도 한다. 또한 모든 대회를 위한 준비반을 만들어 매일 공부하고 있다. 그 결과, 쏨즈 창설 이후 열린 모든 소믈리에 대회의 우승은 우리 쏨즈 멤버들이 차지했다. 나는 후배들에게 늘 이렇게 말한다. "내가 여러분에게 투자하는 것은 이 산업의 판을 키우는 일이고, 그 판이 커졌을 때 최대 수혜자는 내가 될 것이다. 그러니 나에게 미안해하지도 말고, 나를 존경하지도 말고 오직 성장만 해달라."

15년간 소믈리에로 활동할 수 있었던
원동력은 무엇인가?

김성국　나는 어떤 일을 하든 잘할 수 있다는 자신감이 있다. 하지만 소믈리에로 활동하며 손님에게 와인과 서비스로 즐거움을 드리는 것이 제일 행복하다. 지금 이 순간 제일 좋아하는 일을 하고 있기 때문에 계속해서 소믈리에를 할 수 있는 것 같다. 나는 지금 완성형 소믈리에로 가는 일대기의 중간 단계에 있다고 생각한다.

소믈리에로서 가장 중요한 덕목으로
생각하는 것이 있다면?

김성국 셰프의 음식과 손님의 사이를 메워주는 '메신저' 역할을 해야 한다고 생각한다. 우리는 단순히 서비스를 설명description하는 것을 넘어, 내러티브 스토리텔링narrative storytelling을 할 수 있어야 한다. 즉, 음식과 술을 주는 데 그치지 않고 '장면'과 '경험'을 제공해야 한다. 그렇게 하기 위해서는 어휘력, 다양한 지식, 트렌드에 뒤처지지 않으려는 노력이 필수적이다.

예를 들어, "이 와인은 복숭아와 비슷한 산도가 있어 생선과 잘 어울립니다"라고 할 수도 있지만, "무더운 여름, 시원한 계곡물에 오랫동안 담가둔 복숭아를 한입 베어물었을 때 입안에 퍼지는 그 촉촉한 수분감과 달큰함이 이 와인의 매력입니다. 다음 요리와 함께 드시면 여름이라는 계절을 온전히 느끼실 수 있을 겁니다"라고 말할 수 있어야 한다.

손님이 장면을 연상하게 만드는 표현력은 물론 기승전결과 내러티브가 있는 대화의 능력을 갖추는 것이 소믈리에의 중요한 덕목이라고 생각한다. 여기에 본인이 더 높은 성장을 바란다면 해외 손님들을 위해 외국어 실력을 갈고닦는 것 또한 중요하다.

손님을 만족시키는
본인만의 노하우가 있다면?

김성국 나는 항상 플랜 B를 넘어 플랜 C까지 준비한다. 예를 들어, 같은 와인을 설명하더라도 서너 가지의 다른 버전으로 설명할 수 있도록 미리 학습해둔다. 옆 테이블에서 내가 한 와인 설명을 들은 손님에게 새로운 이야기를 할 수 있어야 한다. 나는 우리 소믈리에들에게도 항상 "이야기가 부족하면 나를 불러라"라고 말한다.

음식 이야기로 넘어가보자.
이타닉 가든 음식이 갖는 매력은 무엇이라고 생각하나?

김성국 이타닉 가든은 영어로 'Eating Botanical Garden', 즉 '먹는 식물원'이다. 그 이름처럼 매 계절의 가장 대표적인 식물을 어떻게 잘 표현할 수 있을까를 고민한다. 손종원 셰프의 코스는 본인이 경험한 추억의 장면, 현재 생각하는 재료의 모습, 혹은 직원들이 말하는 사연까지 담고 있다. 그래서 단순히 '음식이 맛있다'를 넘어 '좋은 이야기를 들었다'라고 느낄 수 있는, 밀도 높은 경험을 선사하는 것이 가장 큰 매력이다.

김성국 소믈리에가 생각하는
좋은 페어링이란 무엇인가?

김성국 소믈리에는 다양한 페어링 기술을 모두 다룰 줄 알아야 하고, 자신이 할 이야기에 따라 그 기술을 꺼내 쓸 수 있어야 한다. 내가 단연코 중요하게 생각하는 것은 온도다. 온도를 맞추지 못하는 소믈리에에게는 와인 서비스를 맡기지 않을 정도다.

종합적으로는 와인 페어링이 마치 '블루투스 페어링'처럼 끊김 없이 연결되어야 한다고 생각한다. 한 가지 음식에 한 가지 와인을 맞추는 것은 쉬운 일이지만, 첫번째 잔이 마지막 음식까지 연결될 수 있도록 전체적인 연결성을 설계하는 것은 굉장히 어렵다. 하지만 우리는 그 어려운 일을 해내기 위해 부단히 노력하고 있다.

이타닉 가든 페어링의 차별점과 강점이 있다면?

김성국   이타닉 가든은 규모가 크기 때문에, 우리가 의도한 와인을 그대로 사용할 수 있다는 것이 가장 큰 강점이다. 우리는 대안을 제시하는 것이 아니라 가장 적합한 와인을 가장 적절한 순간에 제공한다. 실제로 필립 파칼레Philippe Pacalet를 하우스 와인으로, 크리스탈Cristal을 웰컴 드링크로 쓰는 것처럼 말이다. 때문에 아마 한국의 파인 다이닝에서는 이타닉 가든의 와인 페어링 코스트가 가장 높을 것이다.

    또한 우리는 소믈리에 각자의 이야기가 담긴 다른 페어링을 제공한다. 소믈리에마다 손님에게 다른 감동을 선사할 수 있는 것이다. 그 덕에 2주에 한 번 오는 손님도 계시고, 한 시즌에 서너 번 오시는 단골 손님들도 적지 않다.

손종원 셰프, 다른 소믈리에와 어떤 논의 과정을 거쳐 페어링을 완성하는지 궁금하다.

김성국   나의 역할은 후배 소믈리에들이 사용할 수 있는 와인의 풀 pool을 최대한 늘려주는 것이다. 각자 자신만의 이야기를 만들 수 있도록 최종 테이스팅 전에는 어떠한 관리도 하지 않는다. 그들이 원하는 것을 제대로 표현하지 못할 때만 대안을 제시해줄 뿐이다. 그들이 나의 영향을 최대한 받지 않게 하는 것이 목표다.

    나의 경우에는 보통 6개월 전부터 제철 식재료에 맞는 와인들을 모두 구해놓는다. 그리고 손종원 셰프가 자유롭게 음식을 개발할 수 있도록 계속해서 와인을 '먹인다'.(웃음) 그렇게 셰프의 작품이 나왔을 때, 어떤 재료가 나와도 바로 페어링을 완성할 수 있도록 준비한다.

소믈리에로서 영감은 주로 어디서 얻나?

김성국 그야말로 모든 것에서 얻는다. 예를 들어, 광장시장에 가면 식재료들의 색깔이 바뀌는 것이 보이는데, 그 색깔이 바로 봄, 여름, 가을, 겨울을 알려준다. 내가 요리사는 아니지만 그런 재료를 보면 머릿속에서 다음 시즌 메뉴가 나온다. 페어링까지 상상하다보면 내가 모르는 부분이 생기고, 그걸 채우기 위해 또다시 공부를 한다.

'이런 술을 쓰면 재밌겠다' 싶어서 우리술도 만들고, 리큐어도 만들고, 요리도 배우러 다닌다. 나의 소양이 넓어질수록 손님에게 드릴 수 있는 경험의 크기도 커진다고 생각한다. 많이 듣고 보고 공부하는데 이 모든 것이 나에게 영감을 준다.

이타닉 가든은 3년 연속 미쉐린 1스타를 유지 중이고,
〈아시아 베스트 레스토랑〉 25위에도 올랐다.
어떤 지점을 가장 중요하게 생각하고 달려왔는지?

김성국 손종원 셰프의 마음은 다를지 모르겠지만, 나는 정말로 손종원 셰프의 음식에 별을 달아주고 싶었다. 그래서 1스타를 받기 전에는, 와인으로 하는 이야기는 최소화하되 최대한 고급 와인을 사용했다. 그리고 따스함이 느껴지는 서비스 스타일로 바꾸는 데 주력했다. 프랑스 미쉐린 3스타 레스토랑 랑브루아지L'Ambroisie에서의 경험이 한몫을 했다. 당시 비행기 연착으로 40분을 늦었음에도 모든 직원이 웃으며 환대해주는 것을 보고 '이게 3스타의 클래스구나'라는 것을 온몸으로 느꼈다.

특히 우리 직원들에게도 이곳이 단순한 노동 현장이 아니라 꿈을 이루는 공간이 되게 해주고 싶었다. 그 마음으로 서비스 퀄리티를 높인 결과 2년 만에 미쉐린 특별상인 서비스 어워드도 받게 됐다.

2스타에 대한 부담감과 희망이 있다면?

김성국   이타닉 가든은 2스타를 받아야만 한다. 무조건 '머스트must'
다.(웃음) 이타닉 가든은 다른 레스토랑과 비교를 하지 않는다. 독보적
인 경험을 제공하는 레스토랑이 되고 싶기 때문이다. 미쉐린의 좋은
결과는 무조건 따라올 것이라고 생각한다.

**앞으로 새롭게 시도해보고 싶은
페어링이 있다면?**

김성국   만약 셰프가 제주도 느낌의 음식을 선보인다면, 오미자로 캄
파리Campari 같은 비터스를 만들어 넣은 네그로니negroni를 페어링해
보고 싶다. 캄파리의 쌉쌀함과 화강암 같은 데서 오는 스모키한 풍미
가 잘 어울릴 것 같다. 이야기의 연결성이 있으면서도 남들이 처음 경
험하는 맛을 선물하는 것이 소믈리에로서 개인적인 목표다.

　　　　여기에 이타닉 가든은 '우리술' 프로젝트를 통해 '흐림'과 '맑
음' 두 가지의 주류를 출시한 바 있다. 다음으로는 더 숙성된 소주나
위스키 느낌의 '너울'이라는 술도 준비하고 있다. 또한 최근에는 셰프
와 베버리지의 확장성을 논의하며 논알코올 페어링도 시작했는데 굉
장히 반응이 좋다. 콜라의 매출은 1/10로 줄었고, 논알코올 페어링의
매출은 650퍼센트가 상승했다. 이처럼 끊임없이 새롭고 다양한 페어
링으로 고객들에게 전에 없던 경험을 선사하고 싶다.

손님들이 이타닉 가든에서 어떤 경험을 하길 바라나?

김성국   처음 오시는 분들이 "여기가 이렇게 음식을 잘할 줄 몰랐다"
라고 말씀하시는 경우가 많다. 손종원 셰프의 음식은 보기에도 정말
예쁘지만 아주 정갈하면서도 계절감이 살아 있는 멋진 요리라고 자
부할 수 있다. 그래서 음식에 대한 기대를 갖고 요리 자체를 제대로

즐겨주셨으면 한다. 그리고 페어링은 안 하시면 손해이니 꼭 경험하시길 추천한다.

소믈리에로서 최종적인 목표는 무엇인가?

김성국　분명 내가 아직 안 해본 역할이 있을 것이다. 내가 그 역할을 만났을 때, 새로운 준비 없이도 아주 능숙하게 처리할 수 있는 경험치 높은 시니어 소믈리에가 되고 싶다. 사실 회사에서는 식음 전체 총괄이나 매니지먼트를 제안하기도 하지만, 나는 소믈리에로만 일하다 은퇴하는 것이 목표다. 내가 가장 잘하는 것을 열심히 갈고닦아 나만의 서비스를 완성하는 단계까지 가고 싶다.

젊은 소믈리에나 소믈리에를 목표하는 이들에게
전하고 싶은 조언이 있다면?

김성국　서비스는 사회학이자 철학이기 때문에 방대한 공부가 필요하다. 하지만 당장의 수상이나 자격증에 집중하기보다 '오늘 만날 손님을 어떻게 만족시킬 것인가'를 먼저 고민했으면 좋겠다. 만족하는 손님이 많아질수록, 성장하는 자신을 느낄 수 있을 것이다.

마지막으로, 파인 다이닝을 낯설어하는 분들에게
어떻게 즐기면 좋을지 팁을 준다면?

김성국　무리해서 공부하거나 준비하지 마시고, 그저 레스토랑의 흐름에 편안하게 몸을 맡기시면 된다. 기대감이나 준비된 행동이 오히려 그 경험을 느끼는 데 장애물이 될 수 있다. 열린 마음으로 레스토랑이 추천하는 것을 수용하며 즐기는 것이 가장 만족스러운 경험을 하는 방법이다.

그의 무대 위에서는
평범한 순간조차 마법이 된다

최은혜

라망 시크레 총지배인 겸 소믈리에

레스토랑이라는 무대 위, 최은혜 총지배인 겸 소믈리에는 와인이라는 매개체로 식사의 흐름을 지휘하는 지휘자다. 포근한 따스함과 온화한 미소 이면에는 현장의 공기를 정교하게 조율하는 부드러운 카리스마가 깊이 자리 잡고 있다. 때로는 섬세하게, 때로는 과감하게 분위기를 리드하며 손님의 미식 경험을 완성하는 그는 무대 뒤에서는 팀원들이 개성을 뽐낼 수 있도록 묵묵히 길을 터주는 누구보다 따뜻한 '서포터'가 된다.

2018년 라망 시크레의 탄생부터 지금까지 현장에서, 5년 연속 미쉐린의 별을 지키며, 레스토랑의 성장이 곧 자신의 성장임을 몸소 증명해온 산증인이다. 와인 한 잔에 담긴 인연을 소중히 여기는 마음에서 시작해 호텔 식음 총괄이라는 더 넓은 지평을 꿈꾸는 그의 단단한 서비스 철학은 라망 시크레가 선사하는 낭만적인 미식 세계를 더욱 깊고 풍성하게 만든다.

처음부터 와인에 관심이 있었던 것은 아니라고 들었다.

최은혜   처음 외식업 서비스를 시작한 것은 스물네다섯 살 무렵이었다. 하지만 서비스에 대한 재미와 별개로, 와인을 좋아하게 된 것은 순전히 우연한 계기였다. 당시 손님 한 분이 고생했다며 크룩Krug 1990 빈티지를 한 잔 주셨는데, 와인에 대해 아무것도 몰랐음에도 그 맛과 향에 매료되어 와인에 대한 호감도가 폭발적으로 커졌다. 그 경험이 지금까지 이 일을 하고 있는 큰 계기가 되지 않았나 싶다.

평소에 술을 잘 마시는 편은 아닌데, 와인은 맛도 맛이지만 한 잔을 두고 사람들과 함께할 때 그 분위기를 완성하는 힘이 있다는 점이 매력적이었다. 와인이라는 주제 하나로 꼬리에 꼬리를 물고 소통할 수 있다는 게 굉장히 신기했다. 20대 중후반에 소믈리에 동료들과 주기적으로 스터디 모임을 했는데, 매달 '이번 달은 나파 밸리' 하는 식으로 주제를 정해 블라인드 테이스팅을 하고 토론하며 와인에 한층 더 푹 빠졌던 것 같다.

라망 시크레에 합류하기까지,
소믈리에로서 어떤 길을 걸어왔나?

최은혜　　2013년쯤 지금은 사라진 압구정의 노아 레스토랑에서의 경험이 내게는 백지 상태에서 그림을 그려나가는 첫 발판이었다. 당시 사수였던 이소리 소믈리에가 많이 도와주어서 와인에 재미를 붙일 수 있었다.

　　　　그곳에서 3년 정도 근무하며 워밍업을 하고, 카비스트로 옮겼다. 그곳은 샤토 라피트 로칠드 한국 지사장이 이끄는 와인샵이었다. 덕분에 와인 애호가들이 좋아하는 와인, 타깃 고객을 구분하는 법 등 더 디테일한 부분을 배웠고, 고객과 직접 소통하며 와인에 대한 깊이를 더했다.

　　　　이후에는 움직이는 일을 하고 싶어 한남리커에 합류했다. 샵과 바가 함께 있는 곳이라, 판매와 바 서비스를 동시에 경험하며 재미있는 시간을 보냈다. 그곳에서는 내가 팔고 싶었던 도멘 뒤자크 Domaine Dujac 같은 생산자의 와인을 내 손으로 직접 손님에게 팔 수 있었다. 처음에는 비싼 와인을 주니어인 내가 온전히 핸들링할 수 있을까 걱정도 많았지만, 손님들의 피드백이 무척 좋았다. 그때부터 '소믈리에'라는 자신감이 붙었고, 고객의 마음을 읽는 눈이 트였다.

　　　　그 후 오세득 셰프가 오픈하는 파인 다이닝 레스토랑에 잠시 투입되어 준비를 돕다가, 2018년 레스케이프 호텔로부터 오퍼를 받고 라망 시크레의 오픈 멤버로 합류하게 됐다.

호텔 경험이 없었기에 라망 시크레 합류는 큰 도전이었을 것 같다.
어떤 점에 가장 끌렸나?

최은혜　　호텔경영학과를 졸업하긴 했지만, 실습 경험 외에 호텔에서 온전히 일해본 경험이 없었기에 정말 큰 도전이었다. 29세에 한 업장의 헤드 소믈리에로 오게 되어 포부도 남달랐고, 시작에 대한 기대가 무척 높았다. 당시 라망 시크레는 내추럴 와인을 포함한 파격적인 와인 리스트를 준비하고 있었고, 손종원 셰프와의 호흡도 기대됐다. 내가 그동안 쌓아온 것을 바탕으로, 새로운 미션을 얼마나 잘 해낼 수 있을지 스스로를 시험해보고 싶은 마음이 가장 컸다.

라망 시크레는 오픈 2년 만에 미쉐린 1스타를 받고
5년 연속 유지하고 있다. 이는 라망 시크레의 조직 문화와도
무관하지 않은 것 같은데?

최은혜   우리는 가족 같은 분위기가 있다. 서비스할 때는 엄격하고 정확한 룰이 있지만, 브레이크 타임에는 가벼운 농담과 사적인 이야기를 나누며 긴장을 해소한다. 덕분에 우리 서비스팀은 큰 변동 없이 지금까지 이어져오고 있다. 팀원이 주기적으로 바뀌면 손님들도 다 알아보실 텐데 말이다. 우리는 서비스 타임을 '우리만의 무대'를 만드는 느낌으로 임하는데, 이제는 눈빛만 봐도 서로 무엇을 원하는지 알 수 있을 정도로 호흡이 잘 맞는다.

또한 라망 시크레는 직원 개개인의 개성을 존중하고, 각자 자신의 손님을 책임질 수 있는 자율성을 준다. 정해진 서비스의 틀은 있지만, 고객과의 접점에서 각자의 스타일을 발휘하는 것을 터치하지 않는다. 그렇기에 직원들도 본인을 찾아주는 단골손님에 대한 애정이 크고, 개인적으로 이벤트를 챙기는 등 진심으로 소통한다. 이는 손님은 물론 직원에게도 큰 만족감과 즐거움으로 이어진다.

이렇게 팀원 개개인이 애정을 가지고 일하는 것, 그리고 그 중심에 손종원 셰프가 있다는 것, 마지막으로 '2스타'라는 공동의 목표를 향해 함께 나아가는 방향성이 우리의 가장 큰 힘이다. 그 마음이 고객에게 그대로 전달되어 좋은 결과로 이어지고 있다고 생각한다.

'무대'라는 표현이 인상 깊다.
'최은혜의 무대'는 어떤 스타일인가?

최은혜   점잖으면서도 유머러스하게 접근하는 스타일이다. 나만의 무대는 차분한 말투를 기본으로 하지만, 역시 와인에 대한 스토리를 소개해드릴 때 가장 빛나고 환호를 받는 것 같다. 손님들과 음식만으로 소통하는 무대보다는, 와인이든 음료든 함께했을 때 내 무대가 더 완성된다고 느낀다. 그래서 와인을 놓을 수 없고 더 좋아하게 되는 것 같다. 언젠가는 후배에게 이 무대를 물려줘야겠지만, 와인에 대한 애정을 온전히 놓지는 못할 듯싶다.

8년이라는 긴 시간을 함께한 손종원 셰프는 어떤 분이며,
어떤 리더라고 생각하나?

최은혜   일할 때는 칼같지만, 백스테이지에서는 누구보다 친근하게 팀원들을 챙겨준다. 나는 외향적인 스타일인데 셰프는 그렇지 않아 처음에는 어색하기도 했지만, 지금은 서로를 완전히 파악해서 봐도 봐도 보고 싶은 가족 같은 느낌이다. 나는 누군가에게 기대는 스타일은 아니지만, 손종원 셰프는 내가 힘들 때 묵묵히 다 받아주는 든든한 지원군이자 방패막 같은 리더다. 내게는 '츤데레 친오빠' 같은 느낌이 강하다.

지배인이자 소믈리에로서
두 역할에 대한 철학도 궁금한데?

최은혜   소믈리에는 레스토랑이라는 무대의 '지휘자'라고 생각한다. 때로는 웅장하게, 때로는 '변태 같은' 집요함으로 식사의 흐름을 지휘해야 한다. 특히 아직 음료를 곁들이는 문화에 익숙하지 않은 손님들에게, 그 어색한 분위기를 깨고 새로운 세계를 알려주는 것도 소믈리에의 중요한 역할이다.

지배인으로서는 한 발짝 뒤에서 팀 전체를 서포트하는 역할에 집중한다. 소믈리에일 때는 하나만 보였다면, 지배인이 되니 전체를 아우르며 더 차분하게 생각의 여유를 갖게 됐다. 다른 직원들에게 기회를 주고 그들이 더 좋은 방향으로 갈 수 있도록 도와주려고 노력한다.

소믈리에로서 라망 시크레 음식의 매력은
무엇이라고 생각하나?

최은혜　빵 한 조각, 버터 하나가 나와도 셰프들이 전하고자 하는 색깔이 다 담겨 있는데, 그걸 만들고 있는 모습을 보면 진정성이 충분히 느껴진다. 신규 손님들과 이야기해봐도 그 진정성이 고스란히 전해진다는 피드백을 많이 받는다. '나를 생각해주는' 음식이라는 느낌을 준다.

그리고 라망 시크레의 음식은 조금 과감해야 더 아름답다고 생각한다. 심플한 느낌보다는 도전적인 시도들이 오히려 더 큰 빛을 발하는 것 같다. 요새는 다뤄보지 않은 새로운 재료들도 많이 사용하는데, 그런 도전들이 좋은 피드백으로 돌아올 때 우리가 가고자 하는 방향이 틀리지 않았음을 느낀다.

라망 시크레 페어링의 철학과 차별점,
그리고 그 완성 과정이 궁금하다.

최은혜　좋은 페어링이란 셰프의 음식에 온전히 집중할 수 있도록 도와주고, 부족한 부분이 있다면 와인으로 채워주는 것이라고 생각한다. 손님이 셰프의 음식에 집중할 때 동시에 와인도 함께 빛나는 것, 그것이 내가 추구하는 페어링이다.

페어링을 완성하는 과정은 시즌이 바뀌기 최소 두 달 전부터 시작된다. 예를 들어, 손종원 셰프가 수박, 캐비아 같은 주재료를 던져준다. 그러면 나는 그 재료에 어울릴 와인을 머릿속으로 그려보고, 셰프에게 방향성을 계속해서 물어본다. '쨍쨍한 느낌으로 갈지, 라이트하게 갈지' 등 의견을 구하는 것이다. 그렇게 퍼즐을 맞추듯 1단계부터 10단계까지 맞춰나간다. 최종적으로 음식이 나오면 함께 테이스팅하며 의견을 조율하고 페어링을 완성한다. 셰프와의 호흡이 길었기 때문에, 이제는 내가 생각했던 대로 셰프가 좋아해주는 경우가 많다. 그런 순간에는 소믈리에로서 커다란 쾌감을 느낀다.

라망 시크레만의 차별점이라면, 고객의 취향에 맞춰주는 '커스터마이징 페어링'이 가능하다는 점이다. "화이트 와인은 안 좋아해요" 혹은 "레드 와인만 마시고 싶어요" 같은 고객의 요청을 모두 반영해 페어링을 재구성해준다. 라망 시크레는 재방문율이 높기 때문에 재방문한 손님들에게는 새로운 페어링을 선보이려고 노력한다.

라망 시크레의 페어링을 한마디로 표현하면 '사랑'이라고 말할 수 있을 것 같다. 나는 음식이 끝나기 전에 잔이 비는 것을 못 보기 때문에 항상 넘치게 드린다. (웃음)

앞으로 추구하는 도달점, 개인적인 목표가 있다면?

최은혜 단기적으로는 라망 시크레가 전 세계에 더 알려져서 지금 팀원들과 오래오래 함께 가는 것이다. 장기적으로는, 호텔 F&B 분야에서 경험을 쌓고 있으니, 먼 훗날에는 라망 시크레와 다른 직원들까지 모두 아우를 수 있는 식음팀장까지도 목표로 하고 있다. 와인을 알고 있다는 강점을 활용해, 나의 손길을 직접 거쳐 새로운 업장을 더 획기적으로 만들어보고 싶은 꿈이 있다.

**파인 다이닝을 낯설어하는 분들에게
어떻게 즐기면 좋을지 팁을 주신다면?**

최은혜　어려워하지 말고 서비스하는 사람에게 귀를 기울여달라고 말씀드리고 싶다. 처음에는 모든 게 새롭고 낯설어 굳을 수 있지만, 직원들과 소통하면 금방 풀어질 것이라고 생각한다. 조금 더 열린 마음으로 즐겨주셨으면 좋겠다.

**마지막으로, 소믈리에를 꿈꾸는 이들에게
조언을 해준다면?**

최은혜　외식업이 커지고 있지만, 그만큼 사라지는 곳도 많다. 하지만 자신의 것을 펼쳐볼 수 있는 공간은 분명히 많이 있다. 그러니 자기 주관만 고집하지 말고, 와인도 한쪽에 치우치지 말고 다양하게 접근하며 시야를 넓혔으면 좋겠다. 소믈리에는 많이 마셔보고, 그것을 말로 뱉을 줄 알아야 한다.

　　　그리고 자기 멋에 사는 사람이 아니라 다른 팀원들과 소통하며 중간에서 지렛대 같은 역할을 할 줄 알아야 한다. 가장 중요한 것은 와인 그 자체보다 사람이라고 말씀드리고 싶다.

ONJIUM

온지음

경복궁의 고즈넉한 정취가 흐르는 서울 효자로에 뿌리를 둔 6년 연속 미쉐린 1스타 한식 파인 다이닝 레스토랑이다. 전통 고조리서를 재해석한 기품 있는 요리를 선보이며, 정제되어 있지만 활기와 미소가 넘쳐나는 서비스와 더불어 한국적 미감이 살아 있는 단아한 공간이 돋보인다.

한식 파인 다이닝이 갖는 태생적인 어려움, 즉 '익숙함'과 '특별함' 사이의 줄타기를 현명하게 풀어낸다. 온지음은 편차 없이 수준 높은 완성도를 보여주며 특정 소수가 아닌 포괄적인 다수를 위한 음식으로 마음을 사로잡는다. 특히 과거에서 영감을 받아 현재를 짓고 미래를 준비하는 이들의 음식에는 단단한 품격이 서려 있다.

무엇보다 인상적인 것은 공간을 채우는 공기다. 온지음의 팀원들이 뿜어내는 유려하고 부드러운 에너지, 그리고 진정으로 즐기면서 일하는 듯한 아우라는 다른 곳에서 쉽게 모방할 수 없는 온지음만의 멋이다. 가장 한국적이면서도 가장 세계적인 설득력을 지닌, 따뜻하고 깊은 맛의 향연이 느껴진다.

"요리가 곧 내 인생"
화려한 별보다 빛나는 고백

언제나 온화한 미소로 따스하게 손을 잡아주는
조은희 방장에게선 무엇과도 바꿀 수 없는 어머니
같은 진정성이 느껴진다. 사람을 향한 따뜻한 마음이
먼저 닿는 그의 환대는 온지음의 식탁을 더욱
특별하게 만드는 힘이 있다.
조선왕조 궁중음식 이수자로서 전통의 법도를
존중하면서도, 고조리서 속 박제된 레시피에
현대적인 생명력을 불어넣는 것이 그의 소명이다.
재료의 본질에 집중하는 정갈한 맛으로 한식의
품격을 세계적 수준으로 끌어올린 그의 요리는
단순히 미각을 충족시키는 것을 넘어 먹는 이의
마음까지 깊숙이 어루만지는 고귀한 위로가 되고
있다.
그의 손끝에서 피어나는 정성은 온지음이라는 공간을
넘어 우리 시대가 잃어버린 '진심의 미학'을 고요하게
일깨운다. 법도에 어긋남 없는 엄격함과 모든 것을
품어주는 너른 품을 동시에 지닌 그는, 오늘날 한국
미식이 도달할 수 있는 가장 아름다운 지향점을 몸소
보여주고 있다.

흔히 쓰는 '셰프' 대신 '방장'이라는 호칭을 사용하는데,
이 호칭이 갖는 의미와 조리장과의 역할 분담이 궁금하다.

조은희   우리의 첫 시작이 '맛공방'이었다. 처음부터 레스토랑을 하
겠다는 접근이 아니라, 우리 문화를 연구하는 연구소 형태로 시작했
다. 옷을 짓는 '옷공방', 집을 짓는 '집공방'처럼 음식을 만드는 공방이
니 '맛공방'이라 불렀고, 공방에서 사람을 키우는 책임자라는 의미로
'방장'이라는 호칭을 쓰게 됐다.

사실 박성배 조리장은 스무 살 때부터 현장에서 요리를 했
고, 나는 궁중음식연구원에서 강의와 연구를 주로 하다가 마흔세 살
에야 현장 주방에 발을 들였다. 서로의 경험치가 완전히 다르다. 하
지만 온지음은 단순히 기술 좋은 기능인만 키우는 게 아니라, 인문학
적 소양을 갖춘 '생각하는 한식 장인'을 키우는 것을 목표로 한다.

누가 이론을 하고 누가 실기를 한다고 딱 자르는 게 아니다.
하나의 음식을 만들기 위해 같이 고민한다. 내가 어떤 메뉴를 제안하
면 조리장이 만들어보고, "이건 맛이 좀 이상해" "이렇게 바꿔보자" 하
며 맞춰가는 거다. 조리장은 칼질이나 조리 스킬이 나보다 훨씬 뛰어
나고, 나는 오랫동안 옛 음식을 봐왔던 눈이 있으니 서로 상호보완이
잘된다. 사실상 두 명의 셰프가 함께 이끌어가는 구조라고 보면 된다.

요리, 특히 한식의 길로 들어서게 된
결정적인 계기가 있었나?

조은희   고향이 전라도인데 아버지가 음식을 정말 좋아하는 미식가
였고, 어머니는 음식 솜씨가 참 좋았다. 밑반찬을 쟁여두고 먹는 게
아니라, 매일매일 시장에서 장을 봐서 그날의 요리를 해주셨다. 어릴
때 어머니 손 잡고 시장을 한 바퀴 쭉 돌면서 가장 좋은 채소를 고르던
기억이 난다. 마지막에는 할머니들이 파는 채소를 꼼꼼히 보고 사곤

했다. 그런 환경 덕분에 자연스럽게 먹는 것에 진심이 되었던 것 같다.

내가 사실 대학수학능력시험 1세대다. 그때 처음 생긴 수능 시험을 보고 스물네 살에 배화여대 전통조리과에 들어갔다. 누가 시킨 것도 아니었고, 그냥 자연스럽게 가게 됐다. 이후 호텔 실습을 나갔는데, 당시 호텔 주방 특유의 엄숙하고 위계가 확실한 분위기가 내 성향과는 조금 맞지 않더라. 반면 궁중음식연구원은 나랑 너무 잘 맞아서 스물일곱 살에 취직하게 됐다. 그게 시작이었다.

사실 나는 성격이 아주 단순하다. 복잡한 거 싫어하고, 그냥 '요리가 내 인생이다' 생각하며 산다. 남들이 보면 재미없는 인생일 수도 있다.(웃음) 원래 남 앞에 나서는 걸 싫어하는데 어쩌다보니 강의도 하고 인터뷰도 하지만 주방에서 몸을 움직일 때가 정말 행복하다.

당시엔 양식을 선호하는 분위기도 있었을 텐데,
왜 하필 가장 손이 많이 가는 한식,
그중에서도 궁중음식이었나?

조은희　　내가 시작하던 90년대 초반만 해도 '셰프'보다는 '요리사' '주방장'이라는 이름이 대부분이었다. 나는 한국 사람이니까 당연히 한식을 해야지, 굳이 양식을 해야겠다는 생각은 한 번도 안 했던 것 같다. 당시 궁중음식연구원에는 전국에서 내로라하는 음식 솜씨를 가진 분들이 모였는데, 그분들을 보며 한식의 깊이를 배웠다.

국가무형문화재 조선왕조 궁중음식 이수자라는 타이틀을 갖고 있다.
8년이라는 긴 수련 과정이 쉽지만은 않았을 것 같은데
기억에 남는 순간이 있는가?

조은희　　그때 내가 인천에 살았는데, 인천에서 안국역까지 매일 출퇴근을 했다. 아이들 낳고도 계속 다녔으니까 몸이 고되긴 했다. 아침 7시에 나와서 밤 9시에 들어가는 생활이었다. 그런데 참 신기한 게, 안국역에 내려서 마을버스를 타고 연구원으로 올라가면 창덕궁 담벼락이 바로 보인다. 연구원이 궁 바로 옆이었다. 버스에서 졸다가도 창문 너머로 그 궁궐 돌담을 딱 마주하면 정신이 번쩍 들면서 잠이 확 깨는 거다. 그 고즈넉한 풍경을 보며 차분한 마음으로 '오늘도 잘해야지' 하고 생각했다. 그 순간이 나한테는 참 큰 힘이 됐던 것 같다.

물론 안에서는 치열했다. 황혜성, 한복려 원장님 같은 당대 최고의 선생님들을 모시면서 수업 준비를 했는데, 워낙 철두철미하고 완벽한 분들이라 많은 것을 배웠다. 정신없이 8년을 보냈지만, 단 한 번도 하기 싫다거나 그만두고 싶다는 생각은 안 해봤다. 그저 그 배움의 시간이 너무 재밌고 좋았다.

돌이켜보면, 그때 워낙 어렵고 높은 기준을 가진 어른들을 모셨기 때문에, 내가 그다음 단계로 넘어갔을 때 어떤 일이 닥쳐도 다 이겨낼 수 있었던 것 같다. 그때는 혼나서 무안할 때도 있었지만, 그 철저했던 시간들이 내 몸 안에 차곡차곡 쌓여서 결국은 다 나에게 약이 되었다. 참 감사한 마음이 크다.

이후 강단에 서다가 온지음에 합류하게 됐다.
어떤 계기였나?

조은희   10년 가까이 강의를 했지만, 마음 한구석엔 늘 '앞으로 뭘 해야 할까' 하는 고민이 있었다. 나는 요리도 가르치고, 전시도 하고, 연구도 하는 복합적인 일을 꿈꿨으니까. 그러다 우연히 소개를 받아 면접을 봤는데, 내가 막연히 꿈꾸던 것과 딱 맞아떨어졌다.

온지음이 지금처럼 상시로 운영하는 레스토랑이 되기 전, 연구 위주의 맛공방 시절이 기억난다. 당시는 지하에 테이블이 하나밖에 없었다. 창문도 없는 곳이었지만, 팀원들과 마음이 너무 잘 맞아서 항상 노래 부르고 웃으면서 일을 했다. 나는 책상에 앉아 있는 정적인 것보다 그렇게 분주하게 몸을 움직이며 사는 게 행복하더라. 지금도 행복하지만 매일 다른 요리를 시도하며 치열하게 보냈던 그 시절 또한 정말 즐거웠다.

수십 년간 한식을 연구하고 직접 만들었는데,
당신이 생각하는 한식의 진짜 매력은 무엇인가?

조은희　첫째는 '상대를 배려하는 마음'이다. 서양에서는 채소를 생으로 먹는 경우가 많지만, 우리는 채소를 데쳐서 나물로 먹잖나. 그런데 이 데치는 과정이 그냥 익히기만 하는 게 아니다. '설컹하게' 데칠 것이냐, '무르게' 데칠 것이냐를 고민한다. 이가 안 좋은 어른에게는 부드럽게, 젊은 사람에게는 식감을 살려서 준비한다. 양식에서는 나이프로 고기를 직접 자르지만 한식은 주방에서 다 채 썰고, 다지고, 한입 크기로 잘라서 내보낸다. 손님은 젓가락만 들면 되도록 말이다. 이게 바로 먹는 사람을 향한 지극한 배려이자 한식의 정수다.

　둘째는 '기다림의 미학'이다. 여름 배추로 김치를 담그면 아무리 기술이 좋아도 맛이 덜하지만, 겨울 배추는 그냥 담가도 맛있다. 여기에 꾹 참고 기다려서 잘 익은 순간이 오면 폭발적인 맛을 낸다. 재료가 가진 힘이 반 이상이고, 거기에 '발효'와 '기다림'이 더해지는 게 한식의 매력이다.

　또 옛 조리서를 보면, 선조들이 젊어서 먹었던 화려한 음식을 뒤로하고, 손수 채마밭을 가꾸고, 두부에 대해 시를 썼다는 기록이 있다. 젊을 땐 고기를 좋아하다가도 나이가 들면 속이 편안하고 담백한 채소를 찾게 되는 것. 그 자연스러운 섭리를 가장 잘 담아낸 음식이 한식이다.

**온지음은 고조리서를 공부하고
또한 그 음식들을 만들어본다고 했는데,
옛것을 이토록 치열하게 파고드는 이유는 무엇인가?**

조은희   사실 20~30년 전만 해도 젊은 친구들 사이에서 한식의 인기가 많지 않았다. 일본이나 서양으로 요리 유학을 많이 갔고. 어른들은 한식을 하고 있었지만, 그걸 이어받을 젊은이들이 많지는 않았던 때라 한식의 맥이 중간에서 끊길 위기였던 거다. 음식이란 위에서 아래로 자연스럽게 흘러내려와야 하는데, 중간에 다리가 끊기면 그사이에 본질이 변해버린다. 그래서 나는 '우리의 원류'는 결국 옛날 음식에 있다고 봤다. 지금의 한식이 뜬금없이 나온 게 아니라, 수백 년 전 조상들이 먹던 그 음식에서부터 내려온 거니까. 이 끊어진 연결고리를 잇기 위해서는, 우리가 다시 거슬러 올라가서 고조리서를 파고드는 수밖에 없다고 생각했다.

연구를 하다보니 깨달은 게 있다. 사람들은 "옛날 거니까 촌스럽지 않아?"라고 하지만, 막상 보면 "와, 옛날에 벌써 이런 걸 드셨어?" 하고 놀랄 때가 너무 많다. 우리에게 잊혔던 것이라 지금 다시 꺼내보면 오히려 가장 새롭고 '힙한' 아이디어가 되는 거다. 가장 오래된 것이 가장 새로운 영감이 된다는 것, 그게 내가 옛 기록을 놓지 못하는 이유이다.

그래서 지금도 한 달에 한 번씩 궁중음식연구원 이수자 모임에 가서 공부를 한다. 궁중의 잔치 기록 같은 어려운 의궤를 공부하면서 계속 알아간다. 요리를 수십 년 했는데도 옛 기록을 보면 여전히 새롭고 배울 게 넘쳐난다.

**고조리서에는 정확한 계량이 없는 경우가 많은데,
어떻게 맛을 복원하고 현대화하나?**

조은희   재료와 비율은 나와 있지만 '이 정도면 이런 맛이 나겠구나' 하는 경험치로 해석을 한다. 하지만 무조건 옛날 그대로 하지는 않는다. 당시의 간장과 지금의 간장이 다르고, 현대인의 입맛도 변했으니까. 조리장과 끊임없이 테스트하며 "이게 우리 온지음의 맛이다"라는 합의점을 찾아낸다.

전통을 지키면서도 현대적인 변형을 줄 때,
'이것만은 절대 타협할 수 없다' 하는 원칙이 있나?

조은희   식재료다. 트러플이나 캐비아가 고급 식재료이지만 우리에게는 송이버섯, 능이버섯 같은 훌륭한 향을 가진 재료들이 있다. 제철에 나는 재료는 그 어떤 것보다 맛있다. 제철 재료를 사용하고 담는 그릇이나 코스의 구성에서는 현대적인 미를 더하고 있다.

복원했던 메뉴 중 가장 기억에 남거나
난이도가 높았던 음식이 있다면?

조은희   수란채라는 음식이 있다. 반가음식(조선시대 양반가에서 먹던 음식)의 대가인 김매순 선생님한테서 배웠는데 옛날에 이렇게 다양한 해산물을 사용하고 잣즙에 식초를 넣어 산미를 주었다는 것에 살짝 놀랐다. 물론 너무 맛있었다. 지금 온지음을 가장 대표하는 메뉴이기도 하고 모든 손님들이 많이 좋아해주시는 음식이다.

온지음의 음식 스타일을
한 단어로 표현한다면 무엇일까?

조은희   '단아하다'. 예쁘기만 한 게 아니라 자연스러워야 한다. 예를 들어, 갈비찜 국물이 너무 맑고 반짝거리면 오히려 맛없어 보인다. 양념이 좀 엉기고 걸쭉해야 진짜 갈비찜답다. 젊은 셰프들이 채를 너무

곱게 썰면 내가 너무 고운 게 항상 답은 아니라고 말한다. 음식에 따라 고운 채, 약간 굵은 채 등 자연스러워야 한다. 조선시대 선비의 마음처럼 과하지 않은 단아함을 추구한다.

메뉴 개발과 코스 구성 과정도 치열할 것 같다.
어떤 점을 가장 신경 쓰나?

조은희   흐름과 밸런스이다. 처음엔 전통적인 맛으로 시작해서 중간엔 좀 현대적인 터치를 가미하고, 따뜻한 음식이 나오면 그다음엔 차가운 회 플레이트로 입을 씻어주는 식이다. 예전엔 너무 슴슴하다는 평도 있어서, 중간에 매운맛을 아주 살짝 넣기도 하는데, 전체 코스의 흐름을 깨지 않도록 김치나 회무침 등으로 섬세하게 조절한다.

온지음은 의식주가 함께하는 공간이다.
다른 공방에서 영감을 받기도 하나?

조은희   바로 옆 옷공방의 한복을 보면서 색감 공부를 많이 한다. 한복 저고리의 고름 색깔이 치마저고리와 다른 색인데도 묘하게 어울리잖나. 그 배색을 보면서 음식의 색감을 잡거나 플레이팅에 응용하기도 한다. 겨울엔 하얀 음식 콘셉트로 가보자, 가을엔 은행잎 색을 써보자 하는 식으로.

2020년 미쉐린 1스타를 받은 후 6년 연속 유지 중인데,
별을 받고 유지할 수 있는 이유는 무엇이라고 생각하나?

조은희   가장 큰 이유는 진심과 조화인 것 같다. 한국 사람이라면 누구나 한식을 사랑하지만, 파인 다이닝에서 한식을 먹을 경우는 많지 않았던 듯하다.
　　　　한식을 정말 사랑하는 온지음 모든 식구들의 마음을 담아 가

장 맛있고 아름답게 구현하려고 노력했던 진심이 통했던 것 같다. 단순히 요리만 잘한 게 아니라 그릇, 공간 그리고 만드는 사람의 마음까지 모든 요소가 조화를 이뤘기에 꾸준히 사랑받을 수 있었다고 생각한다.

지금처럼 우리 음식을 더 깊이 연구하고 제대로 보여주는 것에 집중하고 싶다. 우리 한식을 제대로 알리는 역할을 하고 있다는 책임감으로 요리하고 있다. 우리는 그저 묵묵히 우리 길을 갈 뿐이다.

**조은희 방장이 추구하는 리더십은
어떤 모습인가?**

조은희　나는 주방이 일하고 싶은 공간이 되길 바란다. 경직되기보다는 즐겁게 일할 수 있는 곳 말이다. 그래서 나는 사람을 뽑을 때부터 성품이 따뜻하고 착한 사람을 고른다. 처음에 너무 잘하지 않아도 열심히 하려는 마음이 있으면 언젠가는 잘하게 되더라.

그리고 나도 자식을 키우는 엄마 입장이다보니, 직원들이 다 남의 집 귀한 자식들로 보인다. 내 자식이 밖에서 인격적으로 대우받지 못하면 부모 마음이 얼마나 아프겠나. 그래서 최대한 존중하고 아끼려 노력한다. 물론, 일을 못하거나 실수를 하면 잔소리는 엄청 많이 한다.(웃음) 말을 안 해주면 본인이 모르고 계속 그렇게 하니까, 고쳐질 때까지 계속 이야기하는 편이다.

**실제로 10년 넘게 근속한 직원도 있다고 들었다.
팀원들이 오랫동안 함께할 수 있도록 만드는
온지음만의 조직 문화나 동력이 있을까?**

조은희　우리 문화의 가치를 지키기 위해 기꺼이 '내 것'을 내놓을 수 있는 멋진 어른들이 이곳에 계신다. 이렇게 헌신하는 분들과 함께한다는 것 자체가 나와 직원들에게는 큰 자부심이자 동력이다. 요리사로서 이만큼 좋은 재료와 아름다운 공간에서 원 없이 요리할 수 있는 환경도 정말 흔치 않다.

여기에 더해, 성장과 쉼이 있는 문화도 한몫할 것이다. 단순히 요리만 하는 게 아니라 인문학 강의를 듣고, 1년에 한 번씩은 '진짜 최고로 좋은 것'만 경험하는 답사를 간다. 무엇보다 요리사들이 주말과 명절에 쉴 수 있다는 것, 직원들에게는 이것만큼 현실적이고 큰 메리트도 없을 거다. (웃음)

셰프를 꿈꾸는 후배들에게
해주고 싶은 조언이 있다면?

조은희　　요리는 어디서 하든 기본을 단단히 다지는 게 가장 중요하다. 한식을 하든 양식을 하든 요리를 하고 싶어 발을 딛었다면 그곳에서 뭔가를 알 때까지 깊이 있게 조금 오래 일해보는 게 중요하다고 생각한다. 그래서 나는 무던하고 묵직하게, 때로는 고지식하다는 소리를 들을 정도로 해야 오래갈 수 있다고 말해주고 싶다.

한마디 더 하자면, '남들에게 보이는 무언가'가 되는 것이 결코 중요한 게 아니고 묵묵히 내 손으로 요리를 하고 있는 이 시간이 진짜 소중하다는 걸 잊지 않았으면 좋겠다.

세계적으로 K-푸드 열풍이다.
한식의 다음 단계는 무엇이 되어야 할까?

조은희　　1단계가 떡볶이, 김밥 같은 대중 음식이었다면, 이제는 제대로 된 한식 다이닝이 알려질 차례라고 본다. '한국에 갔더니 정말 깊이 있고 건강한 미식 경험을 했다'라는 입소문이 퍼져야 한다.

개인적인 꿈이나 목표가 궁금하다.

조은희　　여든 살까지 건강하게 요리하는 게 내 꿈이다. 그리고 온지음 차원에서는 작은 교육기관을 하나 만들고 싶다. 거창한 게 아니라 소수 정예로, 칼 가는 법부터 채 써는 법까지 진짜 제대로 된 한식의 기초를 가르쳐주는 곳 말이다. 외국인이든 한국인이든 한식을 깊이 있게 배울 곳이 마땅치 않다. 훗날 "조은희라는 사람이 한식 발전에 기여했고, 좋은 제자들을 많이 남겼다"라고 기억된다면 더 바랄 게 없겠다.

**마지막으로, 파인 다이닝을 어려워하는 분들에게
즐기는 팁을 준다면?**

조은희　　즐기겠다는 행복한 마음과 여유가 가장 중요하다. 셰프가 정성 들여 준비한 것을 열린 마음으로 받아들여주시면 훨씬 더 맛있게 드실 수 있다. 손님이 행복해하면 우리도 신이 나서 하나라도 더 챙겨 드리고 싶다. 홀 매니저가 와서 "방장님, 2번 테이블 어린 친구가 음식을 너무 잘 먹어요"라고 귀띔해준 적이 있다. 어른 음식인 코스 요리를 너무 맛있게 싹싹 비우는 거다. 그 모습이 참 기특하고 예뻐서 직접 홀에 나가 인사까지 했다. 이렇게 서로 존중하고 즐기는 마음이 오갈 때 최고의 미식 경험이 완성된다고 생각한다.

화려한 기교보다 중요한 건
단단한 마음

박성배 조리장을 마주하면 누구보다도 단단하고
엄격한 기운이 느껴지지만, 한편으로는 사람을
향한 깊고 따스한 진심이 스며나온다. 주방의
한복판에서 그가 보여주는 타협 없는 가치관과
흔들림 없는 태도는 온지음이 지켜온 한식의
본질을 수호하려는 숭고한 책임감과도 같다.
6년 연속 미쉐린의 별을 지켜낸 그는 화려한
기교보다 근본적인 '태도'를 강조한다. 뛰어난
재능보다 타인을 배려하는 단단한 마음이
선행되어야 한다는 그의 철학은 주방의 엄격한
기강을 지탱하는 가장 따뜻한 뿌리가 된다.
정점의 자리에서도 안주하지 않고 기술 너머의
본질을 묵직하게 웅변하는 그의 뒷모습은 정직한
맛이란 결국 흔들리지 않는 마음에서 시작된다는
준엄하고도 따스한 진리를 우리에게 일깨워준다.

박성배
조리장

온지음에서는 '셰프' 대신 '조리장'이라는
독특한 호칭을 사용하고 있다.

박성배   우리 온지음은 중앙화동재단 산하에서 의식주를 연구하는 곳이다. 처음 시작할 때는 원 테이블 레스토랑 형태였고, 연구소이다 보니 당시 직함은 수석연구원이었다. 시간이 지나면서 사람들이 우리 음식을 좋아해주고, 단순히 책상에 앉아서 해야 연구가 아니라 직접 재료를 다루고 손님에게 내어주는 과정이 있어야 진정한 연구가 된다는 느낌을 받았다. 그래서 공간을 옮기며 '온지음 레스토랑'을 정식으로 오픈하게 된 거다. 현재 레스토랑 소속으로는 헤드 셰프로 되어 있지만, 온지음 내부에서는 '조리장'이라는 호칭을 쓴다.

조은희 방장은 궁중음식연구원 출신이자 대학 교수를 하다가 왔기 때문에 이론가로서 전통의 눈을 가지고 있다. 반면 나는 기술과 재료를 담당하고 있다고 보면 된다. 시간이 지나면서 서로 융화되어 방장도 기술이 익숙해졌고 나도 전통을 보는 눈을 많이 배웠다.

요리, 특히 한식의 길로 들어서게 된
결정적인 계기가 있었나?

박성배   어렸을 때부터 꿈이 요리사라 조리고등학교를 가고 싶었는데, 선생님 권유로 인문계를 갔다가 지방 전문대로 진학했다. 전공은 일식이었다. 오히려 학교 수업보다 거기서 만난 동기 형님들한테 많이 배웠다. 그분들이 가진 스킬이 너무 재밌어서, 학교 끝나고 신라호텔 출신 형님의 횟집에서 하루 5천 원 받으면서 아르바이트를 시작했다. 그때 청소하고 하루에 생선 한 마리씩 잡으면서 기본기를 익혔다.

그러다 학교에 신라호텔 출신인 최지훈 셰프가 왔는데, 초밥을 쥐는 손이 빛이 나는 것처럼 아름다웠다. 그때부터 나도 신라호텔에 가야겠다는 꿈이 생겼다. 제대 후에 드디어 신라호텔에 들어갔다.

처음엔 일식당을 지망했는데 자리가 없어서 한식당 서라벌에 잠시 있기로 했는데 거기서 조희숙 셰프를 만났다. 일식 주방의 냉철하고 칼이 무서운 분위기와는 달리 재료를 다루는 셰프의 따뜻한 마음에 흔들려서 "저 한식 하겠습니다" 하고 눌러앉았다. 조희숙 셰프에게서 많은 것을 배우면서 한식의 매력에 빠지게 됐다.

그런데 미국에 가서 일을 했다고 들었다.
그러다 왜 다시 한국행을 택했나?

박성배　신라호텔 한식당이 문을 닫으면서 뷔페인 파크뷰로 가게 됐다. 이게 맞나, 고민하던 차에, 10년 차 선배들을 보니 내 미래가 뻔해 보이는 거다. 그래서 과감히 그만두고 일본으로 워킹홀리데이를 떠나 일본 전역을 여행하며 일본의 미식과 아름다움의 기준을 배웠다. 한국에 돌아와 결혼하려니 돈이 부족해서 다시 미국으로 갔다. 캘리포니아, 시카고, 뉴욕 등을 돌며 살 곳을 찾다가 LA에 정착해서 스시를 하며 돈을 좀 벌었다. 당시엔 한식 셰프가 유명하지도 않았고, 결혼도 했기에 급여가 좋은 일식을 택했다. (웃음)

그런데 미국에서 일할 때 일본 사람들이 나한테 한국 사람이 왜 일식을 하느냐고 묻곤 했다. "일식이 좋아서 하지만 한식도 한다"라고 대답하면서 스스로 한식에 대해 다시 생각해보게 되었다. 결정적으로, 그 무렵 읽은 책이 《스시 이코노미》였다. 스시가 세계화된 과정을 경제 현상과 엮은 책이다. 당시 토요타와 소니가 부흥하며 일식이 떴듯이, 내가 그 책을 읽을 즈음 현대차와 삼성이 주목받고 있었으니 '아, 앞으로 대세는 한식이 되겠구나'라는 것을 직감했다.

때마침 조희숙 셰프가 "한국에서 온지음을 할 건데 와서 같이 하자" 하고 제의를 해주었다. 당시 미국 생활은 너무 편안했다. 맨날 골프 치러 다니며 안주하는 삶이었다. 그런데 원래 나의 꿈이 유명한 셰프가 되는 거였다는 게 떠올랐다. 그래서 다시 도전해보자는 생각으로 한국에 들어와 온지음에 입사했다.

온지음에서 한식을
본격적으로 시작해보니 어땠나?

박성배   우선 내가 모르는 게 너무 많았다. 온지음에 와서 의식주 관련 미팅과 공부를 하면서 '진짜 한국의 아름다움이 무엇인가'를 고민하게 됐다. 본격적으로 합류해서 재료를 찾으러 전국 섬을 다니고, 양념을 연구하고, 원 테이블부터 시작해 5년간 합을 맞췄다. 온지음에서 내 미감이 완전히 바뀌었다. 예전엔 하얀 접시에 기교 부리는 걸 좋아했다면, 이제는 본질의 아름다움, 기교 없는 자연스러움을 추구하게 됐다. 내가 느낀 한국의 미는 서양의 화려함이 아니라 툭 던져놓은 듯한 자연스러운 아름다움, 무기교의 기교, 소박하지만 철학적인 것이었다.

긴 여정을 거쳐 한식을 만들고 있는 지금은
당신이 정의하는 한식의 진짜 매력은 무엇인가?

박성배   한식이란 우리나라에서 나는 재료를 예전부터 먹던 방법으로 조리한 것인데, 거기엔 기후와 계절, 그리고 '먹음을 통해 건강해진다'라는 약식동원藥食同源의 의미가 녹아 있다. 그리고 해산물, 육류, 채소, 발효가 음양오행처럼 균형이 잘 잡혀 있다.

옛 선조들, 예를 들어 추사 김정희 같은 분들도 말년에 가장 행복했던 순간을 "내가 키운 채소로 가족과 밥 먹을 때"라고 했다. 맛있는 걸 다 먹어본 사람들이 결국 끝에 가서 찾는 건, 먹고 나서 몸이 편안해지는 섬세한 채소의 맛, 그게 한식의 매력이다.

전통을 보존하면서도 현대적인 변형을 주는데,
그 사이의 균형은 어떻게 잡나?
'이것만은 타협할 수 없다' 하는 핵심 가치가 있다면?

박성배 전통을 지킨다고 가마솥에 불 때는 게 아니다. 최신 기계를 잘 활용하면 더 전통적인 맛을 구현할 수도 있다고 생각한다. 우리는 전통 80퍼센트에 현대 10퍼센트, 서양의 것 10퍼센트 정도를 융합하는 비율을 추구한다. 예를 들어 치즈 같은 서양 재료를 10퍼센트 정도 섞었을 때 더 매력적인 새로움이 나오기 때문이다.

하지만 기본은 지켜야 한다. 신선로 같은 고전적인 메뉴는 손이 많이 가더라도 온지음이라면 해야 한다. 그래야 사람들이 "옛날에 이런 걸 먹었구나" 알 수 있으니까. 그러면서도 다음엔 온반 형태로 현대적으로 풀어보기도 한다. 전통을 보여주되, 연구를 통해 그다음 단계를 고민하는 게 중요하다. 어란도 전통 간장 어란을 마스터했다면, 내년엔 전복 간장으로 해보거나 새로운 맛을 입혀보는 식으로 계속 발전시켜나가는 거다.

온지음은 연구소로서 고려시대 음식까지 책으로 냈다.
최신 조리법이 넘쳐나는 시대에 과거의 기록은 어떤 의미인가?

박성배 나는 맛있는 건 사라지지 않는다고 생각한다. 맛집 하나가 생기면 그 맛이 대대로 이어지듯이, 지금 우리가 먹고 있는 이 음식이 어쩌면 100년 전, 아니 1,000년 전에 먹었던 음식일 수 있다. 그래서 우리가 연구하는 이 음식이 단순히 조선시대의 것이 아니라, 고려시대, 더 나아가 백제의 음식일 가능성을 열어두고 있다.

처음 조선시대 음식을 할 때는 유교적인 모던함, 달항아리 같은 깔끔함에 매료됐다. 그러다 고려시대를 팠더니, 개성 음식을 비롯해서, 불교 문화가 융성하고 무역이 활발해서 아라비아 상인의 영

향까지 반영되어 정말 화려하고 재밌는 게 많더라. 조선 음식이 따뜻하고 편안하다면, 고려 음식은 극강의 기술적 세밀함을 보여준다.

예를 들어, 개성무찜은 소고기, 돼지고기, 닭고기, 세 가지가 들어가는데, 익는 속도가 다르니 넣는 순서를 달리해야 식감이 맞춰지는 아주 세심한 요리이다. 또 고려시대 문인인 이규보가 좋아했다는 게구이는 게살을 짜서 계란과 섞은 뒤 찜을 만들고 굽는다. 굉장히 복잡하고 프랑스 요리 같은 디테일이 있다. 홍해삼이라는 요리는 해삼 안에 홍합을 넣어서 만드는데, 남녀의 화합을 상징해 이바지 음식으로 쓰였다는 재미난 스토리도 있다.

하지만 옛날 방식이 멋있다고 해서 무조건 고수하면, 지금 시대에는 불가능한 것도 많다. 중요한 건 '그때의 맛'을 알고, 그 맛을 현대의 조리법으로 찾아가는 것이다. 옛날 방식을 고집하는 게 아니라, 맛의 본질을 찾아 현대적으로 구현하는 것, 나는 그게 우리 한식을 지키는 지속 가능한 방법이라고 생각한다.

**고조리서에 나온 음식을 현대의 식탁으로 복원할 때
'이 맛이 정답이다'라고 확신하는 기준은 무엇인가?**

박성배　경험을 통해 맛의 레이어를 쌓아야 한다. 그러려면 맛있는 걸 많이 먹어봐야 한다. 나는 운 좋게도 당대 최고의 어르신들이 해주는 음식을 많이 먹어보며 기준이 높아졌다. "이게 내가 알던 곰국 맛이 아니네? 더 맛있네?" 하면 그게 새로운 기준이 되는 거다. 조은희 방장과 나, 그리고 팀원들이 계속 먹어보면서 그 기준을 맞춰간다. 레시피보다 중요한 건 '이 정도 맛은 나야 한다'라는 기준을 아는 것이다.

**박성배 조리장이 추구하는 온지음의 맛 스타일을
한 문장으로 정의한다면?**

박성배 대미필담大味必淡, 정말 좋은 맛은 반드시 담백하다. 첫 맛에 확 당기는 맛은 금방 질리지만, 담백한 맛은 질리지 않는다. 인생도 그렇더라. 화려하게 다가오는 사람은 금방 떠나지만, 담백하게 다가오는 사람이 진국이고 오래간다. (웃음)

메뉴를 구성하고 하나의 코스를 완성하는 과정도 궁금하다. 쉽지 않은 작업일 것 같은데.

박성배 엄청 힘들게 메뉴를 짜고 있다. (웃음) 예전 원 테이블 시절엔 매일 바꿨고, 여기 와서는 한 달에 한 번 바꿨는데, 지금은 완성도를 높이기 위해 두 달에 한 번씩 바꾼다. 갈수록 제약이 많아지고 폭이 좁아져서 아이디어를 정말 쥐어짜내야 한다.

그래서 안전하게 기존에 반응이 좋았던 요리를 기본으로 가져가고, 거기에 새로운 제철 재료와 창의적인 요소를 얹는 방식으로 코스를 구성한다. 그리고 방장과 나, 둘뿐만 아니라 팀원 전체가 각자 고민해서 아이디어를 내면 그걸 모아서 만든다. 이번 시즌 콘셉트는 '부산 음식'이다, '통영 음식'이다, 혹은 '서울 반가음식'이다, 이렇게 큰 틀을 잡고 그 안에 메뉴를 채워넣는 식이다.

온지음은 의식주가 함께하는 공간이다. 장인들과의 교류에서 영감을 받기도 하나?

박성배 예전엔 음식 자체에서 영감을 받았다면, 요즘은 사람과 그들의 배려심에서 영감을 받는다. 옷을 만드는 분이 '소화가 잘되게 배를 편안하게 해주는 옷'을 만든다면, 나도 '소화 잘되는 음식'을 생각한다. 장인들이 만든 그릇, 농부가 정성껏 키운 재료를 쓸 때 생기는 시너지가 크다. 그래서 나는 지금 온지음에는 '장인들과의 콜라보'가 가장 중요한 관계라고 생각한다. 이 관계를 잘 지켜나가는 것이 '관계의 리더십'이자 앞으로 온지음이 해야 할 일이다.

더 나아가서, 해외와의 교류도 마찬가지다. 외국 셰프들과 콜라보를 하며 서로 영감을 주고받는데, 이때 중요한 건 '경계'를 잘 지키는 것이다. 예를 들어, 일본의 조리법이 마음에 든다고 해서 무작정 가져와 온지음의 것으로 쓰는 건 아니라고 본다. 그들이 왜 그 방식을 썼는지 그 이유와 개념을 이해하고, 그것을 우리 식대로 재해석해서 우리 재료에 적용할 때 진정한 발전이 있다고 생각한다.

또한 보이지 않는 가치도 중요하다. 솔직히 셰프 입장에서 냉정하게 말하면, 토종 쌀이나 토종 돼지가 개량종보다 맛이 떨어질 때가 있다. 가격이나 맛만 따지면 안 쓰는 게 맞을 수도 있다. 하지만 우리가 그 재료를 씀으로써 토종을 지키는 농부가 생계를 이어가고, 그 종자가 보존된다. 혀로 느끼는 맛 이상의 가치를 지키는 것, 그게 온지음의 차별점이다. 캐비아 같은 비싼 재료는 굳이 안 써도 되지만, 이런 가치에는 돈을 아끼지 않는다.

온지음은 2020년부터 6년 연속 미쉐린 1스타를 유지하고 있다.
그 비결과 저력은 무엇이라고 생각하나?

박성배 '생각하는 손'이다. 기계처럼 일하는 게 아니라, 손을 움직이면서 끊임없이 생각하고 고민하는 것이다. 또 하나는 '셀프 리더십'이다. 서로에게 선한 영향을 주는 문화가 중요하다. 기존 직원이 새로운 직원에게, 또 새로운 직원이 기존 직원에게 자극을 주며 서로 성장한다. 우리는 경영이나 매출보다 '사람을 키우는 것'에 집중한다. 팀원들이 매년 한 단계, 두 단계씩 성장하는 모습이 쌓여서 별을 유지하는 힘이 된 것 같다.

매해 별을 지켜야 한다는 부담감이나
2스타를 향한 욕심은 없는지 궁금하다.

박성배 2스타가 안 돼서 아쉬움도 있다. (웃음) 와인도 늘리고 서비스도 보강했지만, 타협하기 힘든 문화적 차이도 있다. 미쉐린 스타 레스토랑들을 보면 테이블에 예쁜 센터피스를 놓는 경우가 많은데, 우리는 우리의 미감에 안 맞으면 놓지 않는다.

또 양식에서는 음식을 개인 접시로 내지만, 한식은 호스트가 게스트에게 "가장 좋은 부위를 당신에게 드립니다" 하며 큰 그릇에서 음식을 덜어주는 '접빈接賓'의 문화가 있다. 우리는 그 따뜻한 배려의 문화를 보여주고 싶은데, 평가 기준에선 불편한 서비스로 보일 수도 있겠다. 하지만 이 문화를 그대로 선보이는 것이 한식 레스토랑의 역할이라고 생각한다.

우리는 우리만의 스타일로 인정받고 싶다. 심사위원이 누구인지는 모르겠지만, 우리의 이러한 한국적 아름다움과 철학을 온전히 이해해줄 때 우리가 별을 받는 게 진짜 의미가 있다고 본다. 반 고흐가 당대에는 인정받지 못했어도 자신만의 미감을 지켰듯이, 우리도 지금 당장 별 하나를 더 받기 위해 우리 색깔을 바꾸기보다 5년, 10년 뒤의 미래를 보고 기본을 단단히 다지고 우리만의 미감을 지키다 보면 언젠가 더 깊이 공감받을 날이 올 거라 믿는다.

수많은 팀원을 이끄는 리더로서
좋은 리더란 어떤 리더일까?

박성배 선한 영향력을 주는 리더, 독재자처럼 "나를 따르라" 하지 않고 따뜻하게 감싸주면서 부족한 점은 서로 공유하고 함께 성장하는 리더라고 본다. 그래서 무엇보다 인성이 중요하다.

나도 가족이 있지만 온지음은 또 다른 식구라고 생각한다.

누군가는 엄마 역할을, 누군가는 아빠 역할을 하며 정말 따뜻한 가족처럼 지내고 있다.

10년 넘게 근속한 직원들이 있다는 건 대단한 일인데, 무엇이 동력이 될까?

박성배 '내가 여기서 성장하고 있다'라는 확실한 동기부여인 것 같다. 매년 워크숍을 통해 계획을 짜고 성과를 공유하고, 또 의식주를 연구하며 배우는 기회가 많으니까. 그리고 주 4일 근무에 명절과 주말을 쉰다는 것도 큰 장점이다. (웃음)

셰프를 꿈꾸는 후배들에게 꼭 해주고 싶은 조언이 있다면?

박성배 우리 집 가훈이기도 한데, '극기복례克己復禮'를 강조하고 싶다. 나 자신을 이기고 예로 돌아간다는 뜻인데, 나태함을 이기고 기본 예절을 지키는 인성이 가장 중요하다. 인성이 바탕이 되어야 팀에 융화될 수 있다. 기술은 와서 배워도 늦지 않다.

하지만 언어는 미리 준비했으면 좋겠다. 영어, 일본어, 중국어 같은 언어 능력은 지금 당장은 요리 실력이 아닌 것 같아도 나중엔 엄청난 무기가 된다. 인성과 언어, 이 두 가지를 꼭 갖췄으면 한다.

K-푸드 열풍 속에서 한식이 나아가야 할 방향은 무엇일까?

박성배 한식은 뿌리가 깊다. 고려와 조선을 거치며 쌓아온 역사와 문화적 DNA가 있다. 지금의 열풍이 단순한 유행으로 끝나지 않으려면, 이 깊은 뿌리를 바탕으로 우리만의 미감과 철학 그리고 건강함이 깃든 문화로 끊임없이 발전시켜나가야 한다.

또한 한국은 종교, 정치 등 모든 것이 치열하게 섞여 있는 굉장히 역동적인 나라다. 어느 한쪽으로 치우치지 않고 다양한 요소들이 공존하는 이 역동적인 균형 감각이야말로 한식의 진짜 힘이라고 생각한다.

깊은 뿌리를 기반으로 한 발전, 그리고 치우치지 않는 균형. 이 두 가지가 제대로 맞물릴 때 한식은 일시적인 현상이 아니라, 김치처럼 전 세계인이 끊을 수 없는 미식 문화가 될 것이다.

개인적인 목표, 혹은 온지음의 궁극적인 지향점은 무엇인가?

박성배 사람을 남기는 것이다. 온지음 매장을 100개 만드는 것보다 온지음 출신의 셰프 100명을 배출하는 게 목표다. 나아가서는 제대로 된 요리학교, 교육기관을 만들어 한식을 체계적으로 가르치고 기록으로 남겨 세계에 알리는 역할을 하고 싶다.

마지막으로, 파인 다이닝을 더 즐겁게 경험할 수 있는 팁을 준다면?

박성배 '감사하는 마음'이다. 물 한 잔을 마셔도 감사하게 먹으면 맛있고, 불평하며 먹으면 아무리 비싼 음식도 맛이 없다. 음식을 준비한 사람과 먹는 사람이 서로 감사하고 행복해할 때, 그 음식이 완성된다고 생각한다. 맛있는 집을 검색하는 노하우도 중요하겠지만,(웃음) 결국은 마음가짐이 제일 중요한 팁 아닐까?

빠름을 덜어내고 바름을 채우다

심수정

맛공방 책임연구원

조용히 미소 짓는 첫인상 뒤로, 심수정 책임연구원에게서는 그 무엇으로도 꺾을 수 없는 단단한 심지와 확고한 철학이 느껴진다. 이직이 잦은 외식업계에서 강산이 변한다는 10년을 훌쩍 넘어 12년이라는 긴 세월을 한결같이 지켜왔다. 그는 온지음의 탄생과 성장을 온몸으로 겪어내며 주방의 가장 깊은 뿌리가 되었다.

코스의 시작을 알리는 '콜드cold' 요리부터 식사의 여운을 남기는 디저트에 이르기까지, 온지음 미식의 처음과 끝을 책임지는 그의 손길에는 한 치의 빈틈도 없는 완벽함이 깃들어 있다. 보이지 않는 곳에서 우리 맛의 가치를 치열하게 벼려온 그의 기록은 온지음이 추구하는 진정한 미학의 정수가 무엇인지를 여실히 증명해내는 가장 강력한 증거가 되고 있다.

현재 온지음에서
어떤 업무를 맡고 있는지 소개 부탁한다.

심수정　온지음에서 12년째 근무 중인 책임연구원이다. 다른 레스토랑으로 치면 주방의 살림을 도맡는 수셰프의 자리라고 볼 수 있는데, 하는 일은 조금 다르다. 내가 모든 파트를 실무적으로 다 돌기보다는, 그동안 쌓인 데이터와 경험치를 바탕으로 전체적인 주방 컨트롤을 돕고 있다. 구체적으로는 코스의 문을 여는 콜드 파트와 마지막을 장식하는 디저트 파트를 전담하고 있고, 주방 전체를 조율하는 역할을 한다.

식사의 시작과 끝을 책임진다는 것은
요리사로서 어떤 의미인가?

심수정　사실 그렇게 의미 부여를 한 지는 얼마 안 됐다. (웃음) 리뷰를 보다가 문득 깨달았는데, 그 뒤로는 부담감이 확 커지더라. 메인 요리는 아니지만, 시작과 끝이 좋지 않으면 전체 코스의 인상이 흐려질 수 있으니까. "메인을 이겨야지"가 아니라 "앞뒤 음식들을 절대 해치지 말아야겠다" "이 식사의 이미지와 여운을 끝까지 잘 가져가야겠다" 하는 책임감이 크다. 그래서 실수를 할 때마다 마음이 쿵 내려앉는다.

20대 초반이라는 어린 나이에 온지음에 입사했는데,
당시 어떤 계기로 온지음을 선택하게 되었나?

심수정 사실 처음엔 온지음이 뭐 하는 곳인지도 잘 모르고 왔다. (웃음) 당시엔 원 테이블 레스토랑이라 대중에게 알려지기 전이었다. 대학 졸업 후 미국 하얏트 호텔 페이스트리 파트에서 1년간 인턴십을 하고 귀국하기 한 달 전쯤, 대학 시절 인연이 있던 조은희 방장에게서 연락을 받았다. "한국 올 때 됐는데 한번 와볼래?" 해서 취업 준비도 안 된 상태라 "네" 하고 갔다. 취업했다기보다 실습하는 느낌으로 시작했다. 내가 선택했다기보다 거부할 수 없는 '인연'이라고 생각한다.

첫 면접을 보던 날의 풍경은 어땠나?

심수정 방장과 조리장, 그리고 선배 두 분이 있었는데, 딱딱한 면접장이라기보다는 다 같이 둘러앉아 두런두런 이야기를 나누는 자리에 가까웠다. 나는 바짝 긴장해 있었지만, 그때 내어준 오렌지의 색감이 아직도 기억날 만큼 묘하게 따뜻한 분위기였다.

　　　그런데 대화 도중 한 선배가 뼈 있는 질문을 던졌다. "온지음은 아무도 모르는 곳이다. 여기서 일했다고 해도 밖에서 알아주지 않을 수 있는데, 그래도 괜찮겠니?" 현실적인 조언이자 내 의지를 묻는 질문이었다. 하지만 나에게는 '어디'에 있느냐보다, 내가 진정으로 '어떤 일'을 할 수 있느냐가 훨씬 중요해서 온지음을 선택했던 것 같다.

요즘은 이직이 잦은 시대이다.
한곳에서, 그것도 치열한 요식업계에서 12년이라는 긴 시간을

보내게 된 가장 큰 원동력은 무엇이었나?

심수정   초반에는 '내가 이 일을 왜 할까?' '방장, 조리장처럼 저런 엄청난 열정을 가질 수 있을까?' 고민도 많이 하고 위기도 있었다. 내가 요리를 일찍 시작했지만 특출나게 잘한다는 확신이 없었기 때문이다. '왜 한식인가'에 대한 답을 찾는 데도 5~6년이 걸렸고.

하지만 포기하지 않았던 건 온지음만의 속도와 패턴이 나와 맞았기 때문이다. 나는 로딩은 길지만 한번 시작하면 묵묵히 오래가는 스타일인데, 온지음이 추구하는 방향이나 일하는 방식이 나에게 자연스럽게 스며들었다. 8~9년 차쯤 되니 안정기가 오면서 '내가 한식을 정말 좋아하는구나' '온지음이 가치 있는 일을 하고 있고 나도 거기에 일조하고 있구나'라는 자부심이 생겼다. 억지로 버틴 게 아니라, 이곳의 일이 내 일처럼 자연스럽게 느껴졌던 것이다. 굳이 단어로 표현하자면 주인의식을 넘어선 사명감 같은 게 생겼던 것 같다.

**온지음만의 속도란
구체적으로 어떤 의미인가?**

심수정   보통 다른 레스토랑은 3년이면 웬만한 파트를 다 돌고 수세프를 달기도 한다고 들었다. 하지만 온지음은 막내가 들어오면 주전부리, 김치, 반찬 같은 가장 기초적이지만 디테일이 중요한 파트부터 맡는다. 아무것도 모르는 상태에서 섬세한 걸 챙겨야 하니 정말 어려워한다. 그래서 적어도 1년은 꼬박 해야 '온지음 음식이 이런 거구나' 하고 어렴풋이 알 수 있다고 생각한다. 두 달마다 메뉴가 바뀌니 5~6번의 사이클은 돌아봐야 하기 때문이다. 빨리 쳐내기보다 디테일 하나하나에 의미를 부여하고 배우는 과정, 그 '느림의 미학'이 바로 온지음의 속도이다.

한식에 대해 확신을 갖게 된
결정적 계기가 있을까?

심수정　한식의 디테일이 가진 가치를 깨달았다. 예를 들어, 한식의 고명은 단순히 예쁘려고 올리는 게 아니라 '이 음식은 당신을 위해 준비된 것이니, 아무도 손대지 않았다'라는 정갈한 의미가 담겨 있다. 그 속에 담긴 배려와 깊이를 알게 되면서 비로소 '아, 내가 이 디테일을 사랑하는구나'라고 확신하게 되었다.

그렇다면 심수정 연구원이 정의하는
한식의 진짜 매력은 무엇인가?

심수정　각각의 재료에 깃든 '간의 조화'이다. 보통 요리할 때 재료를 한데 넣고 볶으면서 간을 하기도 하잖나. 하지만 한식은 다르다. 시금치, 콩나물, 고사리 등 이 모든 재료 하나하나를 따로 데치고, 각각의 특성에 맞게 간을 한다. 그렇게 개별적으로 완성된 맛들이 한 그릇에 모여 비로소 완벽한 조화를 이루는 것. 그 번거롭지만 섬세한 과정이 한식의 어려움이자, 대체 불가능한 깊은 매력이라고 생각한다.

디저트 파트는 전통과 현대 사이에서 고민이 많을 것 같다.
밸런스를 맞추는 노하우가 있나?

심수정　여전히 가장 어렵다. 전통 한식 디저트는 쌀, 밀가루를 튀기거나 꿀에 재우는 등 무거운 게 많다. 이걸 현대적인 코스의 마무리로 가볍게 풀어내는 '디저트화' 작업이 쉽지 않다. 하지만 최근에 "플레이팅이 화려하지 않고 투박하지만, 그래서 오히려 온지음스럽고 좋다"라는 피드백을 들으며 방향성을 잡았다. 억지로 서양화하기보다 투박해도 우리 느낌을 살리는 거다. 예를 들어 떡의 텍스처를 가볍게 바꾸거나, 제철 과일인 복숭아로 화채를 만들어 원형은 살리되 맛을 보완하는 식으로.

'온지음스럽다'라는 건
구체적으로 어떤 결을 의미할까?

심수정　자연스럽지만 기품이 서려 있다는 것이다. 과하지 않아야 하지만, 그렇다고 빈 곳이 보여서도 안 된다. 잎사귀 하나, 김치 놓는 각도 하나에도 흐트러짐 없는 단정한 아름다움이 있어야 한다. 주관적이라 어렵지만, 그 미묘한 '적당한 선'을 지키는 것이 온지음다움이라고 생각한다.

지난 12년 동안 가장 힘들었던
위기의 순간은 언제였나?

심수정　지금은 좀 미화됐을 수도 있는데,(웃음) 중간 관리자로서 외부 업체와 협업하는 프로젝트를 맡았을 때가 기억난다. 내가 소통해야 했는데, 경험도 없고 '맷집'도 없을 때라 상대방과 의견 차이를 좁히지 못했다. 결국 책임자들까지 나서야 할 정도로 일이 커졌는데, 그때 '내가 아직 많이 부족하구나, 사람 대하는 게 이렇게 어렵구나' 느끼며 참 힘들었다.

　　　　물론 가장 힘든 건 매번 신메뉴 개발할 때다. 두 달마다 돌아오는 마감 시간이 다가오면 '이번엔 더 완성도 있게 내야 하는데' 하는 부담감에 여전히 피가 마른다.

반대로 가장 기억에 남는 최고의 순간은?

심수정　특정한 사건이라기보다 손님들이 우리의 의도를 알아줬을 때다. 우리가 치열하게 고민해서 만든 맛, 숨겨둔 디테일을 손님이 정확히 캐치하고 "이래서 좋았다"라고 말씀해주실 때, 그 순간의 감개무

량함은 준비한 사람만 알 수 있는 최고의 희열이다.

요리사로서 10년 전의 나와 지금의 나를 비교했을 때,
가장 많이 성장했다고 느끼는 부분은 무엇인가?

심수정　　요리를 대하는 마음가짐이다. 초반에 방장이 나물 데치는 일을 맡긴 적이 있다. 나는 학교에서 배운 대로, 자격증 시험 보듯이 그냥 데쳤다. 방장이 "맛은 봤니? 식감은 확인했니?" 하는데 꿀 먹은 벙어리가 됐다. 충격이었다. '내가 아무 생각 없이 기계적으로 요리했구나.' 그 뒤로는 사소한 과정 하나하나에 의미를 부여하게 됐다. 내가 내 요리를 가치 있게 생각하지 않으면, 먹는 사람도 가치 있게 느끼지 않는다는 걸 깨달았다. 조리장이 강조하는 '생각하는 손'과도 맥이 닿아 있는 부분이다.

온지음은 2020년 첫 미쉐린 1스타를 받은 후 6년 연속 유지 중이다.
실무자 입장에서 온지음이 꾸준히 별을 지킬 수 있었던
진짜 저력은 무엇이라고 생각하나?

심수정　　두 가지다. 첫째는 맛의 기준을 잡아주는 방장과 조리장의 확고한 철학이고, 둘째는 그 맛을 손끝으로 구현해내는 직원들의 안정감이다. 아무리 좋은 레시피가 있어도 만드는 사람이 계속 바뀌면 맛이 흔들릴 수밖에 없다. 하지만 우리는 평균 근속 연수가 길다보니 온지음의 맛과 철학을 깊이 이해하고 있는 직원들이 단단하게 버티고 있다. 그 숙련된 손끝에서 나오는 안정감이 별을 지키는 가장 큰 힘이라고 생각한다.

매년 별을 유지해야 한다거나,
2스타로 나아가야 한다는 부담감은 없나?

심수정　유지에 대한 책임감은 당연히 무겁다. 물론 회사 차원에서 더 높은 목표를 지향한다면 따르겠지만, 개인적인 소신은 조금 다르다. 별의 개수가 늘어나는 것보다, 오시는 손님들이 "여기가 나한테는 3스타야"라고 말씀해주시는 게 나에겐 더 큰 힘이다. 급격하게 올라가기보다 지금처럼 오래오래 단단하게 우리만의 색깔을 유지하는 것. 그것이 온지음에게 더 어울리는 옷이 아닐까 생각한다.

별이 생긴 이후 실무진 차원에서
달라진 디테일이 있나?

심수정　보이지 않는 곳의 위생이다. 온지음은 오픈 주방이라 바닥까지 다 보인다. 소음이나 위생 같은 기본적이고 당연한 것들에 대해 기준치가 훨씬 높아졌다. 음식 간도 더 예민하게 보려 한다. 하지만 너무 힘이 들어가면 안 되니까 평정심을 잃지 말고 하던 대로 하자는 분위기도 있다.

가까이서 지켜본 조은희 방장과 박성배 조리장은
어떤 분들인가?

심수정　조은희 방장은 진심 그 자체다. 사람을 대할 때나 음식을 대할 때나 가식 없이 온 마음을 다한다. 40대에 늦게 현장에 왔지만 그 열정은 존경스러울 정도다. 그런 따뜻한 마음과 태도를 닮고 싶다. 박성배 조리장은 추진력과 '큰 그림'의 대가다. 이게 될까 싶은 일도 확신을 가지고 밀어붙여서 결국 되게 만든다. 긍정적인 에너지로 조직을 이끄는 리더십을 보며 많이 배운다. 두 분의 각기 다른 에너지가 만나서 온지음이라는 폭발적인 시너지가 나오는 것 같다.

조은희 방장은 당신을 "늘 한결같고
얼굴 찌푸린 적 없는 친구"라고 했는데, 비결이 있나?

심수정　원래 성향이 좀 무던하다. (웃음) 갑작스러운 변화에도 크게 타격을 안 받는다. 그리고 무엇보다 두 분이 나를 믿고 기다려준 덕분이다. 나 혼자 잘나서 버틴 게 아니라, 나를 믿어주는 리더와 동료들이 있었기에 가능했다.

12년 차 선배로서
후배들에게 어떤 선배가 되고 싶은가?

심수정　거창한 멘토보다는 그냥 '닮고 싶은 사람'이 되고 싶다. 기술적으로 뛰어나서일 수도 있지만, 그보다는 일하는 태도나 행실을 보고 '저 선배처럼 되고 싶다'라는 생각이 드는, 그런 향기 나는 사람이면 좋겠다.

이제 막 시작하는 후배들에게
해주고 싶은 조언이 있다면?

심수정　"세상에 쓸데없는 일은 없다"라는 말을 꼭 해주고 싶다. 막내 때는 '나는 요리하러 왔는데 왜 계산기를 두드리고 있지? 왜 허드렛일을 하지?' 싶을 때가 있다. 하지만 시간이 지나고 보면 그 모든 경험이 다 요리에, 그리고 인생에 쓰임새가 있더라. 지금 당장은 답답하더라도, 자신이 하는 일에 스스로 가치를 부여하길 바란다. 내가 사소한 일을 어떻게 대하느냐에 따라 결과물이 달라지고, 나의 가치도 달라진다. 버티다보면 결국 다 피가 되고 살이 된다.

12년 전 '실습생 심수정'에게
지금의 '책임연구원 심수정'이 해주고 싶은 말이 있다면?

심수정　"잘 버텼다. 그리고 좀 더 자신감을 가져도 된다." 초반 5~6년 동안 '이 길이 맞나?' 하며 고민했던 시간이 너무 길었다. 그때 조금 더 확신을 가지고 즐겼다면 어땠을까 하는 아쉬움이 있다. 그래서 잘하고 있으니까 의심하지 말고 계속 가라고 말해주고 싶다.

온지음에서 이루고 싶은 목표나
개인적인 꿈은 무엇인가?

심수정　한식 디저트와 다과에 대한 온전한 결과물을 만들고 싶다. 지금도 메뉴를 통해 데이터를 쌓이고 있는데, 나중에 책이든 뭐든 형태로 남겨서 정리해보고 싶다. 온지음 안에서 한식 디저트의 전문성을 더 키우고, 그것이 온지음의 또 다른 경쟁력이 되도록 기여하고 싶다.

마지막으로, 온지음을 한 문장으로 표현한다면?

심수정　지금의 나를 만들어준 곳. 20대부터 30대까지 내 청춘을 다 바친 곳이자 내 가치관과 미감, 생각하는 방식 모든 것에 지대한 영향을 준 곳이다. 동료들이 나보고 지박령이라고 놀리는데(웃음) 그만큼 나에게는 집보다 더 집 같은, 나의 역사 그 자체인 곳이다.

오직 진실과 진심으로

이사라
매니저 겸 헤드 소믈리에

인터뷰 도중 귀한 걸음해주시는 손님들을 생각하며 눈물짓던 이사라 매니저 겸 헤드 소믈리에의 모습에서는 진정성의 무게가 고스란히 전해진다. 온지음의 음식은 단아하고 얌전하지만, 그 음식을 고객에게 나르는 그의 마음은 그 누구보다 뜨겁다. 평일 예약조차 '하늘의 별 따기'라 불릴 만큼 치열한 미식의 현장 속에서, 그는 화려한 언변이나 과장된 친절 대신 있는 그대로의 '사실'에 '정성'이라는 온기를 더해 건넨다.

"손님들에게 우리가 드릴 수 있는 건, 냅킨 한 장부터 와인 한 잔까지 온 마음을 다하는 것뿐"이라는 고백은 서비스의 본질이 기술이 아닌 '태도'에 있음을 여실히 보여준다. 온지음의 식탁이 단순한 식사를 넘어 잊지 못할 감동의 기억으로 완성되는 마지막 마침표를 찍는 사람이다.

이력과 업력이 궁금하다.
처음부터 소믈리에를 꿈꾸었나?

이사라   사실 내 뿌리는 요리였다. 대학에서 푸드 스타일링을 전공했다. 그런데 공부를 하면서 절실히 깨달았다. '아, 난 요리에는 영 재능이 없구나.'(웃음) 그런데 참 아이러니하게도, 내가 요리는 못해도 간하나는 기가 막히게 잘 보더라. 스물세 살 무렵, 실습 나간 레스토랑의 셰프가 나를 유심히 보더니 "너는 주방보다는 홀 서비스가 훨씬 잘 어울리는 것 같다"라고 조언해주었다. 그 한마디가 나를 서비스의 길로 이끌었다.

그러다 같이 근무했던 친구에게 와인을 선물 받았는데, 바로 샤토 탈보Château Talbot였다. 와인이라는 걸 처음 제대로 경험한 순간이었는데, 머릿속이 탁 하고 열리는 느낌이었다. 자연스럽게 홀 업무를 보다가 첫 직장을 퇴사하고, 스물예닐곱 살에 와인 수입사에 아르바이트로 들어가게 됐다. 본사가 아닌 현장 영업 매장으로.

그때는 정말 백지상태였다. 와인샵에서 병에 라벨을 붙이고, 어려운 와인 이름에 맞는 한글 태그를 찾아 붙이는 일부터 시작했다. 그렇게 와인병을 손으로 익히며 와인을 배웠다. 그런데 그 업무가 오전 10시부터 밤 10시까지 이어지는 강행군이라 좀 지치더라. 그래서 "인생에 변화를 줘보자, 사무직을 한번 해보자" 해서 비서직으로 전직을 했다. 9시에 출근해서 6시에 퇴근하니 몸은 편안했지만, 책상에서 하는 업무에는 내가 사랑하던 역동감이 없었다. 너무 무료했다.

결국 다시 돌아와 슬로비라는 홍대앞 막걸리 주점에서 일하게 됐다. 제철 식재료를 활용한 식사와 한국 전통주를 소개하는 작은 공간이었는데, 이때 전통주도 경험을 쌓았다. 이후 고메트리라는 프렌치 비스트로에서 와인도 다룰 줄 알고 서비스 경험도 있는 사람이 필요하다고 해서 면접을 보고 다시 현장으로 복귀했다.

고메트리에서의 5년은 어떤 시간이었나?

이사라 소믈리에로서 기틀을 다진 시간이었다. 내가 처음부터 끝까지 와인 리스트를 직접 세팅한 첫 공간이기도 했으니까. 처음 갔을 때는 리스트에 와인이 딱 세 개밖에 없었다. 구색을 갖추기 위해 리스트를 짜다보니 너무 재밌는 거다. 그때부터 깊게 파고들기 시작했다. 리스트를 늘리려면 생산지를 세분화해야 했고, 그러다보니 자연스럽게 공부하고 찾아보고, 질문하고 배우는 일이 일상이 되었다.

그러다 퇴사할 즈음 한국에 내추럴 와인이 활기를 띠기 시작했다. 트렌드에 맞춰 신사동 내추럴 와인바에서 2~3년 정도 일하다가, 코로나19 시국으로 잠잠해질 때쯤 갈증이 생겼다. '내가 아직 안 해본 서비스, 나를 더 도전하게 만들 곳은 어디일까?' 생각해보니 파인 다이닝 경험이 전무하더라.

**수많은 파인 다이닝 레스토랑 중에서도
왜 하필 온지음이었나?**

이사라　운명처럼 온지음이 눈에 들어왔다. 사실 그때 다른 레스토랑에도 자리가 있었는데, 온지음이라는 공간에 발을 들이고 면접을 보는 순간 강렬한 확신이 들었다. '무조건 여기서 일해야겠다.' 당시엔 지금처럼 예약 전쟁이 있지도 않았고, 코로나19 때문에 두 명씩만 식사해야 했던 어려운 시기였다. 나는 면접 전에 셰프들의 요리 스타일을 꼼꼼히 찾아보는 편인데, 온지음은 그림이 너무나 명확했다. 한식에 대해 깊이 알지는 못했지만 '이거다, 이게 진짜 한식이다' 싶었다. 처음 마주하는 한식의 미감이 너무나 아름다웠고 정체성이 뚜렷했다. 그래서 여기서 제대로 한번 해보자고 결심하고 2021년 7월에 합류하게 됐다. 방장과 조리장, 두 분의 인품도 너무 좋았다.

온지음은 레스토랑이기에 앞서
연구소라는 특수한 정체성을 갖고 있다.
이곳에서 소믈리에이자 매니저로 일한다는 건 어떤 의미인가?

이사라　단순한 직업의식을 넘어 어떤 사명감 같은 게 생겨버렸다. 예전에는 당연하게 하는 루틴의 서비스였다면, 온지음에 와서는 나는 아주 중요한 전달자가 되어야 한다는 무게감을 느끼게 됐다. 솔직히 오기 전엔 전통문화에 큰 관심이 없었다. 한식이 이렇게까지 깊이 있게 연구되는 줄도 몰랐고, 한식에 인생을 건 젊은 친구들이 이렇게 많다는 것도 여기 와서 알았다. 저들이 밤낮으로 연구하고 만들어낸 결과물을 손님에게 전달하는 '첫번째 입이자 얼굴'이 바로 나다. 내 주관을 섞기보다 결과물을 있는 그대로, 하지만 가장 매력적으로, 정확하게 전달하는 사람이 되고 싶다는 마음으로 매일 무대에 선다.

주방과 손님 사이, 가교 역할은
구체적으로 어떻게 수행하나?

이사라   온지음은 주방과 홀의 경계가 없이 대화가 끊이지 않는 곳이다. 셰프 두 분은 본인의 요리 철학에 대해 끊임없이 말해주고, 너무 감사하게도 내 의견도 적극적으로 물어봐주고 또 잘 들어준다. 특히 제철 재료를 쓰다보니 당일 재료 상태에 따라 음식의 톤이 미세하게 바뀔 때가 있다. 그럴 땐 무조건 주방으로 들어가서 조금이라도 다 맛을 본다. 내가 느낀 이 음식의 의도가 셰프의 의도와 맞는지 재차 확인하고, 맞다면 그 맛을 기준으로 서비스를 잡아간다. "산미가 조금 더 있으면 좋을 것 같아요"라고 제안하면 셰프들도 그 부분을 진지하게 고민해주고 조정해준다.

키친팀 친구들도 페어링에 관심이 많아서, 본인이 만든 음식에 어떤 술이 매칭되는지 궁금해한다. 상호 간의 대화와 존중이 워낙 잘되어 있는 구조라, 내가 중간 역할을 하기에 어렵기보다는 오히려 신이 난다. 왜냐하면 소통과 조정의 순간들이 쌓여 온지음만의 경험을 만들어내기 때문이다.

밖에서 보는 온지음은 단아한데,
내부의 조직 문화는 어떤가?

이사라   유연하고 활발한 소통, 그리고 수평적인 듯하면서도 서로를 존중하는 은근한 위계가 조화를 이루고 있다. 무엇보다 키워드는 '배려'이다. 나는 서비스팀에게 항상 강조한다. "이건 본인이 맡은 그날의 테이블이지만 동료의 도움 없이는 완주할 수 없다. 그래서 서로에 대한 배려와 살핌이 자연스럽게 필요하다." 온지음은 서로에 대한 배려가 공기처럼 흐르는 공간이다.

한곳에서 5년 가까이 근속한다는 게 쉬운 일은 아니다.
당신을 계속 머물게 하는 힘은 무엇인가?

이사라　사람이다. 첫째는 이 공간에서 함께 일하는 사람들이다. 이곳 사람들은 정말 따뜻하다. 본인의 일을 엄청나게 소중히 여기는 장인들이 모여 있고, 안주하지 않고 끊임없이 발전해나간다. 셰프들의 음식은 매번 진화하는데, 예를 들어 수란채는 매년 선보이고 있지만 큰 틀은 같아도, 그 디테일이 채워지는 과정이 정말 미세하게 그리고 아름답게 변한다. 그 과정을 지켜보는 게 너무 재밌다. 나도 음식을 사랑하는 사람이니까.

둘째는 이 공간을 찾아와주시는 사람들, 즉 손님들이다. 온지음 손님들은 정말 가족 같다. 나는 손님이 이 공간에서 편안함과 따뜻함을 느낄 수 있도록, 전체적인 경험을 만드는 호스피탤리티 hospitality(환대)를 중요하게 생각한다. 우리가 서너 시간 동안 정성을 다해 편안하게 모시면, 손님들도 나갈 때는 이 공간에 동화되어 있다. 그 끈끈한 유대감이 나에게는 가장 큰 원동력이다.

아, 물론 창밖의 아름다운 풍경과 맛있는 음식도 빼놓을 수 없다.

'완전한 호스피탤리티'를 위해
서비스 현장에서 가장 신경 쓰는 디테일은 무엇인가?

이사라　손님들이 이 공간에 온전히 몰입할 수 있게 하는 것이 가장 중요하다. 나뿐만 아니라 온지음 서비스팀 모두가 말투, 걸음걸이, 그릇을 내려놓는 손끝의 각도, 서 있는 자세, 그리고 음식을 기다리는 손님들의 텐션까지 처음부터 끝까지 세심하게 살핀다. 작은 동작 하나, 시선의 방향 하나까지 모두 서비스의 일부라고 생각해서다.

그리고 '언어의 결'을 많이 다듬는다. 한식인데 불필요한 외래어를 쓰면 한국적인 정취가 깨지지 않나. 샐러드는 '무침' '겉절이', 소스는 '즙' '곁들임'같은 표현을 쓰도록 교육한다.

또 하나는 부정적인 언어를 긍정의 언어로 바꾸는 것이다. "이 음식은 씁니다"라고 하면 손님은 먹기 전부터 쓰게 느낀다. 그래서 "쌉싸름한 맛이 입맛을 돋웁니다"라고 표현한다. '맵다'라는 표현 대신 "은은한 매운맛이 뒤에서 감칠맛을 끌어올립니다" 같은 말로 풀어서 긍정적인 경험을 유도한다.

생소할 수 있는 고조리서 메뉴,
어떻게 설명해야 손님들이 쉽게 받아들일까?

이사라 나는 생소한 메뉴일수록 사실을 정확하게 전달하는 것이 가장 중요하다고 생각한다. 고조리서 기반의 음식들은 이름이나 배경이 낯설기 때문에, 먼저 그 역사와 의미를 명확하게 설명해드린다.

또 하나로는 온지음에서는 영문과 한글로 된 상세 메뉴 설명을 제공하고 있어 손님들이 식사 중에도, 집에서도 그 맛과 의미를 다시 떠올릴 수 있게 하고 있다.

설야멱적 같은 메뉴를 선보일 때는 이해를 돕기 위해 단원 김홍도의 〈설후야연〉에 등장하는 그림을 직접 보여드리기도 했다. 우리가 치열하게 공부해 얻은 사실을 정확하고 재미있게 전달하는 것, 그게 손님들이 자연스럽게 받아들이도록 돕는 나만의 방식이다.

이사라 소믈리에가 정의하는
와인의 가장 큰 매력은 무엇인가?

이사라 와인 한 병에는 무수한 이야기와 경험이 담겨 있다. 일단 사람들과 대화의 물꼬를 트게 해준다. 시간이 흐르며 맛이 변하고, 오래된 빈티지부터 갓 생산된 와인까지 바로 그 시대를 느낄 수 있다. 전 세대의 역사와 내가 경험 못 한 과거를 와인 한 병으로 오롯이 느낄 수 있다는 점, 과거를 마실 수 있다는 점이 가장 큰 매력인 것 같다.

온지음은 우리 술, 전통주도 깊이 있게 다룬다.

와인과는 또 다른 매력이 있을 텐데?

이사라   전통주 자체의 맛도 훌륭하지만, 지금 이렇게 역동적으로 꿈틀대는 전통주 시장의 흐름도 매력적이다. 우리나라는 오래된 가양주 문화가 있었지만 안타깝게도 명맥이 끊기기도 했다. 우리 전통주는 지금 사람들이 열정을 가지고 다시 복원하고, 새롭게 창조해내는 현재진행형의 과정에 있다. 쌀이라는 하나의 재료로 이렇게 다양한 맛의 스펙트럼을 만들어가는 사람들의 힘, 그 에너지가 정말 멋지다.

온지음에서 소믈리에의 역할은

무엇이라고 생각하나?

이사라   음식에 행복 한 잔을 더하는 것이다. 온지음 음식은 그 자체로 이미 완성도가 있다. 그래서 내가 와인으로 맛을 더한다기보다는 손님들이 한식과 와인을 다양하게 접목해보며 자신만의 미식적 행복을 찾아가도록 돕는 조력자 역할을 한다. 결국 손님들이 문을 나설 때 "아, 오늘 정말 좋았다"라고 느끼게 하는 것, 단순한 식사를 넘어 누군가에게 소중한 하루의 기억을 만들어주는 사람이 되는 것. 그것이 내가 생각하는 소믈리에이자 매니저의 역할이다.

소믈리에 입장에서 본

온지음 음식의 매력은 무엇인가?

이사라   재료 본연의 맛을 극한으로 끌어올리는 힘이다. 값비싼 재료보다 지금 이 계절, 이 땅에서 나는 가장 맛있는 재료가 가장 값지다는 걸 보여준다. 예전에 선물 받은 최상급 캐비아를 서비스로 드렸다가 "내가 온지음에 캐비아 먹으러 온 게 아니다, 한식을 달라" 하는 이야기를 들은 적도 있다. (웃음) 온지음 음식은 곱고 예쁘고 얌전하다.

작위적인 플레이팅보다 자연스럽지만 흐트러짐 없고 단정한 아름다움이 있다. 잎사귀 하나, 김치 놓는 각도 하나에 분위기가 달라지는 그 섬세함이 와인과 만났을 때 폭발적인 시너지를 낸다.

다른 곳과는 다른
온지음 페어링만의 차별점은 무엇인가?

이사라　나의 직감이다. (웃음) 농담 반 진담 반인데, 5년 동안 온지음의 음식을 봐오면서 셰프들이 내는 맛의 기준이 내 감각에 자연스럽게 스며들어 있는 것 같다. 예를 들면, 온지음에서는 제철 재료의 상태나 계절에 따라 음식의 맛이 미세하게 달라진다. 그래서 같은 메뉴라도 매해 다른 와인이나 전통주를 페어링 하려고 하고 있다.
　　　또 하나의 차별점은 한국 술과 와인 양쪽에 대한 깊은 이해로 전통주의 산미나 질감은 물론, 한식의 결과 어울리는 와인의 구조까지 함께 보면서 술 선택의 스펙트럼을 넓게 가져간다. 그래서 음식이 조금만 달라져도 그 결에 맞는 술을 자연스럽게 찾을 수 있다.

새로운 페어링에 대한 영감은 어디서 얻나?

이사라　영감이라기보다 계절의 변화와 재료의 흐름에 민감하게 반응하려고 한다. 재료의 계절감에 맞춰 글라스 와인 리스트도 자주 바꾼다. 푹푹 찌면서 습기가 많은 날에는 차갑게 칠링한 오스트리아 그뤼너 펠틀리너Grüner Veltliner처럼, 그날의 공기와 음식의 톤을 가장 시원하게 이어주는 술을 선택한다.

6년 연속 미쉐린 1스타를 유지하는 비결,
홀 매니저로서 어떻게 보나?

이사라　한 단어로 '진실됨'인 것 같다. 우리는 평일에만 운영하고 예약도 '하늘의 별 따기'라고들 하실 정도다. (갑자기 눈시울이 붉어지며) 그런데도 그 귀한 시간을 내서 찾아와주시는 손님들을 생각하면 감사한 마음이 먼저다. 그분들이 오셔서 행복해하는 모습을 보면 "우리도 칼질 하나, 냅킨 접는 것 하나까지 다 진실되게, 온 마음을 다해서 해야 하지 않겠나" 하는 마음이 자연스럽게 든다. 키친팀도, 서비스팀도 모든 순간에 진심을 담는다.

2스타에 대한 아쉬움이나 욕심은 없나?

이사라   솔직히 작년까지는 좀 답답했다. 주변에서 "왜 온지음이 2스타가 안 되냐" 하며 우리보다 더 아쉬워하고 응원해주니까 속상했다. "우리는 발레 파킹이 안 돼서 그런가봐" 하고 자조 섞인 농담을 할 정도였다. 그런데 올해 다른 훌륭한 레스토랑을 다녀보니 납득이 되더라. 온지음의 공간적인 기준이나 음식을 함께 나눠서 먹는 방식을 보면, 그럼에도 불구하고 1스타를 준 건 감사하다고 생각하게 됐다.

　　　　　오히려 미쉐린 발표 날 우리보다 더 안타까워 해주시는 손님들이 더 큰 힘이 된다. 물론 별이 있다가 없으면 너무 속상하겠다. 내가 있는 동안은 굳건히 유지하고 싶고, 욕심내서 하나 더 받고 싶기도 하다. 절대 안주하지 않고 디테일을 계속 고민하고 있다.

소믈리에이자 매니저로서
가장 중요한 덕목 세 가지만 꼽는다면?

이사라   인내, 넓은 마음 그리고 체력. 이 세 가지면 된다. (웃음)

후배 소믈리에들에게 꼭 해주고 싶은 조언이 있다면?

이사라   "겸손해라." 이 말을 가장 많이 한다. 와인을 조금 알기 시작했을 때가 가장 위험하다. 다 아는 것처럼 행동하기 쉽다. 와인의 세계는 너무 넓고 나도 아직 모르는 게 태반이다. 특히 우리 후배들은 너무 좋은 환경에서 좋은 와인을 많이 접하다보니 자칫 자만할 수 있는데, 항상 겸손하게 찾아보고 공부해야 한다. 단순히 "뫼르소 프르미에 크뤼Meursault Premier Cru니까 좋다"가 아니라, 특정 지역이나 등급을 넘어 생산자의 철학에 대해서도 깊이 공부하라고 조언한다.

파인 다이닝을 더 즐겁게 향유하는 팁을 하나 준다면?

이사라　'사전 탐색'을 추천한다. 가기 전에 그 레스토랑에 대한 정보를 한번 찾아보고 가시길 바란다. 이곳이 뭐 하는 곳인지, 어떤 음식을 하는지 알고 가면 훨씬 재밌다. 간혹 한정식집인 줄 알고 오셔서 코스 요리에 당황하시는 분들도 계신다. 스태프의 얼굴이나 정보를 미리 보고 가면 왠지 모를 친밀감도 생길 것이다. 그리고 레스토랑에 오셔서는 열린 마음으로 서비스를 받아주셨으면 좋겠다. 평가하기보다 즐기려는 마음으로. 우리도 사람인지라 실수할 수 있다. 온지음뿐만 아니라 모든 레스토랑의 셰프와 스태프가 최선을 다하고 있으니, 너그럽게 즐겨주셨으면 좋겠다.

**마지막으로, 개인적인 목표나
도달점은 무엇인가?**

이사라　한결같은 사람, 그리고 '멋있는 사람'이 되고 싶다. 후배들이 봤을 때, 셰프들이 봤을 때 "우리 매니저 진짜 멋있다"라고 느낄 수 있게. 그 멋이라는 건 모든 일에 최선을 다하는 태도에서 나온다고 생각한다. 프랑스에 가면 백발의 할아버지 소믈리에들이 현역에서 일한다. 나도 70, 80세 할머니가 되어서도 멋있게 와인을 따르고 싶다. 꼭업장에 있지 않더라도, 와인을 따르는 그 모습 자체로 멋과 품위가 흐르는 할머니가 되는 게 내 꿈이다.

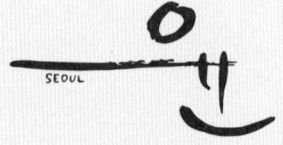

서울 강남구 선릉로 한복판에서 묵묵히 제자리를 지키고 있는 4년 연속 미쉐린 1스타 레스토랑이다. 자가 제면과 숙성·발효·건조 등 다양한 기법을 활용해 한국의 맛을 탐구하며, 셰프의 진심이 느껴지는 간결한 담음새와 재료 본질에 집중하게 돕는 정직하고 담백한 환대를 선사한다.

화려한 기교 대신, 수수하고 단정하지만 그 자체로 은은하게 빛나는 백자와 같은 음식을 선보인다. 무엇보다 음식의 단순한 맛을 넘어서, 원물이 지닌 힘과 시간의 마법을 경험하는 것이 가능하다.

좋은 원물을 '삶의 일부'이자 '영혼'이라 여기며, 타협하지 않는 뚝심으로 재료 본연의 가치를 그릇에 담아내는 셰프의 신념은 코스 내내 이어진다. 겉보기엔 투박할지 몰라도 입안 가득 퍼지는 진득한 깊이와 응축된 풍미가 압도적이다. 시간의 흐름 속에서 맛의 본질을 캐내려는 집요한 노력과 진심이 켜켜이 쌓인 곳. 좋은 재료라는 가장 정직한 방법으로 누구보다 묵직한 울림을 전한다.

요리는 끝없는 고난의 길,
그 무게마저 즐기며

수백 가지 식재료가 숙성되고 발효되는 윤서울의
주방은 거대한 '시간의 저장고'이자, 진리를 찾아 고독한
수행을 이어가는 수도승의 방을 닮았다. 2017년에 담근
산초 장아찌와 500킬로그램의 죽순이 세월을 머금고
맛의 정점에 이르는 과정을 지켜보는 김도윤 셰프의
뒷모습에는 한 치의 타협도 모르는 치열함이 서려 있다.
특히 음식과 재료의 본질을 논할 때면 그 어떤 빈틈도
허용하지 않는 엄격하고 진중한 태도로 변하며, 그가
걷는 요리의 길이 단순한 기술을 넘어 숭고한 구도의
과정임을 짐작하게 한다.
'감'이나 손맛이라는 모호한 영역 대신 시간과
과학이라는 정교한 논리로 한식의 새로운 지평을
열어온 그는, 기약 없는 기다림과 수많은 실패를
묵묵히 견뎌내며 자신만의 세계를 증명해왔다. 스스로
"십자가를 지고 가는 느낌"이라 말할 만큼 고독하고
엄중했던 그만의 사명감은 이제 한식의 본질을 꿰뚫는
가장 묵직하고도 찬란한 기록이 되고 있다.

김도윤
세프

요리에 빠지게 된 특별한 계기가 있다면?

김도윤 몇 가지 기억들이 떠오른다. 아주 어릴 적부터 아버지는 나를 무척 강인하게 키웠다. 등산을 하더라도 걷지 않고 뛰어올라가게 했고, 쉬는 날이면 선택권도 없이 캠핑에 끌려다녔다. 비 오는 날에도 도랑을 파서 텐트를 치거나, 강가에서 주운 돌판을 달궈 고기를 구워 먹는 등 자연 속에서 많은 것을 배웠다. 어느 날은 시골에서 닭의 목을 비틀어 잡는 모습을 보기도 하고, 아버지가 즐겨 드시던 천엽처럼 낯설었던 음식들도 자연스레 접하게 됐다. 우리 집 냉장고에도 언제나 열 가지가 넘는 나물과 찌개가 있었다.

단체급식이 아닌 도시락 세대로서 집밥과 자연의 맛에 익숙했던 환경이 나에게 자연스레 큰 영향을 미친 것 같다. 어릴 적 먹었던 여들여들한 풋고추나 질기지 않은 고사리의 맛 같은 과거의 기억들이 내 요리의 방향성이 되었다. 그래서 지금도 직접 산지에 가서 재료를 보고 느끼고 가져오는 것이다.

처음으로 요리의 즐거움을 알게 된 것은 국민학교 4학년 가정 시간에 깍두기를 담갔을 때였다. 친구들이 만든 건 짜고 달기만 했는데 내가 만든 것은 맛이 좋았다. 집에 가져갔는데 식구들이 정말 맛있게 먹어주는 모습을 보고 기분이 참 좋았다. '내가 만든 무언가가 누군가를 행복하게 하는구나' 느낀 첫번째 경험이었다.

고등학교 때는 자취를 하다가 꼬박 나흘을 굶은 적이 있다. 아르바이트를 하더라도 음식점에서 해야겠다는 생각에 한 양식집에 들어갔다. 그때 처음 새로운 요리의 세계에 눈을 떴다. 그곳은 특이하게도 자신이 먹고 싶은 것을 직접 요리해 먹는 자율 급식 시스템이었는데, 내가 직접 음식을 해먹으며 다양한 것을 배울 수 있었다.

셰프, 그것도 한식 셰프의 길은 어떻게 시작하게 됐나?

김도윤 군대에서도 취사병으로 복무했는데 제대 후에 다른 길을 가려고도 했지만, 결국 '배운 게 도둑질'이라고 다시 주방으로 돌아왔다. 이후 20대 때는 일본에서 근무했고, 프렌치, 이탈리안 등 다양한 레스토랑에서 이것저것 많이 배웠다.

돌이켜보면 1992년도부터 요리를 했으니 33년 정도 요리사로 살아온 셈인데, 한국 식재료의 무한한 가능성 때문에 결국 한식을 연구하고 요리하게 됐다. 재료를 어떤 식으로 건조하고 숙성하고 발효하는지에 따라 식감과 맛이 완전히 달라지는데, 이러한 과정에서 큰 매력을 느꼈다.

특히 서른다섯 살쯤에는 한식을 더욱 체계화시켜야겠다는 목표가 생겼다. 단순히 '감'이나 손맛에 의존하는 영역에서 벗어나, 더 과학적이고 체계적인 데이터로 정립하고 싶다는 열망이 강해졌다. 그 꿈을 꾸기 시작한 지 15년간은 단 한 번도 이 길이 내 길이 아니라고 생각한 적이 없다.

양식과 일식을 배우고 1년간 세계 일주도 했다.
1994년에는 멸치 하나를 보기 위해 추자도 배에 올랐다는 일화도
인상 깊었다. 이러한 다양한 경험들이 지금의 김도윤 셰프를
어떻게 만들었는지 궁금하다.

김도윤 젊은 시절, 양식만 20년을 넘게 한 선배 셰프가 갑자기 던졌던 이야기가 뇌리에 깊게 남았다. 양식만으로는 살아남을 수 없고, 한식·일식·중식 다 해야 살아남는다는 충고였다. 그의 조언을 되새기며 여러 분야를 닥치는 대로 배웠다. 실제로 한식을 제대로 알리려면 결국 모든 요리를 알아야 한다는 걸 알게 됐다.

일식에서는 정교함과 재료의 소중함을 배웠다. 20대 중반에 처음 일본에 갔을 때, 광어 한 마리를 스티로폼 박스에 수족관 물까지 채워 그대로 가져오는 것을 보고 큰 충격을 받았다. 한국은 아직 물봉지에 담아오는데, 정말 앞서가는구나 싶었다. 재료를 선별하고 다루는 장인정신을 그때 제대로 배운 것 같다.

프랑스 요리에서는 어떻게 원물에 소스를 더해 감칠맛을 극대화하는지, 어떻게 재료를 조합하면 최상의 맛을 끌어낼 수 있는지에 대해 배웠다. 일식의 정교함과는 또 다른 매력이었는데 이 두 가지 기술을 한식에 접목하면 좋겠다는 생각을 하게 됐다.

추자도에 간 것은 순전히 멸치가 어떻게 잡히는지 보고 싶어서였다. 10월에 딱 2주간 잡히는 멸치를 배 위에서 바로 회로 먹거나 구워 먹었는데, 그 맛은 지금까지도 재현이 안 된다. 추자도에서 느꼈던 것과 비슷한 경험들이 쌓이며 원물의 가치를 깨달았다.

2019년 윤서울의 문을 열었다.
어떤 계기와 과정이 있었나?

김도윤　지인의 권유로 홍대 인근에서 처음 매장을 열었으나 때마침 코로나19가 터지며 가게를 술집으로 바꿔야 하나, 심각하게 고민할 정도로 운영이 어려웠다. 하루에 열네 시간 넘게 가게를 지키며 작업을 했는데 매출이 떨어지니 가게 운영을 감당하는 것이 쉽지 않았다.

당시 온지음의 박성배 셰프와 각자의 고민을 나누곤 했다. 나는 그에게 "명예롭게 한국 요리를 계승하며 그 자리를 지켰으면 좋겠다"라고 조언했고, 그는 나에게 "진짜 좋아하는 것, 하고 싶은 것을 하라"라는 조언을 해줬다.

이미 권숙수나 온지음처럼 훌륭한 곳에서 전통을 멋지게 보여주고 있으니, 나는 그들과 같은 길을 가기보다는 원물 그 자체에 더 깊이 집중해야겠다고 생각했다. 그 나라의 문화를 알리려면 소울푸드라 불리는 음식도 중요하지만 원물이 중요하다고 생각한다.

그렇기 때문에 지금도 직접 지리산 청학동에 가서 죽순 500킬로그램을 사와 손질하고 음식으로 내놓는다. 생선은 며칠씩 드라이에 이징해서 감칠맛을 끌어올리고, 육수를 내는 방식부터 우리만의 색깔을 찾으려 노력하고 있다. 정답은 없으니 그 과정은 지금도 계속 진행 중이다.

〈흑백요리사〉 이야기도 빼놓을 수 없다. 사실 방송 출연에 대한 거부감과 부담감이 적지 않았지만, 연인이 출연해보라고 등을 떠밀었다. 절박한 심정으로 출연했고, 다행히 많은 분들이 알아봐주신 덕분에 지금은 한층 더 안정적으로 매장을 운영하고 있다.

윤서울의 재료 저장고는
500개가 넘는 재료가 있는 '보물창고'로 유명하다.
김도윤 셰프에게 재료란 어떤 의미인가?

김도윤 윤서울의 저장고 속 모든 원물은 우리가 직접 다 말리고 발효하고 숙성시킨다. 오늘 제주도에서 온 산초로 담근 간장이 있는가 하면, 2017년에 담근 것도 있다. 색과 향은 물론 식감과 맛이 완전히 다르다. 젓갈과 김치도 있고, 장 종류도 다양하다.

나에게 원물은 삶의 일부분과 같다. 인스턴트 식품을 주로 먹거나 갓 캐온 나물을 먹어보지 않은 사람들은 나물이 맛있다는 걸 아예 모른다. 살면서 직접 먹어보고 겪어본 사람만이 좋은 재료가 무엇인지 알 수 있다고 생각한다.

농부들, 어부들은 나보다 원물의 아름다움을 더 잘 알고 있다. 지금도 직접 산지를 찾아가 재료를 찾고 생산자와 소통하는 이유다. 그 바통을 내가 넘겨받아 더욱 맛있게 요리하는 것이 셰프로서의 역할이라고 생각한다. 좋은 요리는 좋은 재료에서 시작하고 끝난다.

생산자와 셰프, 두 사람이 활발하게 만나야 대한민국 음식에 미래가 있다고 믿는다.

발효, 숙성, 건조라는 기법에
깊이 집중하는 이유 또한 궁금하다.

김도윤   처음에는 좋은 제철 재료를 더 오래 쓰기 위한 현실적인 이유에서 시작했다. 그런데 하다보니 이 과정들이 재료 본연의 맛을 넘어 새로운 차원의 풍미를 만들어낸다는 걸 알게 됐다. 예를 들어, 표고버섯을 발효시키면 아주 오묘하고 깊은 향이 난다.

이제는 이것이 누군가는 반드시 해야 할 일이라고 생각한다. 한식을 더 체계적이고 과학적으로 만들어야 한다. 물론 내가 과학자는 아니기에 수많은 실패를 겪었고, 지금도 그 실패는 현재진행형이다.

실제로 과메기를 만든다고 청어를 잡아서 계속 말려보며 최적의 시점을 찾기 위해 수없이 버렸다. 무조건 드라이에이징을 하는 것이 답이 아님을 배운 것이다. 이런 실패의 경험들이 지금의 나를 만들었다. 앞으로도 우리나라에서 나는 모든 임산물, 농산물, 해산물의 가능성을 발효, 숙성, 건조를 통해 체계적으로 정리하고 싶다.

가장 중요한 것은 시간과 기다림,
인내심과 같은 것이 아닐까 싶다.

김도윤   정확하다. 시간과의 싸움이라는 생각을 하곤 한다. 예전에는 먹어도 되는 것인지 몰라서 일단 먹어보고 탈이 났던 적도 있고, 보관을 잘못해서 다섯 개나 되는 항아리를 전부 버린 적도 있다. 지금도 언제까지 숙성하고 발효해야 제일 맛있는지 테스트를 거듭하고 있다. 나는 그것을 체계적인 데이터로 만들려고 한다.

김도윤 셰프가 생각하는 한식의 궁극적인 매력은 무엇인가?

김도윤   한식은 쉽지 않다. 항아리를 관리하고, 술을 빚고, 차를 만들고, 장을 담그는 모든 과정이 한식이다. 시간이 만드는 맛이 한식의 본질이라고도 할 수 있다. 앞서 이야기한 것처럼 단순히 보존을 위한 것이 아니라 재료가 지닌 새로운 풍미를 끌어내는 것이다.

한식을 한다고 하면 쉽게 갈 수도 있지만, 깊이 들어갈수록 할 일이 많아지고 어렵기 때문에 포기하는 요리사들도 많다. 특히 체계적이고 과학적으로 정밀한 한식은 아직 개발되지 않은 영역이자, 내가 개척하고 싶은 영역이다. 그 과정을 생각하면 엄두가 나지 않아 마치 십자가를 지고 가는 느낌마저 든다. 누군가는 왜 그렇게 어려운 길로 돌아가느냐고 하지만 나는 그 고난의 길을 즐기는 편이다. 고난의 무게보다 재료가 주는 행복감, 연구의 결과물이 나왔을 때의 뿌듯함이 더 크다.

윤서울에서 추구하는 요리와 스타일을
한마디로 무엇이라고 표현할 수 있을까?

김도윤   '원물을 윤서울스럽게 경험할 수 있도록 하는 것'이라고 말할 수 있겠다. 레스토랑들이 시즌마다 비슷한 재료를 쓰는 경우가 많은데, 나는 그런 흐름을 따라가기보다는 우리만의 색깔을 찾아서 보여주고 싶다. 윤서울은 특히 내가 어렸을 때부터 살아오며 갖게 된 재료에 대한 기억과 음식에 대한 경험을 반영한 요리들이 장르가 된 곳이라고 생각한다. 손님들에게 오직 윤서울에 와야만 먹을 수 있다는 그런 특별한 경험을 드리고 싶다.

2022년 미쉐린 스타를 획득한 이래
4년 연속으로 영광을 지켜오고 있다.

그 이유는 무엇이라고 생각하는지?

김도윤　더 훌륭한 셰프들과 훌륭한 레스토랑도 많은데, 솔직히 나도 미쉐린이 왜 우리를 선택했는지 잘 모르겠다. 《미쉐린 가이드》에서 덜컥 발표가 나서 '나 같은 사람에게도 이런 값진 상을 주는구나' 하며 감사하게 생각했다. 우리만이 묵묵하게 걸어온 길을 알아봐준 게 아닐까 싶어 그저 고마운 마음이다.

스타를 유지해야 한다는 부담감은 없나?

김도윤　처음에는 부담이 컸다. 별을 받자마자 홍대에 있던 가게의 기물이나 인테리어를 바꾸는 데 6천만 원을 썼을 정도다. '2스타가 되려면 억 단위의 그림이라도 걸어야 하나' 하는 생각에 압박감이 심했다. 하지만 지금은 그런 부담감은 없다. 물론 별을 잃으면 속상한 마음이 들겠지만, 그것에 얽매이지 않고 우리는 우리가 하던 일을 계속할 뿐이다.

셰프로서 가장 중요한
덕목과 철학이 있다면 무엇인가?

김도윤　재료를 다룰 때 절대 조급해서는 안 된다는 것이다. 시간만이 해결해줄 수 있는 영역이 분명히 있다. 그리고 주방에서는 절대 화를 내거나 욕하지 말자는 것이 내 철칙이다. 과거에 본인이 그렇게 배웠다고 해서 그걸 후배에게 그대로 물려주는 군대식 문화는 없어져야 한다. 음식을 만들며 나쁜 감정이 든다면 그것이 고스란히 음식에 밴다고 생각한다. 영혼이 없는 음식은 만들고 싶지도, 손님에게 내고 싶지도 않다는 것이 나의 철학이다.

손님들이 윤서울에서 어떤 경험을 하길 바라는지?

김도윤   요즘 세대가 겪어보지 못했던 진짜 식자재의 느낌을 경험했으면 한다. 앞서 이야기한 고사리나 죽순만 해도 절대 질기기만 한 재료가 아니다. 좋은 땅에서 제대로 자란 재료를 경험했으면 좋겠다. 하나의 재료가 가진 다양한 매력을 온전히 느끼시길 바란다.

특히 우리가 주로 숙성을 하고 있으니 제대로 드라이에이징한 생선의 껍질과 속살의 다채로운 질감을 경험하셨으면 좋겠다. 윤서울은 다양한 식재료의 본질과 새로운 면모를 보여주려고 노력하고 있다.

또한 윤서울은 먹고 난 다음 날까지 몸이 편안한 식사를 추구한다. 우리 가게를 찾는 손님들은 20대부터 80대까지 다양하기에, 자극적이지 않고 속이 편한 음식을 내려고 노력하고 있다. 손이 조금 더 가더라도 완제품이나 MSG를 쓰기보다는 정성을 다해 우리만의 색깔을 보여줘야 한다고 생각한다.

김도윤 셰프가 추구하는 도달점은 무엇인가?

김도윤   요리는 내 삶이다. 도달점은 없다고 생각한다. 20대 때는 요리의 끝이 있는 줄 알았지만, 해도 해도 끝이 없다는 것을 알았다. 지금 내가 100퍼센트라고 생각하는 것도 미래에 보면 50퍼센트, 아니 20퍼센트에 불과할 수 있다. 군이 끝을 정해야 한다면, 내가 더 이상 힘들어서 요리를 못 하게 되는 날이 아닐까 싶다. 궁극적인 목표는 윤서울을 모든 한국 식재료와 원물을 연구하는 연구소로 만드는 것이다.

처음으로 연구소를 목표했던 것이 15년 전이니 이제 내가 정한 목표 기한까지 약 3년 5개월 정도가 남았다. 그때가 되면 외부 활동은 줄이고 연구에만 더 깊이 몰두하고 싶다. 한국을 방문하는 외국 셰프나 미식가들이 꼭 한 번은 들르는 명소가 되면 좋겠다.

젊은 세프들에게 전하고 싶은 조언이 있다면?

김도윤   20년, 30년 후를 내다봤으면 좋겠다. '라떼는'이 아니라, 요즘 친구들은 싫은 것이 있거나 힘든 것이 있다면 너무 쉽게 그만두는 경향이 있어 너무나 안타깝다. 세프로서 멀리 성장하고 싶다면, 더 많은 시간을 들여 기술을 키워야 한다. 스스로에게 투자하는 시간을 아까워하지 말라고 조언하고 싶다.

**앞으로 레스토랑 업계는
어떻게 변화할 것 같다고 보는지?**

김도윤   지금보다 훨씬 더 깊이 있는 요리들이 주목받을 것 같다. 단순히 책만 보고 따라 하는 수박 겉핥기식 요리가 아니라, 발효나 숙성처럼 오랜 시간과 철학이 담긴, 무게감 있는 음식들이 많이 나올 것이라고 생각한다. 그러기 위해서는 더 많은 세프들이 깊이 있는 연구와 시도를 해야 한다. 그렇게 모두가 노력하다보면 한식 문화 전체가 발전할 수 있다.

**파인 다이닝을 낯설어하는 분들에게
어떻게 즐기면 좋을지 팁을 준다면?**

김도윤   파인 다이닝을 제대로 즐기기 위해서는 소비자들도 좋은 식재료에 대한 인식이 높아져야 한다고 생각한다. 예를 들어, 좋은 올리브 오일이 어떤 맛과 향을 내는지 경험해봐야 그 가치를 알 수 있다. 파인 다이닝을 좋아하는 분들도 자극적인 음식만 찾기보다는 재료 본연의 맛을 섬세하게 표현하는 음식들을 더 많이 경험해보셨으면 좋겠다. 그래야만 생산자부터 요리사, 소비자까지 이어지는 식문화 시장 전체가 함께 발전할 수 있다고 믿는다.

믿음은 나의 유일한 레시피

송홍윤

헤드 셰프

인터뷰 내내 공기를 타고 전해지는 뜨거운 열기, 그것은 매 순간 생존을 걸고 자신을 던져온 이만이 뿜어낼 수 있는 치열하고 절박한 불꽃이다. 17년의 세월 동안 수많은 좌절 속에서도 송홍윤 헤드 셰프를 일으켜 세운 것은 '더 맛있는 것을 만들 수 있다'는 믿음과 자신을 증명해내려는 처절한 투지였다.

부모님의 반대를 무릅쓰고 학원비를 벌기 위해 밤새 불족발을 굽고, 호주에서 설거지로 버티며, 이탈리아에서 모든 것을 잃고 돌아와 일용직을 전전하던 시간은 그를 더욱 단단하게 연마했다. 하루 100킬로그램의 굴을 까며 손의 감각을 잃어갈 때조차 그를 괴롭혔던 것은 육체적 고통이 아니라 요리를 향한 갈증이었다. 그의 불꽃 같은 의지는 주방이라는 치열한 전장 위에서 오늘도 눈부신 미식의 결실로 타오르고 있다.

요리에 빠지게 된 특별한 계기가 있었나?
셰프의 길은 어떻게 시작하게 됐는지?

송홍윤　어릴 때부터 맛있는 것, 좋은 것을 먹고 싶다는 열망이 컸다. 그게 언제든 가능하려면, 요리를 해야 한다고 생각했다. 그렇게 중학교 2학년 때부터 요리에 관심을 갖고 집에서도, 학교 특별활동 시간에도 여러 가지를 만들어보곤 했다.

　　　　하지만 부모님의 반대가 무척 심했다. 공부를 못하는 친구들만 요리를 한다는 선입견이 있던 시절이라, 부모님 모르게 부산정보관광고등학교에 지원서를 넣었다. 중학교 때까지는 공부를 잘하는 편이었으니, 요리에 관해서는 집에서 지원이 거의 없었다. 야간에 여러 곳에서 아르바이트를 하면서 학원비를 벌고, 대회에도 나갔다. 낮에는 학교에서 요리하고, 밤에는 돈을 벌기 위해 또 요리를 하는 생활의 연속이었다.

고등학교 졸업 이후의 여정이 궁금하다.

호주, 이탈리아 등 해외 경험도 많다.

송홍윤 　원래 경희대를 목표로 준비했는데, 학교보다 현장 경험을 쌓고 싶다는 생각이 더 커졌다. 특히 요리를 하면서 영어 실력이 필요하다 싶어 무작정 호주행을 선택했다. 시드니로 워킹홀리데이를 떠났을 당시에는 수중에 100만 원밖에 없어서 하루에 라면 하나로 버티며 한인타운에서 설거지부터 시작했다. 그렇게 생존 영어를 배우면서 외국인과 함께 일할 수 있는 곳으로 옮겨갔다.

　　호주에서 지내던 중 할아버지가 위독하셨고, 집안에 여러 문제가 생겨 급하게 한국에 돌아오게 됐다. 나는 부산이 고향이지만 바로 서울로 올라가 이력서를 들고 레스토랑을 찾아다녔다. 다행히 보나세라에서 일용직 아르바이트를 하게 됐는데, 샘킴 셰프의 눈에 띄어 1년 정도 근무했다. 이후 그라노에서 경험을 쌓다 군대에 갔고, 전역 후에는 부자피자에서 2년 가까이 일했다.

　　이탈리아 음식을 하면서 이탈리아에 가봐야겠다는 생각을 하던 중, 호주에서 만난 친구의 소개로 한 셰프와 5분 면접을 보게 됐다. 그러고는 곧장 다음 달 이탈리아로 떠났다. 하지만 비자 문제가 생겨 결국 모아둔 돈을 다 쓰고 한국으로 돌아와야 했다.

요리를 포기하고 싶었던 순간도 많았을 것 같다.

어떻게 그 시간들을 버텨냈나?

송홍윤 　이탈리아에서 돌아와서는 부모님과 사이가 좋지 않아 고시원으로 들어갔다. 한 달 반 정도를 방황하며, 하루 벌어 하루 먹고살았다. 요리를 그만둬야 하나 심각하게 고민하며 인천 아시안게임 중계센터를 만드는 방송국 전선 작업 아르바이트를 하기도 했다. 그럼에도 요리를 해야겠다는 생각이 들어 다시 면접을 보러 다녔다.

이후 그레구아르 미쇼Grégoire Michot 셰프를 만나 샤르퀴트리 전문점에서 1년 6개월간 일했다. 그레구아르 셰프가 새롭게 랑빠스81이라는 가게를 열며 합류 제안을 줘 그곳에서 4년가량 일했다. 당시 첫째 아이가 태어났을 때라 경제적으로 쉽지 않았는데, 그레구아르 셰프가 자신의 급여를 떼어서 챙겨주기도 했다. 지금 생각해도 감사한 일이다.

당시 서른을 앞두고 있던 때였는데, 또 다른 도전에 대한 열망이 컸다. 마침 김대천 셰프의 제안으로 샴페인바 라붤의 오픈 멤버로 함께했다. 하지만 코로나19로 라붤이 4년 만에 문을 닫으며 또 방황했다.

다행히 지인들의 제안으로 무드서울에서 일을 하게 됐다. 당시 하루 100명의 손님을 주방 세 명이 감당하며 새벽 3~4시까지 일했던 기억이 있다. 무드서울은 굴을 전문적으로 다뤘는데, 전라남도 고흥의 수출용 굴을 받아 6개월 동안 매일같이 100킬로그램을 직접 손질했다. 새벽 4시까지 굴을 닦고 집에 갔다가 아침 7시에 다시 나와 굴을 까던 날들이었다.

이후에도 닙스라는 파스트라미 전문점에서 컨설팅을 하고, 카니랩이라는 파인다이닝 등 여러 곳을 거친 후 윤서울에 합류하게 됐다.

이런 과정을 겪으며 내가 요리를 놓지 않았던 건 '좋아하는 일을 해야겠다'라는 단순한 생각과 '나는 더 잘할 수 있다'라는 스스로에 대한 믿음 때문이었다. 고등학교 때 나는 '전 세계 63개국에 내 레스토랑'을 열겠다는 다소 허황돼 보이는 로드맵을 짜기도 했다. 지금도 '나를 믿고 오는 레스토랑'을 만들고 싶은 꿈은 여전하다. 그래서 어딜 가든 '이 가게는 내 것'이라는 생각으로 애정을 갖고 일했고, 늘 완벽을 추구하는 마음으로 임하다보니 여기까지 오게 된 것 같다.

오랜 시간 다양한 경험을 하며 얻은
가장 큰 배움이나 교훈이 있다면 무엇인가?

송홍윤   조리법이나 음식을 플레이팅하는 방식은 전 세계가 비슷하다. 재료와 기후의 특성이나 문화 차이에 따라 달라질 뿐 원리는 같다고 본다. 이를테면 한국의 육포는 외국의 프로슈토와 비슷하고, 멸치액젓은 앤초비와 유사한 것처럼 말이다. 발효와 숙성도 어느 나라에나 있지만, 한식에서 조금 더 도드라지는 것뿐이다. 중요한 것은 그 원리를 이해하는 것이다. 원리를 알면 할 수 있는 요리의 범위가 넓어진다는 것을 배웠다.

윤서울에는 어떻게 합류하게 됐나?
김도윤 셰프의 '원물 중심' 철학과 잘 맞았을 것 같다.

송홍윤   윤서울이 청담동으로 이전할 때 처음 인연이 닿았고, 2023년에 정식으로 합류했다. 내가 가진 경험과 김도윤 셰프가 추구하는 방향이 잘 맞았다. 나도 좋은 제품을 찾아내고, 좋은 재료로 요리하는 것을 중요하게 생각해왔다. 해산물을 많이 사용하는 이탈리아 요리, 발효와 숙성이 필수적인 샤르퀴트리 경험이 있었기에, 원물의 원리를 이해하는 데는 어려움이 없었다.

좋은 재료란 무엇이며, 어떻게 알아보나?

송홍윤   생산지를 직접 가보는 것이 가장 좋은 것 같다. 어떤 환경에서, 어떤 마음으로 키워냈는지가 중요하기 때문이다. 하지만 결국 직접 다 먹어보는 수밖에 없다고 생각한다. 눈으로 봤을 때의 질감과 실제 먹었을 때의 맛은 전혀 다를 수 있다. 같은 생선, 같은 고기라도 다 먹어봐야 정확히 알 수 있다. 윤서울에서도 모든 재료는 우리가 직접 다 먹어보고 사용한다. 최상의 맛이 아니라면 손님에게 내지 않고 우리들의 식사 메뉴로 소진한다. 내가 먹고 싶지 않은 음식은 손님에게도 팔고 싶지 않다. 원물의 가치가 곧 음식의 가치라고 생각한다.

윤서울의 재료 저장고에는 500개가 넘는 재료가 있는 것으로 안다. 그중에서 가장 소중하게 여기는 재료를 딱 하나만 꼽는다면?

송홍윤   오래된 섞박지다. 손님들에게 웬만하면 오래 숙성된 섞박지를 드리려고 한다. 신김치도 괜찮지만, 섞박지가 오래 절여졌을 때 나는 그 특유의 시원함, 아삭함 그리고 숙성된 맛과 향이 있다. 그 맛을 전달해주고 싶어서 계속 담그는데, 최근에 재고가 한번 떨어져서 잠깐 묵은지를 쓴 적도 있다. 나는 이렇게 오래된 친구들을 소중하게 여기는 것 같다. 시간이 만들어내는 맛, 당장의 기교로는 안 되는 그 맛을 좋아한다.

지금 가장 관심을 갖고 있는 재료는 무엇인가?

송홍윤   젓갈이다. 올해는 멸치로 시작했는데, 새우젓도 직접 담가보고 싶다. 시중의 젓갈은 보통 천일염을 쓰지만, 우리는 감칠맛이 좋은 자염煮鹽을 사용한다. 이 소금으로 멸치 회, 내장과 머리를 뺀 멸치, 그리고 통멸치까지 세 가지 버전으로 젓갈을 담가서 맛의 변화를 지켜보고 있다. 시간이 지나면서 어떤 감칠맛이 나올지 궁금하다.

결국, 요리에서 중요한 것은 인내일까?

송홍윤   인내는 필요 없는 것 같다. 그것 하나만 보고 기다리면 레스토랑 일을 할 수 없다. 우리는 어제 매실청을 담갔고, 오늘은 비파로 술을 담그는 것처럼 계속해서 여러 작업을 이어간다. 다른 작업을 하다보면 이전의 재료가 언젠가는 완성되어 있을 것이다.

　기다리는 시간이 지루하지는 않다. 오히려 안 해봤던 것이라 불안과 긴장 그리고 설렘이 뒤섞여 있다. 만약 결과물이 기대보다 더 맛있으면, '더 많이 할걸' 하는 아쉬움도 있다.

왜 하필 발효, 숙성, 건조인가?

송홍윤 그냥 맛이 있어서다. 재료 자체를 살려줄 수도 있고, 재료가 변해가는 과정도 재밌다. 일반 레스토랑에서는 하기 어려운 것들이지만, 윤서울은 그 과정을 유지할 수 있다. 손길이 한 번 더 가면 가치가 높아지듯, 맛과 향을 끌어올리고 질감을 바꾸는 이 과정 자체가 명품을 만드는 과정이라고 생각한다.

한식의 궁극적인 매력,
한식의 핵심 가치는 무엇이라고 생각하나?

송홍윤 '다양성'과 '물리지 않는 맛'이다. 한국은 사계절과 지역별 특색이 뚜렷해 재료가 다양하고, 거기서 파생된 음식 문화도 다채롭다. 그리고 우리 선조들이 먹었던 음식은 기본적으로 자극적이지 않은 웰빙에 가까운 음식이라 물리지 않는다. 예를 들어, 신선로만 하더라도 여러 재료가 한데 섞여 다채롭고 복합적인 맛을 내지만 자극적이지 않고 물리지도 않는다.

윤서울의 음식을 한 단어나 한 문장으로 표현한다면?

송홍윤 '속이 편안한 음식'이라고 할 수 있다. 이걸 하기 위해 첨가제나 MSG를 쓰지 않고, 맛과 향을 더 끌어내기 위해 발효, 숙성, 건조를 하는 것이다. 여기에 윤서울은 원물의 맛이 살아 있는 음식을 선보인다. 언뜻 단순해 보이지만 공정은 굉장히 복잡하고 손이 많이 가는 요리다. 나는 되레 이 단순함 덕분에 손님들이 음식의 맛에 집중할 수 있다고 생각한다.

메뉴를 개발하고 코스를 구성하는 과정도 궁금하다.

송홍윤 손님에게 최대한 많은 경험을 하게 해드리자는 대전제를 갖고 시작한다. 매번 수급하는 재료가 달라지고, 숙성과 발효로 사용할 수 있는 재료들이 달라지는데 우리는 그 안에서 다양한 변주를 준다. 예를 들어, 오늘의 생선이 옥돔이라면, 쪄서 나갈지, 어떤 소스를 쓸지 등 전체 코스의 흐름과 밸런스를 고려해 자유롭게 구성한다.

김도윤 셰프와의 호흡은 어떤가?
김도윤 셰프는 당신에게 어떤 존재인지?

송홍윤 호흡은 잘 맞는데, 잘 안 맞는다.(웃음) 어딜 가나 그렇지 않을까. 추구하는 가치관이 같기에 함께하고 있다. 나는 김도윤 셰프가 1스타를 받기까지 쌓아온 것들에 대한 존경심이 굉장히 크다. 그래서 그가 만들어놓은 육수나 소스 같은 기본 베이스를 최대한 존중하며 사용한다. 특히 김도윤 셰프는 좋은 원물을 위해 재료 값을 아끼지 않는다. 내가 말릴 정도로 좋은 재료에 대한 집념과 원칙이 정말 대단하다.

윤서울만의 차별점과 강점이 있다면?

송홍윤 500가지가 넘는 재료를 직접 다루고 있다는 것이다. 장아찌, 김치, 절임, 말린 생선 등 우리가 가진 재료 자체가 엄청난 강점이다. 지금 당장 쓰지 않더라도, 언젠가 쓸 수 있는 재료들이 우리만의 백화점처럼 준비되어 있다. 그래서 재방문 손님에게는 언제든지 새로운 메뉴를 선보일 수 있다. 우리 팀원들의 열정도 빼놓을 수 없다. 그 덕분에 지금의 시스템이 잘 유지되고 또 새로운 것이 나올 수 있다.

요리에 영감을 주는 원천이 있다면?

송홍윤 이제는 일상 자체가 요리다. TV를 보든, 사람들과 이야기를 나누든, 광고를 보든 문득문득 아이디어가 떠오른다. 아침 8시에 나와서 밤 12시 넘어 퇴근하는 생활을 하다보니, 집에서 먹다 남은 체리 씨앗을 보고도 요리를 생각하게 된다. 시장 가는 것을 좋아하는데, 돌아가더라도 꼭 들러서 제철 재료와 가격대를 확인한다.

앞으로 새롭게 시도해보고 싶은 게 있을까?

송홍윤　지금은 시도해보고 싶은 게 딱 떠오르지는 않는다. 그런 게 있으면 일단 그냥 하는 편이라 뭔가 생각을 갖고 있다면 이미 저장고에서 만들어지고 있을 것이다. (웃음)

미쉐린 스타를 받을 수 있었던 이유는 무엇이라고 생각하나?
유지에 대한 부담감은 없는지?

송홍윤　차별화에 있다고 생각한다. 윤서울만의 뚜렷하고 정확한 색깔이 있다는 것이 가장 큰 이유 같다. 그래서 우리 가게는 '극호' 아니면 '극불호'다. 인스턴트에 길들여진 분들은 싫어하지만, 재료 본연의 맛을 즐기고 미각이 예민한 분들은 우리를 좋아해주신다. 좋게 봐주시는 분들이 더 많았기에 스타를 받을 수 있었다고 생각한다.

　　　부담감은 당연히 있다. 유지는 하고 싶고, 더 올라가고 싶다. 하지만 어제보다 오늘이, 오늘보다 내일이 더 나으면 된다고 생각하기에 엄청난 부담을 갖지는 않는다.

손님들이 윤서울에서 어떤 경험을 하길 바라는지?

송홍윤　'한국 식자재에 이런 게 있구나' '이걸 이렇게 풀어낼 수도 있구나' 하는 경험을 해보셨으면 좋겠다. 너무 자극적인 음식만 드셨거나, 이런 재료나 문화가 있는지도 몰랐던 분들이 맛, 정보, 새로운 해석 등 복합적인 경험을 하실 수 있기를 바란다.

셰프로서 가장 중요한 덕목과 철학이 있다면?

송홍윤   좋은 사람이 되는 것이 무엇보다 먼저인 것 같다. 좋은 셰프는 많지만, 좋은 사람이면서 좋은 셰프는 드물 수 있다. 나는 그 교집합 속에 있고 싶다. 그리고 요리를 하면서 점점 더 예민해졌는데, 그 예민함이 음식의 완성도를 높인다고 생각한다. '이 정도면 괜찮겠지' 하고 타협하지 않는 것, 손님에게 더 좋은 음식과 경험을 드리기 위한 그 마음이 중요하다.

앞으로 윤서울의 관전 포인트와
셰프 송홍윤의 관전 포인트를 꼽는다면?

송홍윤   윤서울의 관전 포인트는 우리가 얼마나 '집착'을 갖고 재료를 썼는지 봐주셨으면 하는 것이다. 그냥 쓰는 간장이 아니라, 육포와 함께 달인 간장을 쓰는 것처럼, 그 집착들이 모여 음식이 나온다.

　　　　　셰프 송홍윤의 관전 포인트는, 천천히 오래 봐주시면 좋겠다. 열심히 하는 것, 그거 하나밖에 없다. 튀려고 하거나 포장하지 않고, 그저 내 방식으로 누구보다 열심히 했다고 말할 수 있을 만큼 열심히 하려고 한다. 지금 하고 있는 것들이 나의 미래를 만들고 있으니, 그 과정을 지켜봐주시면 된다.

젊은 셰프들에게 전하고 싶은 조언이 있다면?

송홍윤   진짜 열심히 할 것이 아니라면, 하지 말라고 하고 싶다. 스스로를 너무 높게 평가하거나 자신을 포장하는 데 급급한 친구들이 있다. 이러한 친구들이 너무나 빠르게 사라지는 것을 많이 봐왔다. 음식 자체를 최선을 다해, 죽을 만큼 열심히 할 게 아니라면 하지 않았으면 좋겠다. 부디 너무 빠르게 포기하지 않길 바란다.

앞으로 레스토랑 업계가 어떻게 변화할 것 같은지?

송홍윤   솔직히 점점 더 안 좋아질 것 같다고 예상한다. 경제가 좋아져야 파인 다이닝 신도 좋아지는데, 현실은 그렇지 않다. 2009년 내가 처음 서울에 왔을 때 월급 100만 원이 안 됐는데, 지금 인건비는 2.5배, 식자재는 3~4배가 올랐다. 그러나 다이닝 가격은 1.5배 정도밖에 오르지 않았다. 서비스와 음식에 대한 가치를 더 인정받아야 하는데, 아직은 시간이 더 걸릴 것 같다.

파인 다이닝, 어떻게 즐겨야 할까?

송홍윤   당당하게 오시면 좋겠다. 모른다고 어렵게 생각하지 않으셨으면 한다. 정당한 값을 지불하고 왔으니, 모르면 물어보면 된다. 맛있는 걸 먹으러 와서 불편하게 드시지 않았으면 좋겠다. 또한 가격이 부담스러울 수 있지만, '특별한 날에만 가는 곳'이라고 생각하지 않으셨으면 한다. 다이닝 역시 하나의 문화이기 때문에 부담감은 내려놓고 열린 마음으로 이 문화를 편하게 즐겨주시길 바란다.

231

KANG MINCHUL Restaurant

강민철 레스토랑

서울 신사동의 화려한 풍경 뒤편에 셰프의 은밀한 작업실처럼 근거지를 둔 3년 연속 미쉐린 1스타 레스토랑이다. 셰프의 예술적 감각이 극대화된 프랑스 요리를 선보이며, 프랑스 와인으로만 채워진 와인 리스트와 섬세한 서비스는 마치 프랑스 현지에 온 듯한 경험을 선물한다.

강민철 레스토랑은 이름 그대로 셰프의 정체성이 공간과 요리 그 자체가 되는 곳이다. 이곳을 관통하는 핵심은 바로 '원석'과 다름없다. 셰프는 마치 최고의 보석 세공사처럼 재료가 품은 원초적인 힘을 꿰뚫어 보고, 이를 갈고닦아 자신만의 눈부신 보석으로 재탄생시킨다.

놀랍도록 대담하면서도 지독할 정도로 섬세한 터치. 여러 가지 과일의 캐릭터를 자유자재로 변주하며 재료의 잠재력을 극한까지 끌어올린 요리들은 충격적인 신선함과 완벽한 밸런스를 자랑한다. 클래식과 모던의 경계를 허무는 압도적인 경험은 평범한 하루조차 잊을 수 없는 빛나는 순간으로 수놓아준다.

'기준점'을 꿈꾸며,
아무도 가지 않는 길을 열다

강민철 셰프의 무대 위에는 누구도 범접할 수
없는 담대한 자신감과, 기존의 틀을 보기 좋게
뒤엎어버리겠다는 발칙한 열정이 넘실거린다.
플럼드 호스Plumed Horse를 시작으로 조엘 로뷔숑Joël
Robuchon, 알랭 뒤카스, 피에르 가니에르까지,
프렌치 퀴진 거장들의 주방을 거치며 강민철 셰프가
배운 것은 '몇 그램'의 레시피가 아닌 '감각'과 '재료에
대한 존중'이었다.
첫 아뮈즈부슈amuse-bouche부터 손님을 압도하는
파격적인 전개는, 단순히 음식을 내는 것을 넘어
공간에 발을 들인 이의 심리와 기대치까지 완벽하게
디자인하겠다는 그의 대담한 선언과도 같다. 남들이
가지 않는 길을 기어코 찾아내어 자신만의 색채로
물들이는 그의 창의성은, '사랑과 정성'이라는
본질적인 모토와 결합해 한국 미식 신에서 가장
전위적이고도 아름다운 장르를 개척해나가고 있다.

셰프의 길은 어떻게 시작하게 됐는지 궁금하다.

강민철 사실 요리는 어머니의 권유로 시작했다. 고등학교 진학을 앞두고 왠지 모르게 인문계에 가고 싶지가 않았다. 어린 마음에 그냥 평범한 게 싫었던 것 같다. 어머니가 요리를 해보라고 권유하셨고, 때마침 생긴 한국조리과학고등학교에 입학하게 됐다.

그전에는 단 한 번도 요리사가 되겠다는 생각은 해보지 않았다. 그런데 신기하게도 요리를 시작하고 나서부터는 절대 다른 길을 생각하지 않았다. 이 길이 맞는지, 흥미로운지 생각할 겨를도 없이 '이게 당연한 거구나'라고 받아들였던 것 같다. 요리가 늘 신기하고 재밌었다.

이력이 그야말로 '프렌치 퀴진의 정수'를 따라가는 여정 같다.
미국을 거쳐 홍콩의 조엘 로뷔송, 알랭 뒤카스,
그리고 프랑스 본토의 피에르 가니에르까지,
이 치열했던 시기에 대해 듣고 싶다.

강민철 고등학교를 졸업하고 경주대학교에 진학했는데, 고등학교 때 3년간 배웠던 걸 다시 배우니까 너무나도 재미가 없었다. 그렇게 군대를 다녀오고 2학년을 마친 뒤, 미국 미시시피에 있는 호텔에 지원했는데 덜컥 확정이 났다. 교수님과 상담 끝에 해외 취업 학점으로 1년을 마무리했다.

호텔에서 일하다보니 더 디테일한 음식을 배우고 싶어서, 캘리포니아 새너제이에 있는 미쉘린 1스타 레스토랑 플럼드 호스에 스타주를 갔다. 일주일 정도 일하고 이곳에 남고 싶다고 하니 셰프가 흔쾌히 승낙해서 정식으로 일하게 됐다.

그곳에서 정말 많이 배웠다. 셰프는 내가 불쌍했는지, (웃음) 3~4개월 열심히 하니 "우리 집에 들어올 생각 없냐?"라고 물었다. 그렇게 셰프 집에서 함께 살며 지냈던 순간은 너무나도 좋았다. 그분과 출퇴근을 항상 같이 하며 장도 보고 정말 많은 걸 배웠다. 그러면서 주방 내에서 시기와 질투도 있었지만, 어린 나이에 여러 가지 중요한 섹션을 맡게 됐다.

하지만 양식을 하다보니 양식의 기초가 뭘까 고민하게 됐다. 그건 프랑스 요리였다. 우리가 아는 마요네즈도 버터도 프랑스가 원조다. 역사가 있는 곳에서 배우고 싶다는 생각에 미국 생활을 접고 홍콩에 있는 조엘 로뷔숑으로 가게 됐다. 그곳에서 전통과 크리에이티브에 대해 많이 배웠다.

또 다른 경험을 하고 싶어 헤드 셰프의 추천으로 홍콩 알랭 뒤카스로 옮겨 일하다가, 개인적인 일로 한국에 잠시 들어왔다. 그때 '이제 본토로 가야겠다' 하는 마음에 무작정 프랑스로 갔다. 이력서도 내밀고 인턴십도 하다가 에리크 트로숑Éric Trochon 셰프의 레스토랑인 세미야Semilla에서 꽤 오랜 시간 일했다.

이후 트로숑 셰프의 추천으로 피에르 가니에르에 들어갔다. 그때 너무 기뻤다. 패션에 비유하자면 코코 샤넬 밑에서 배우는 기분이었다. 처음엔 가야Gaya에서 일을 시작했고, 이후 피에르 가니에르 셰프가 직접 본점으로 오라고 해서 경력을 쌓았다. 이후 님Nîmes이라는 도시에 가니에르 셰프가 엄청나게 큰 레스토랑을 열 때 스타트 팀으로 합류해서 시스템을 잡고 요리 개발을 하다가, 다시 본점에 와서 근무했다.

어느 순간 피에르 가니에르 셰프가 직접 나를 '민'이라고 부르며 김치를 만들 수 있냐고 물어봤다. 자신 있다고 답하고 김치를 만들었는데 그게 정식 메뉴판에 '민철 김치'라는 이름으로 올라갔다. 나를 존중한다는 의미였다. 본점의 오래된 헤드 셰프가 "이런 경우는 본 적이 없다. 역사적인 일이다"라며 메뉴판을 뽑아서 선물로 주었다.

그날 이후로 나도 주방에서 쭉쭉 올라갔다.

보통 거장 셰프들은 한발 물러나 있는데, 피에르 가니에르 셰프는 항상 불 앞에 서서 채소도 볶으며 요리를 했다. 그런 모습이 존경스러웠다. 그러다가 코로나19가 터졌고, 유럽이 셧다운되고 하루에 1만 명씩 사망자가 나올 때, 정말 많은 고민 끝에 귀국하게 됐다.

각 레스토랑에서 가장 크게 배운 것은 무엇인가?

강민철 배움의 가치가 가장 크게 있었던 곳은 세미야였다. 그 어떤 유명한 레스토랑보다 기억에 남는다. 가장 많은 요리를 했고, 내가 짰던 메뉴가 매일 바뀌며 나갔다. 채소를 사용하는 테크닉, 재료에 대한 감각과 재료를 고르는 능력, 재료마다 다르게 하는 조리 스타일과 포맷을 거기서 가장 많이 배웠다.

피에르 가니에르 같은 거장 셰프들의 레스토랑에서는 큰 테크닉을 배웠다기보다는 팀원들에 대한 존중과 재료에 대한 이해에 대해 배웠다. 예를 들어, 내가 실수로 요리를 태웠을 때, 혼나는 이유는 '당근 한 조각' 때문이 아니었다. "이 당근을 키운 농부의 철학, 자연이 시간을 들여 수확한 이 과정에 대해 생각해야 한다"라는, 그 시간과 과정에 대한 말을 많이 했다. "네가 받아 적는 레시피보다 이 과정을 이해했을 때 마음에서 나온다. 몇 그램이 중요한 게 아니다"라고 했다.

물론 어린 나이에는 레시피가 중요하다고 생각했지만, 막상 내 레스토랑을 오픈하고 나니 그 말들이 많이 생각났다. 실제로 피에르 가니에르에는 특별한 레시피 북이 없었다. "네가 먹어보고, 찔러보고, 만져봐야 한다"라고 했다. 정말 '요리사' 그 자체였다. 비법 소스 같은 건 하나도 없었다. 대신 감각을 많이 배웠다. 식감 그리고 신맛, 단맛, 짠맛 같은 감각들 말이다.

커리어를 보면 파리나 뉴욕에서 레스토랑을 열어도
이상하지 않은데, 서울을 무대로 선택한
결정적인 이유가 무엇인가?

강민철 　강민철 레스토랑은 연구실 겸 아틀리에로 쓰려고 지하에 작은 공간을 열었던 것이 시작이다. 처음엔 원 테이블로 간판도 없었다. 그런데 문의가 너무 많이 와서 테이블을 세 개까지 늘렸고, 3개월이 지나서야 간판도 달게 됐다. 그 후 더 많은 분들에게 내 요리를 소개하고 싶어서 지금의 공간으로 확장 이전했다.

　　　서울을 택한 데는 특별한 계획이나 생각이 있었던 것은 아니다. 내가 요리를 처음 시작했을 때처럼 그냥 당연하게 서울에서 문을 열게 된 것 같다.

프렌치 셰프로서 한식 다이닝 레스토랑인
기와강을 열게 된 계기는 무엇인가?

강민철 　한국에서 3년 차가 되다보니 어느 순간 허탈한 느낌이 들었다. 한국 셰프로서 레스토랑을 운영하는데, 한식에 대해 모르는 게 너무 많았다. "여태까지 왜 한국 사람으로서 한식을 공부할 생각을 안 해봤지?" 프랑스 요리만 동경하고 그 역사만 쫓다가, 어느 순간 머리가 '빵' 터졌다. 가까이 있는 것의 소중함을 몰랐던 거다. 그래서 기와강을 차리게 됐다.

　　　한식의 명인들도 찾아뵙고 관련된 이야기도 나누고, 한국의 고서도 찾아보며 공부했다. 그러다보니 우리나라는 우리 음식을 하기에 최적화되어 있다는 걸 느꼈고 그때부터 한식 공부를 더욱 많이 하게 됐다.

　　　이제는 외국 셰프들과 교류할 때도 당당해진 것 같다. 해외에 가서 "한국에서 코리안 파인 다이닝을 한다" 말할 때 정말 뿌듯하다.

레스토랑에 본인 이름을 넣은 특별한 이유도 있을 것 같은데?
미쉐린 1스타를 받은 지금, 이름 석 자는 어떤 의미가 되었나?

강민철　처음에는 정말 별생각이 없었다. 많은 분들이 거장들 밑에서 배웠으니 그들처럼 이름을 걸고 시도한 것 아니냐고 하는데, 그런 생각은 단 한 번도 해본 적이 없다. 처음 아틀리에 공간에 가장 적합한 상호가 '강민철 레스토랑'이었을 뿐이다. 다른 상호를 고민해본 적도 없다. 처음 요리 시작할 때처럼 그게 당연하다고 생각했다.

　　　하지만 사실 그렇게 미쉐린 스타를 달다보니 무게감이 너무 커서 '아차' 싶기도 했다. 이런 공간에서 그런 결과가 있으리라고는 상상도 못 했기 때문이다. 무게감은 점점 더 커지는 것 같다. 보통 레스토랑을 미쉐린 스타가 몇 개인지로 기억하지, 셰프는 모르는 경우가 많다. 하지만 우리 레스토랑에서는 나부터 찾으신다.(웃음) 내 행동 하나하나가 레스토랑 이미지에 영향을 줄까봐 이름을 늘 무겁게 느낀다.

기와강을 운영하며 한식을 공부한 경험이
역으로 강민철 레스토랑의 프렌치 퀴진에 영감을 준 사례도 있나?

강민철　확실히 있는 것 같다. 한국에서는 한국 요리에 가장 적합한 재료가 나온다. 기와강을 하면서 프렌치 테크닉이 필요 없는, 이전에 선호하지 않던 재료들까지 공부하다보니 재료에 대한 이해력이 훨씬 늘어났다. 예전엔 양식 테크닉을 위한 재료만 봤다면, 이젠 한국 재료에 대한 발견을 하게 된 거다. 실제로 단골손님들은 최근의 음식이 더 좋아졌다는 말씀을 많이 하신다.

강민철 레스토랑과 기와강,
두 곳에서 추구하는 요리 스타일은 어떻게 다른가?

강민철　강민철 레스토랑은 기존에 존재하지 않았던 재료의 조합과 존재하지 않을 법한 요리들 같은, 내가 원하는 모든 아이디어를 다 표출하는 곳이다. 그래서 프랑스 요리라고 정의하기보다 장르에 구애받지 않고 내 머릿속에 있는 음식을 한다. 한 문장으로 표현하면, 내 이름이 들어간 만큼 나의 '심장' 같다.

　　　　기와강은 우리가 일상에서 쉽게 먹는 음식들을 조금 더 세련되고 고급스럽게 만드는 곳이다. 기와강의 문을 열며 중요한 지점으로 삼았던 것은 많은 이들이 하는 '퓨전 한식'을 지양하자는 점이었다. 테크닉을 써서 한번 비틀어보는 건 진부하고 재미없을 것 같았다. 예를 들어, 불고기를 하더라도, 가장 좋은 고기, 그 계절에 나는 햇양파, 농부의 정성이 담긴 파, 직접 짠 들기름 등을 써서 '최상의 불고기'를 만들어보자는 접근이다. 한국 사람으로서 기와강은 나의 '뿌리' 같다.

강민철 셰프가 생각하는 프렌치 퀴진과 한식,
각각의 매력은 무엇인가?

강민철　프렌치 퀴진의 매력은 버터, 버터, 버터, 한식의 매력은 간장, 고추장, 된장이라고 생각한다.(웃음) 다시 말해, 프렌치 퀴진의 강점은 소스와 재료 그 자체다. 프랑스는 농업 기술이 발달해서 좋은 땅에서 좋은 재료가 난다. 그걸 볶기만 해도 맛있다. 전 세계 모든 사람들이 즐기는 재료 중에 프랑스에서 시작된 것도 많고, 그 역사도 무시할 수 없다. 한식의 매력은 장이다. 대중적인 한식은 어떤 장을 쓰는지, 그리고 그 장과 어떤 재료가 만나는지에 따라 요리가 달라진다.

강민철 레스토랑의 아뮈즈부슈는
화려하고 강렬한 인상을 주는 것으로 유명하다.

'힘을 줬다'라는 느낌이 강한데, 특별한 이유가 있나?

강민철   사실 첫 음식으로 손님을 압도하고 싶었다. "우리가 이만큼 노력하고 이렇게까지 준비했다"라는 '가치'를 보여드리고 싶었다. 그 러면 손님들도 음식을 더 조심스럽게 대하게 된다. 음식은 언제 어떤 상태에서 먹는지 심리 상태가 굉장히 중요하다고 생각한다. 그 심리 를 고려해서 압도적인 경험을 선사하고 싶었다.

**강민철 레스토랑은 '프렌치 컨템퍼러리'로 알려졌다.
전통과 현대성 사이의 균형은 어떻게 찾고 있나?**

강민철   이번에도 심리 이야기를 할 수밖에 없겠다. 내가 어떤 요리 를 만들었을 때, 누군가는 굉장히 창의적이라고 하고 누군가는 굉장 히 클래식하다고 한다. 지금도 그런 말들이 공존하는데, 나는 그럴 때 의도된 바가 잘 전달됐다고 생각한다. 나는 전통적이 되려고 하지도 않고, 현대성을 추구하지도 않는다. 그것을 어떻게 느낄지는 손님의 심리에 달려 있다. 중요한 것은 레스토랑이 그곳만의 색깔을 가지고 있느냐이고, 강민철 레스토랑은 어디보다 선명하고 뚜렷한 색깔을 지니고 있다.

**레스토랑 두 곳의 메뉴를 개발하고
코스를 구성하는 과정도 쉽지 않을 것 같다.**

강민철   메뉴 개발은 늘 숙제다. 두 레스토랑의 색깔이 명백하게 다 르다. 강민철 레스토랑 주방에 있을 때와 기와강 주방에 있을 때의 내 자세 자체가 달라지는 것 같다. 강민철 레스토랑에서는 끊임없이 새 로운 아이디어를 쏟아붓는다면, 기와강에는 마음이 따뜻해지는 음식 을 전달하는 데 조금 더 집중하게 된다.

**약 30명의 직원을 이끄는 리더로서의 책임감도 무거울 텐데,
당신만의 리더십 철학은 무엇인가?**

강민철 　리더로서의 책임감에 대해 생각해본 적이 없었는데, 어느 순간 갑자기 숨이 턱 막힐 때가 있었다. 처음 오픈할 때부터 함께한 직원들이 있고 이제는 그들 중 결혼하는 직원도 생기다보니 내가 더 책임감 있게 해야겠다는 생각이 든다. 좋은 리더가 되고 싶다.

　내가 생각하는 리더십의 철학이 있다면 그것은 동기부여라고 생각한다. 사람을 움직이게 하는 리더십이 필요하다. 내가 모든 요리를 할 수 없으니 각 파트장이 하는데, 그 친구들의 오늘 컨디션에 따라 요리가 달라진다. 개인적인 일이 있으면 티가 난다. 그래서 항상 직원들의 컨디션을 파악하는 것은 물론, 그들을 어떻게 움직이게 할지 고민한다.

　그리고 요리사로서는 '발칙한' 사람이 되고 싶다. 남들이 다 하는 건 재미가 없다. 피카소처럼 '똘끼' 있는 사람이 되고 싶다. 예를 들어, 남들이 다 쌓아올리는 플레이팅을 하면 그게 너무 싫어서 "다 바닥에 깔아봐"라고 한다. 반대로 남들이 다 깔면 "우리는 볼륨을 키우자"라고 한다.

**강민철 셰프의 모토는 '사랑과 정성'이라고 들었다.
주방에서 정직함을 강조하는 것과도 맞닿아 있는 것 같은데,
당신에게 이 말은 어떤 의미인가?**

강민철 　주방에서 가장 중요한 것은 진실됨과 정직함이다. 정말이다. 퀄리티가 너무 다르다. 예를 들어, 어떤 스태프의 부모님이 오시는 날이면 그 테이블에 나가는 음식의 퀄리티가 다르다. 나는 그걸 매일 똑같이 하라고 말한다.

　집에서 어머니가 끓여주는 된장찌개에 별다른 레시피가 없

지 않나. 하지만 자식이 먹는다고 생각하고 들여다보고 정성을 쏟으면 반드시 맛있어진다고 믿는다. 과학적으로 증명할 순 없지만, 나는 매일 그걸 체험하는 것 같다. 그래서 나는 좋은 음식의 근간에는 사랑과 정성이 녹아 있다고 믿는다.

영감은 어디에서 얻나?
영감을 받아 새롭게 준비하는 음식이 있다면?

강민철　　일차적인 영감의 원천은 재래시장이다. 리스트 없이 그냥 가서 시장 음식도 먹고 돌아다니다보면 계절마다 가장 크게 영감을 얻는다. 공연이나 미술 같은 문화생활에서 직접적으로 영감을 받기보다는 그런 것들이 자연스레 축적되었다가 집에 혼자 마음 편히 있을 때 무언가 떠오르는 경우가 많다.

　　　　사실 나는 계획적인 스타일이 아닌 것 같다. 어떤 셰프는 치밀하게 자료 정리해서 다음 메뉴를 준비하는데, 나는 전날에서야 "이거 좋다. 오늘부터 가자" 하는 방식이다. 때문에 뭐가 나올지 나도 모르겠다. 그게 나만의 스타일이라고 생각한다. 모든 메뉴가 그런 식으로 나왔다. 성격상 자유가 없으면 음식이 나오지 않는 스타일이다. 시간에 쫓기거나 정형화된 것에 갇히는 것을 답답해한다.

강민철 레스토랑은 오픈 1년 만에 미쉐린 1스타를 받았고
3년 연속 1스타를 유지 중이다.
스타를 받을 수 있었던 이유는 무엇이라고 생각하는지?

강민철　　'내년에는 꼭 미쉐린에 등재되도록 더 열심히 하자' 이런 생각을 진실되게 한 적이 한 번도 없다. 그냥 시간이 지나고 하다보니 나도 모르게 이렇게 됐다. 매일 월화수목금토일 메뉴를 개발하고 정신없이 하루하루를 지내다보니 1년이 지나 있었다. 정말 오로지 요리만 했던 것 같다. 그래서《미쉐린 가이드》에서 별을 준 이유도 모르겠다. 아마도 맛있으니까 준 게 아닐까 싶다. (웃음)

그런데 나는 우리가 별을 받은 이유에서 '홀팀의 능력'을 아주 높게 평가하고 싶다. 그런 일은 없을 것이고 있어서도 안 되겠지만, 나는 늘 홀팀 직원들에게 썩은 사과도 맛있게 먹을 수 있게끔 말과 행동, 제스처, 눈빛으로 설득해보라고 실제로 이야기한다. 그만큼 호스피탤리티와 고객의 심리를 파악하는 것이 중요하다고 생각한다.

**스타를 유지하거나, 2스타로 나아가야 한다는
부담감은 없는지?**

강민철 없다고 하면 거짓말이다. 더 좋은 결과가 있으면 더 좋고 행복할 것 같다. 하지만 스타와 무관하게 손님들이 좋아하는 식당을 만들고 싶다는 생각이 가장 크다. 레스토랑이 4년을 막 넘었는데, 이제부터가 시작이라고 생각한다.

셰프로서 가장 중요한 덕목이 있다면 무엇일까?

강민철 도전과 창의. 늘 머릿속으로 끊임없이 생각하고, 늘 도전하고, 늘 새로운 것을 해야 하는 것 같다. 나도 도전과 창의가 끊이지 않는 사람이 되고 싶다.

**손님들이 강민철 레스토랑에서
어떤 경험을 하길 바라는지?**

강민철 압도감을 드리고 싶다. 맛있는 음식은 당연한 것이고, 압도적으로 새로운 음식과 시간을 보내고 가셨으면 좋겠다. 요리를 받았을 때 "뭐야 이게?" 싶은데, 먹어보면 전혀 다른 맛이 나는 그런 경험 말이다. 그래서 어떤 분은 클래식이라고 하고, 어떤 분은 컨템퍼러리라고 하는, 그런 여러 반응을 이끌어내고 싶다.

**강민철 셰프가 추구하는
도달점은 무엇인지 궁금하다.**

강민철　　닭을 키우고 싶다. 정말 진심으로.

닭을 키우고 싶다는 건 어떤 의미인가?

강민철　　신이 있다면 닭은 신이 우리 인류에게 준 가장 위대한 선물
같다. 그래서 왠지 닭이 상징적으로 와닿는다. 마당에서 20~30마리
정도 키우면서 계란도 먹고 닭이 크는 과정도 보고 싶다.

그런데 그렇게 닭을 키우려면 돈도 벌어야 하고, 공간도 시
간도 필요하다. 레스토랑도 성장해야 하고, 해외 무대에 대한 꿈도 실
현해야 한다. 그 모든 것을 다 실현했을 때 닭을 키우겠다는, 많은 시
간과 노력이 필요한 나의 도달점이다.

젊은 셰프들에게 전하고 싶은 조언이 있다면?

강민철　　기본적인 테크닉과 재료에 대한 이해도를 먼저 공부하고, 그
것을 본인의 것으로 만든 다음에 창의성을 입혀야 한다. 요즘은 반대
가 되는 것 같다. 너무 많은 정보가 쏟아지니 그것부터 하고 싶어하는
데, 결과적으로 기초가 가장 중요하다.

그리고 공부하는 친구들에게, 같은 글이라도 책을 사서 보라
고 말하고 싶다. 핸드폰으로 정리하지 말고. 책을 넘기는 촉감, 들고
다니는 수고스러움, 연필로 체크하는 그 모든 과정이 중요하다고 생
각한다. 나는 눈에 보이지 않는 무언가가 분명히 있다고 믿는다.

**앞으로 레스토랑 업계가
어떻게 변화할 것 같다고 전망하나?**

강민철   유일하게 단언할 수 있는 것은 한국 시장 자체가 앞으로 더 크게 성장할 것이라는 점이다. 그리고 그 '기준점'에는 내가 있고 싶다. 요리 꿈나무가 있다면 내 요리를 보며 느끼고, 많이 따라 해야겠다고 느낄 정도로 시장의 '주主'가 되고 싶다.

**파인 다이닝, 어떻게 즐겨야 할까?
팁을 준다면?**

강민철   어떤 셰프는 "편안한 집처럼 오세요"라고 하지만, 나는 그 반대다. "오시려면 확실하게 하고 오세요." 당신이 할 수 있는 '베스트 컨디션'으로, 정말 우아하게 '드레스업'해서 즐기셨으면 좋겠다. 헤어샵에 가서 머리를 하든 메이크업을 받든, 오늘 하루 꾸밀 수 있는 만큼 최대한 꾸미고 우아하게 걸어 들어오셨으면 좋겠다. 살면서 그런 날이 흔치 않은데, 오늘 그 하루만은 본인이 주인공이라는 자세로 즐기셨으면 한다. 그날이 가장 특별한 날이 되어서 오래도록 추억하시길 바란다.

보이지 않는 공기마저 빚어내는
'위대한 조연'

이성하

헤드 소믈리에 겸 매니저

미식이라는 오케스트라 위에서 셰프가 '맛'을 창조한다면, 이성하 헤드 소믈리에 겸 매니저는 그 맛이 머무는 '시공간'을 디자인한다. "홀팀은 썩 은 사과조차 살려낼 수 있어야 한다"는 셰프의 철학을 무거운 책임감으로 받아안고, 가장 화려한 식탁 뒤에서 묵묵히 완벽을 조율하는 사람. 강 민철 레스토랑 특유의 강렬한 비주얼과 섬세한 미각 사이에서 균형을 잡는 '우아한 그림자'. 그의 행보는 서비스의 미학이 무엇인지, 그리고 '위대한 조연'의 품격이 어떻게 주연보다 빛날 수 있는지를 여실히 보여준다. 그는 단순히 와인을 따르고 음식을 설명하는 것을 넘어, 고객의 마음을 읽는 정교한 환대를 통해 강민철 레스토랑이 지향하는 예술적 미식 경험을 완성하는 마지막 퍼즐 조각이 된다.

먼저, 이력과 업력에 대해 소개해달라.

이성하   고등학교 때부터 누군가를 섬기는 서비스직을 꿈꿨다. 관광 고등학교 호텔과와 관광대학교 호텔과를 거치며 한 우물만 팠다. 원 래는 승무원을 꿈꿨는데, 집이 제주도라 수도권 대학으로 진학하기 가 현실적으로 어려워 제주도에서 학교를 다니고 제주 신라호텔에서 인턴을 했다. 본격적인 서울 생활은 도산공원 사거리에 있던 이사벨 더 부처에서 시작했고, 이후 인터컨티넨탈 호텔과 청담동에 있던 파 인 다이닝 레스토랑 빌레에서 현장 경험을 쌓았다.

그렇게 서비스직 외길을 걷다가 잠시 다른 길로 갔던 적이 있다. 다른 호텔로 이직을 준비하던 중 공백기가 생겼는데, 좋은 기회 로 삼성서울병원 행정연구원으로 일하게 된 거다. 연구비 관리를 주 로 했는데, 활동적이고 외향적인 내가 하루 종일 앉아서 1원, 2원도 틀리면 안 되는 업무를 하려니 처음엔 힘들었다. 하지만 대형 병원이 라는 타이틀과 안정적인 '워라밸' 덕분에 자아는 잠시 접어두고 6년 을 버텼다. 그러다 서른 살 즈음, '더 늦기 전에 마지막으로 내가 진짜 가슴 뛰는 일을 하자' 결심하고, 병원을 그만두고 이곳에 합류하게 되었다.

안정적인 직장을 그만두고 소믈리에의 길로 이끈
결정적인 '한 장면'이 있었나?

이성하　10년 전의 기억이 나를 다시 불렀다. 인터컨티넨탈 호텔 근무 당시 선망하던 선배가 있었다. 2015년 소펙사Sopexa 소믈리에 대회에서 1등을 한 분인데, 그분이 서비스하는 태도나 직원들을 대하는 모습이 막연하게 너무 멋있어 보였다. 마치 무대 위의 지휘자 같았다. 내가 관심을 보이니 선배가 "공부 한번 시작해봐라. 도와주겠다" 하며 이끌어주었고, 그때부터 학원을 다니고 자격증을 따며 와인에 빠져들었다. 내가 무언가에 그렇게 깊게 몰두해본 것이 난생처음이라, 내 인생의 나침반이 그때 비로소 방향을 찾았다고 생각한다.

수많은 레스토랑 중 왜 하필 강민철 레스토랑이었나?

이성하　나는 호텔 출신이다보니 격식이 갖춰진 '포멀'한 서비스를 원했다. 마지막에 근무했던 호텔 업장이 프렌치 레스토랑인 테이블34였는데, 그 경험을 살려 다시 정통 프렌치 레스토랑에서 일하고 싶다는 갈증이 있었다.

　　　　강민철 셰프의 이력을 보니 타협하지 않고 한 길로만 우직하게 걸어온 게 내가 원하던 방향성과 정확히 일치했다. 또한 이곳은 와인 리스트가 100% 프랑스 와인으로만 구성되어 있다는 점도 독특하고 도전적인 매력으로 다가왔다. 사무직을 했던 6년의 공백이 아쉽게 느껴질 만큼, 이곳에서 다시 내 모든 열정을 쏟아붓고 싶었다.

호텔과 병원과 파인 다이닝 레스토랑,

이 다양한 경험들이 현재 당신에게 어떤 무기가 되었나?

이성하 　호텔에서는 조직과 융합을 배웠다. 워낙 직원이 많고 다양한 파트가 톱니바퀴처럼 돌아가야 하니까. 처음엔 낯을 가리고 소극적인 면도 있었는데, 다양한 선배들과 일하며 사람 대하는 유연함을 배웠고, 실수했을 때 다독여준 테이블34 소믈리에 덕분에 성장했다.

　　　　반면 병원에서는 숫자의 엄격함과 집중력을 배웠다. 서서 일하던 내가 앉아서 정밀한 숫자를 다루는 일을 하며 디테일을 놓치지 않는 세심함을 터득한 것이다. 이곳 강민철 레스토랑에서는 이 두 가지, 호텔의 유연함과 병원의 치밀함을 합쳐 매니징과 서비스에 녹여내고 있다.

그렇다면 강민철 레스토랑에서 본인의 역할을

한 단어로 정의한다면?

이성하 　'위대한 조연'이라고 생각한다. 주인공은 언제나 강민철 셰프의 음식이고, 고객들은 그 음식을 드시러 오시는 거니까. 내 역할은 그 음식을 더 돋보이게 하고, 가장 빛나는 상태로 즐기실 수 있도록 무대를 세팅하는 것이다. 와인 페어링도 음식을 넘어서지 않고 묵묵히 받쳐주는 역할을 해야 한다.

　　　　동시에 매니저로서는 레스토랑이라는 오케스트라의 지휘자처럼 식사의 흐름을 조율한다. 강민철 셰프가 "네가 홀을 지배하면서 콜 사인도 주고, 물 흐르듯이 소통해야 한다"라고 강조했는데, 실제로 내가 주방과 홀 사이에서 타이밍을 조절하고, 손님 성향에 따라 서비스의 템포를 조절하며 전체적인 컨트롤 타워 역할을 하고 있다.

**서비스의 최전선에서 손님의 심리를 '디자인' 하기 위해
가장 신경 쓰는 디테일은 무엇인가?**

이성하　와인 쪽으로는 미각적 취향을 파악하는 데 집중한다면, 매니
저로서는 테이블의 '공기'를 읽는다. 입장하실 때부터 뉘앙스를 살피
는 것이다. 기념일이라 화기애애하면 우리도 한 톤 높여 친근하게 다
가가고, 비즈니스 미팅이라면 그림자처럼 깔끔하고 포멀하게 서비스
한다. 특히 '무심한 듯 세심하게' 지켜보는 것이 중요하다. 시선을 떼
는 것 같지만 사실은 절대 떼지 않고 있다. 왼손잡이인지, 물에서 미
세한 비린내를 느끼지는 않는지 등 사소한 불편함도 손님이 말씀하
시기 전에 먼저 파악해서 해결해드리려고 한다.

**강민철 셰프는 첫 아뮈즈부슈부터
손님을 시각적으로 압도하고 싶어한다.
홀에서는 이 압도감을 어떻게 구현하나?**

이성하　셰프의 의도를 완벽히 이해하기에 시각적인 임팩트에 신경
을 많이 쓴다. 첫 샴페인 페어링부터 가장 좋은 프레스티지급을 사용
하거나, '레어 샴페인'처럼 라벨이 화려하고 오브제 같은 와인을 선택
해 첫인상을 강렬하게 남긴다. 기물 세팅부터 인테리어, 와인 라벨까
지 모든 요소가 하나의 예술 작품처럼 조화를 이뤄 입장하는 순간부
터 압도되는 경험을 선사하려 한다.

**"홀팀은 썩은 사과조차 살려낼 수 있어야 한다."
셰프의 이 말은 홀팀에 대한 엄청난 신뢰이자
무거운 책임감으로 들린다.**

이성하　전적으로 동의한다. 주방에서 새벽부터 준비한 음식이 홀 직
원의 실수로 빛을 보지 못한다면, 열 명이 넘는 동료들의 땀방울이 헛

수고가 되기 때문이다. 설령 주방에서 의도치 않게 플레이팅이 평소와 다르게 나왔더라도, 우리가 유려한 설명으로 커버해서 손님이 완벽한 다이닝을 경험할 수 있도록 해야 한다.

실제로 그런 '설득의 기술'이 필요했던
순간이 있었나?

이성하   예를 들어, 고수가 들어가는 메뉴가 있다. 처음엔 호불호 때문에 미리 여쭤보고 빼드리기도 했다. 그런데 셰프가 의도한 맛의 레이어를 위해서는 고수가 꼭 필요한 게 사실이다. 그래서 요즘은 굳이 언급하지 않고 자연스럽게 서빙한다. 막상 드셔보시면 고수를 못 드시는 분들도 "어? 이건 맛있네?" 하며 잘 드신다. 셰프의 의도를 손님에게 거부감 없이 전달하고 설득하는 것, 그것이 바로 우리가 해야 할 역할이다.

이성하 매니저만의 부드러운 카리스마가 느껴진다.
팀 빌딩 노하우가 있다면?

이성하   나는 MBTI를 꽤 신뢰하는 편인데,(웃음) 나를 포함해 우리 팀원들이 의도치 않게 다 F(감정형) 성향이다. 그래서인지 서로에 대한 공감과 배려가 깊다. 나는 매니저라고 해서 지시만 하는 게 아니라 화장실 청소나 바닥 닦기 같은 궂은일도 가장 먼저 한다. 실수를 했을 때도 질책하기보다는 왜 그랬는지, 다음엔 어떻게 할지 이야기하고 웃으며 넘긴다. 사무직 때는 느끼지 못했던, 진짜 가족 같은 끈끈함이 여기엔 있다.

소믈리에로서 정의하는
좋은 페어링이란 무엇인가?

이성하　맛을 극대화해주는 '조화와 균형'이다. 나는 튀거나 독특한 와인보다는 음식과 편안하게 어우러지는 무난하고 부드러운 와인을 선호한다. 개인적으로 산도가 너무 '쨍한' 와인을 좋아하지 않아서 리스트도 전체적으로 둥글고 부드러운 편이다. 음식보다 와인이 주인공이 되려고 하면 안 된다. 스토리텔링도 장황하기보다는 왜 이 음식과 이 와인을 매칭했는지, 소스와 텍스처의 조화 같은 기술적인 핵심만 짚어드린다.

100% 프랑스 와인 리스트만 고집한다는 건
양날의 검일 수도 있을 것 같은데?

이성하　맞다. 프랑스 와인 가격이 천정부지로 올라서 적정 가격대의 좋은 와인을 찾는 게 '보물찾기'만큼 어렵다. 하지만 이것이 강민철 레스토랑만의 대체 불가능한 캐릭터라고 생각한다. 오히려 손님들이 프랑스 와인에 대해서는 어느 정도 지식과 애정을 갖고 오시는 경우가 많아서 소통하기가 더 수월할 때도 있다. 와인 산지나 등급에 대해 깊이 있는 대화를 나누며 밀도 높은 공감대를 형성하기에 좋기 때문이다.

가장 가까이서 지켜본 사람으로서
강민철 레스토랑 음식의 매력은 무엇인가?

이성하　단연 '시각적인 미학'과 '폭발하는 감칠맛'이다. 음식이 나오면 손님들이 저절로 "와" 하고 탄성을 내뱉으시는데, 다른 레스토랑에서는 쉽게 보기 힘든 반응이다. 시각적으로 압도하면서도 맛이 복합적이고 조화롭다. 나도 쉬는 날 다른 곳에 가서 식사를 해보지만, 결국 다음날 출근해서 "역시 우리 레스토랑 음식이 제일 맛있다"라는 말을 하게 된다. (웃음)

**강민철 레스토랑은 오픈 1년 만에
미쉐린 1스타를 획득하고 3년 연속 유지 중이다.
그 저력은 어디에서 나올까?**

이성하   '압도감의 3박자'인 것 같다. 인테리어, 음식의 비주얼, 그리고 맛까지 손님을 압도하는 요소들이 완벽하게 맞아떨어졌다. 초반에는 14코스까지 나갈 정도로 강민철 셰프의 열정이 넘쳤는데, 지금은 고객과 소통하며 완급 조절을 통해 디테일을 완성했다. 그리고 우리 홀팀이 손님들에게 '최고로 대우받는 느낌'을 확실히 드리려고 노력한다. 손님에게는 오늘이 평생 한 번뿐인 방문일 수도 있기에, 단한 번의 실수도 용납하지 않는 프로의식이 그 저력이다.

　　2스타도 솔직히 욕심이 난다. 처음엔 즐겁게 일하는 것만으로 만족했는데, 내가 이곳에 쏟는 시간이 많아지고 내 손길이 닿는 부분이 늘어나다보니 애사심을 넘어서서 내 혼魂을 여기에 두고 다니는 느낌이다. 강한 주인의식이 생긴 거다. "이건 우리가 만들어냈다" 하는 성취감을 팀원들과 함께 느끼고 싶다. 미쉐린 2스타를 받게 된다면, 우리 팀의 치열했던 노력을 세상에 증명받는 기분일 것 같다.

**앞으로 새롭게 시도해보고 싶은
페어링의 방향성이 있다면?**

이성하   기존에는 맛과 풍미 위주의 '미각적 페어링'이었다면, 앞으로는 '시각적 페어링'을 더해보고 싶다. 예를 들어 연말이나 크리스마스 시즌에는 로제 샴페인을 매칭해 분위기를 돋우거나, 라벨의 캐릭터가 우리 레스토랑의 이미지와 맞는 와인을 선정해 스토리를 입히는 식으로. 맛은 물론 눈으로도 즐길 수 있는 입체적인 페어링을 고민 중이다.

**강민철 레스토랑이
어떤 공간으로 기억되길 바라나?**

이성하 '죽기 전에 한 번쯤은 꼭 와봐야 하는 곳' '하룻밤 꿈을 꾼 듯한 황홀한 경험을 주는 곳'이 되었으면 한다. 내가 원래 파인 다이닝에 큰돈 쓰는 걸 아까워하는 실속파인데,(웃음) 여기는 내가 손님으로 와서 돈을 내고 먹어도 전혀 아깝지 않을 것 같다. 그만큼 재료에 타협이 없고 정성이 가득하니까.

개인적인 목표나 도달점도 궁금하다.

이성하 거창한 계획보다는 이 팀과 오래 그리고 깊게 일하고 싶다. 향후 5년 이상 이곳을 계속 단단하게 만들어가며, 강민철 셰프가 자리를 비워도 내가 중심이 되어 레스토랑을 흔들림 없이 이끌어갈 수 있는 존재가 되려고 한다. 그리고 한국 파인 다이닝 업계에 아직 연륜 있는 여성 지배인이 드문데, 내가 그런 롤모델이 되었으면 한다. 호텔의 베테랑 지배인들처럼, 파인 다이닝 신에서도 세월의 깊이가 느껴지는 매니저로서 후배들에게 길을 보여주고 싶다.

**마지막으로, 그 길을 뒤따라올 후배들에게
해주고 싶은 말이 있다면?**

이성하 절대적인 시간이 필요하다는 말을 꼭 해주고 싶다. 요즘 친구들은 너무 빨리 결과를 얻고 싶어하는 경향이 있다. 하지만 서비스업은 사람의 마음을 얻는 일이라 단기간에 완성될 수 없다. 지식이 아무리 많아도 손님을 대하는 노하우나 서비스의 깊이는 시간이 켜켜이 쌓여야만 나온다. 다양한 손님을 겪어보고, 치열하게 부딪혀보며 경험을 쌓는 그 시간을 묵묵히 견뎌내길 바란다. 손님을 대하는 노하우는 머리로만 만들어낼 수 있는 것이 아니다.

**파인 다이닝 레스토랑을 찾는
손님들에게 드리는 팁으로 마무리하겠다.**

이성하   최근 〈흑백요리사〉 같은 프로그램 덕분에 고객의 미식 수준
이 굉장히 높아졌다. 우리가 더 스스로를 채찍질해야 손님들을 만족
시킬 수 있을 것 같아 부담도 되지만, 그만큼 기대도 크다.

　　　 손님들에게는 "담당 서버를 적극적으로 활용하세요"라고 말
씀드리고 싶다. 손님이 관심 있어하면 우리는 하나라도 더 알려드리
고 싶고, 더 챙겨드리고 싶어 안달이 난다.(웃음) 모르는 건 부끄러운
게 아니니 편하게 물어봐주시면, 식사를 훨씬 더 풍성하고 재미있게,
제대로 즐기실 수 있을 것이다.

솔밤

서울 도산대로의 역동적인 흐름 속에서 고요한 숲을 꿈꾸는 3년 연속 미쉐린 1스타 레스토랑이다. 계절의 향수와 한국적 원물을 조화시킨 '코리안 컨템퍼러리 퀴진'을 추구한다. 전 직원의 이름을 메뉴판에 올리는 수평적 팀워크 기반의 진심 어린 환대와 따스한 공간감을 자랑한다.

차분함이 화려함보다 아름답다는 것을 보여주는 솔밤에서는 달빛 아래 소나무 숲을 거니는 듯한 고요하고 깊은 울림을 경험할 수 있다. 특히 익숙한 재료에서 미처 발견하지 못한 깊이와 색채를 끄집어낸다. 여기에 눈을 현혹하는 화려한 기교보다는 '선을 지키는 노력'을 통해 재료 본연의 맛을 투명하게 비춰내는 방식이 깊고 뚜렷한 인상을 남긴다.

때문에 솔밤의 코스는 어느 한 부분만 도드라지지 않는다. 봄의 꽃에서 여름의 녹음으로 이어지듯, 물 흐르듯 연결되며 모두의 마음을 울리는 하나의 완성된 노래처럼 다가온다. 나지막한 여운들이 길게 연결되는 감동, 가장 한국적이면서도 가장 유연한 사고로 미식의 정수를 완성해가는 공간이다.

타협하지 않는 최선의 노력,
법고창신의 정신으로

엄태준 셰프를 대면하면 수백 년의 세월을 견디며
깊게 뿌리내린, 굵고 단단한 고목의 기둥이
연상된다. 유년 시절 달빛 비치는 안동의 소나무
숲, '솔밤교'를 거닐던 소년의 기억은 이제 어떤
비바람에도 흔들리지 않는 굳건한 신념으로 자라나
솔밤이라는 세계를 지탱하는 거대한 축이 되었다.
그의 주방에는 화려한 기교보다 묵직한 책임감과
진중한 태도가 흐른다. 맛의 본질을 향해 묵묵히
정진하는 그의 모습은 오래된 나무가 매년
나이테를 새기며 자신을 증명하듯 깊은 울림을
준다. 굳건히 중심을 잡고 서 있으면서도 시대의
흐름과 타인의 시선을 유연하게 수용하는 그의
열린 마음은 단단한 밑동을 가진 나무가 가지를
뻗어 하늘을 품는 것과 같은 이치다. 엄태준 셰프의
요리는 흔들림 없는 나무 기둥처럼, 우리에게
단순한 식사 이상의 고귀한 위로와 잊지 못할
감동의 그늘을 내어준다.

엄태준
셰프

요리를 어떻게 시작하게 되었나?

엄태준 학창 시절, 손에 물을 묻힐까, 기름을 묻힐까 고민이 컸다. 공부를 잘하는 타입은 아니었는데(웃음) 자동차 정비와 요리에 대한 관심이 컸다. 결국 두 가지 모두 경험해보고 싶어 학교를 요리학교로 갔고 군대는 운전병으로 가서 경정비를 했다. 둘 다 해보니 나는 요리가 훨씬 좋아 전역을 하고 호텔 중식당에서 경험을 쌓았다.

요리를 하면서 점점 더 요리에 빠졌던 것 같다. 처음부터 강력한 동기부여가 있었다기보다는 조금씩 그 마음이 짙어졌다는 표현이 맞는다. 요리를 하다보니 어느 순간 정말 잘하고 싶다는 마음이 커졌다.

그러던 와중에 한국에도《미쉐린 가이드》가 들어오면 많은 여행객이 호텔에 짐을 풀고 로컬 레스토랑을 찾아가는 시대가 올 것이라는 생각이 들었다. 그때 요리를 더 전문적으로 배우고 싶어 모아 놨던 돈에 대출을 받아 미국 CIA로 향했다. 스물일곱 살이었으니 꽤나 늦은 나이였던 셈이다.

CIA 졸업 후 뉴욕의 미쉐린 3스타인
일레븐 매디슨 파크Eleven Madison Park와 서울의 임프레션 등에서
경력을 쌓았다. 그 여정에서 어떤 것을 배웠나?

엄태준 먼저 CIA 이야기를 해야 할 것 같다. 세계 3대 요리학교라는 수식어 때문에 CIA를 나오면 무언가 대단한 것이 있을 것 같았지만, 사실 제일 중요한 것은 요리에 대한 기초 지식을 제대로 배울 수 있었다는 점이었다. 마치 뷔페처럼 아주 기초적인 것들을 다양하게 보여준 덕분에 그곳에서 좋아하는 것을 선택해 발전시킬 수 있었다. 기초를 배우니 자연스레 사고도 한층 더 확장할 수 있었다.

일레븐 매디슨 파크에서는 요리에 대해 이 정도까지 집착할 수 있구나 하는 폭발적인 에너지를 경험했다. 당시 일레븐 매디슨 파크는 한창 미쉐린 3스타를 유지하고 〈월드 50 베스트 레스토랑〉 3위에 올랐던 때였다.

키친 안에만 50명의 스태프가 있는데 모두가 하나의 방향성을 갖고 한곳으로 힘을 모아 놀라울 만큼 완성도에 집착하는 모습을 보였다. 내가 근무한 다음 해 〈월드 50 베스트 레스토랑〉 1위에 올랐는데, 그때 요리에 대한 열정과 집착 그리고 리더의 중요성을 바로 옆에서 경험할 수 있었던 것은 굉장한 행운이라고 생각한다.

임프레션은 준비 기간만 2년이었는데 부총괄 주방장으로 역임하며 오픈 첫해 미쉐린 2스타라는 멋진 성과가 있었다. 일레븐 매디슨 파크에서 감성적인 리더의 역할을 배웠다면, 임프레션에서는 조금 더 이성적이고 현실적인 리더의 책임과 역할을 배웠던 시기라고 생각한다. 현실적으로 지속 가능한 레스토랑을 이끌어가는 노하우를 얻었고, 이러한 배움이 솔밤의 문을 여는 데 큰 자양분이 됐다.

지금은 오너 셰프로서 리더의 역할과 책임에 대한
무게감이 한층 더 클 것 같은데?

엄태준　많은 사람들이 '영웅서사'를 조금 더 흥미롭게 바라보기 때문에 셰프 한 명에게만 스포트라이트가 비춰지는 경우가 많다. 하지만 다이닝은 결코 한 명의 셰프로 만들어질 수 없다. 예를 들어, 나를 강원도 산골에 혼자 떨어뜨려놓는다면 이런 음식과 서비스는 나올 수가 없다. '솔밤 = 엄태준'이라는 공식이 성립하지 않는 이유다. 만약 솔밤이 엄태준 그 자체라면, 솔밤의 한계는 명확하고 유한할 것이다. 하지만 이곳은 나의 생각과 소신, 가치관을 자양분 삼아 팀원들이 각자 맡은 바 역할을 충실히 수행하는 덕분에 한계 없이 계속해서 자가발전을 거듭하고 있다.

솔밤은 결국 모두가 함께 만들어가는 곳이기 때문에 이 과정에서 모두를 균형 있게 잘 잡아주는 것이 리더로서 가장 중요한 역할이라고 생각한다.

솔밤의 문을 열게 된 계기와 과정도
물어보지 않을 수 없다.

엄태준 파인 다이닝 레스토랑부터 볼륨이 큰 호텔 레스토랑, 상대적으로 가벼운 캐주얼 레스토랑 등 여러 곳에 있어봤지만, 나의 모든 것을 쏟아내면서 삶의 의미를 찾고 끊임없이 발전할 수 있는 곳은 결국 파인 다이닝이라는 확신이 들었다. 하지만 코로나19 팬데믹 한가운데서 파인 다이닝 레스토랑을 할 수 있을까 두려움이 엄습했다. 아내는 물론 부모님과 주변 지인들 모두가 말렸다.

솔직하게 말하자면, 나는 무명 셰프였기 때문에 투자는 전혀 기대할 수 없는 상황이었다. 투자 없이 오너로서 파인 다이닝 레스토랑을 운영한다는 것이 무섭고 힘들었다. 그전에는 재료의 원가가 그냥 숫자로 보였다면, 오너 셰프가 된 이후에는 숫자에 감정이 생기기 시작했다. 예약이 0명인 날도 있어서 마치 낭떠러지 끝에 서 있다는 생각이 들기도 했다. 아마 솔밤의 문을 열고 첫 석 달이 인생에서 가장 힘들었던 시기였던 것 같다. 주변에 아무도 나를 믿어주는 사람이 없었지만 어떻게든 결과를 만들어내고 싶었다.

지독하게 힘들었던 순간을 어떻게 이겨냈는가?

엄태준 간절함이었다. 당시 솔밤을 처음 오픈했을 때 총 여덟 명의 인원으로 시작했다. 그중 파인 다이닝 경험이 있는 직원은 한 명밖에 없었다. 모두의 얼굴에서 힘들고 두렵다는 감정이 보였지만 나는 이들과 함께 앞으로 가야만 했다. 뒤는 없다는 생각으로 간절하게, 정말 간절하게 말이다. 세상에서 최고로 좋은 재료를 사용하지는 못하더라도, 최선을 다해서 준비하고 요리했다고 자부할 수 있다. 그렇게 진심을 다하니 조금씩 상황이 나아졌던 것 같다.

결국 레스토랑 오픈 1년 만에
미쉐린으로부터 1스타를 받았다.

엄태준   정확히 1년이 걸렸던 것 같다. 레스토랑의 문을 열고 지금까지 가장 많이 애쓴 것은 '선'을 지키려는 노력이었다. 다소 관념적인 표현이지만 그것이 무엇이든 나는 나름의 선을 정해두고 그것을 넘지 않으려고 애썼다.

　예를 들어, 생선을 조리한다고 가정해보자. 기술적으로 조금 더 훌륭한 조리 방법이 있지만, 현재 상황에서는 키친에 있는 모두가 그 테크닉을 발휘하는 것이 쉽지 않다면 나는 굳이 욕심을 부리지 않는다. 디테일이 무너지지 않는 한에서 최선의 퍼포먼스로 손님을 만족시키는 것이 우선이기 때문이다. 무조건 최고가 되기 위해 선을 넘지 않았다는 표현이 적절할 것 같다.

　별을 받을 수 있던 정확한 이유는 모르겠으나, 중요한 것은 손님의 만족과 우리의 성장이라는 점을 늘 상기했다.

앞서 스스로를 '무명 셰프'라고 표현했듯,
유명한 스타 셰프들 사이에서 얻은 결과가 더욱 값질 것 같다.
당신에게 미쉐린의 별이 갖는 의미는 무엇인가?

엄태준   누군가에게 고용된 셰프일 때나 지금처럼 오너 셰프일 때나 《미쉐린 가이드》에 대한 나의 생각은 변함이 없다. 나는 미쉐린 스타를 목표로 보기보다는 하나의 지표로 두려고 노력한다. '사람들이 우리가 이 정도 발전했다고 느끼는구나' '세상에 어느 정도로 인정받았

구나' 정도로 여기는 것이다. 그러지 않고 미쉐린 스타가 목표라면 정신적으로 힘들고 행복하지 않을 것 같다. 실제로 《미쉐린 가이드》가 인정하면 행복한 삶이 되고, 인정하지 않는다면 불행한 삶이 되는 것은 아니니까.

스타를 유지하거나
2스타로 나아가야 한다는 부담감은 없나?

엄태준　부담은 늘 갖고 있다. 나 역시 셰프를 처음 시작했을 당시 미쉐린의 스타 개수를 보고 일자리를 정하려고 했던 것처럼, 이곳에서 함께 일하는 친구들에게는 그것이 굉장히 큰 의미를 가질 수도 있기 때문이다.

본격적인 음식 이야기로 넘어가보자.
솔밤은 한식을 기반으로 하고 있다.
여러 장르 중 한식을 선택한 이유가 있다면?

엄태준　역사를 돌아보면 한국은 여러 강대국 틈에서 원하든 원치 않든 여러 문화적인 교류를 해왔다. 하지만 그 사이에서도 한식만의 색깔은 꼿꼿하게 서 있었다. 하나의 거대한 뿌리를 내리고 또렷한 색깔을 가지고 있는 음식인데, 요리할수록 한식이 갖고 있는 그 색깔이 굉장히 소중하고 매력적으로 느껴졌다. 한식 명인으로 손꼽히는 선생님들의 음식을 먹어보면 같은 나물이라도 한 끗이 다르다. 아마 한국인으로서 한국에서 보낸 시간 덕분에 이런 깊이감을 느낄 수 있는 것 아닐까 싶은데, 한식을 더욱 깊이 있게 다루면 이러한 매력을 누구나 쉽고 편안하게 즐길 수 있을 것이라는 믿음이 있다.

한식만의 색깔이 있다는 표현이 인상 깊다.

엄태준 　흰색도 멀리서 보면 다 똑같은 흰색 같지만 가까이서 자세히 보면 명도와 채도, 농도가 모두 다 다르다. 나는 한국의 요리가 곱고 영롱하고 우아한 흰색이라고 생각한다. 사실 된장이나 간장은 다른 나라에도 있고, 고추장의 핵심 재료인 고추 역시 한국에 들어온 것은 임진왜란 전후라고 하니 400여 년이 됐다. 누군가는 그것을 두고 진정한 한식이냐고 물을 수도 있고, 그에 대해 명확하게 정의를 내리는 게 어려울 수도 있다. 하지만 내가 느끼는 한식은 느긋함이라는 태도가 녹아든 장르라고 생각한다. 나는 한식에서 진하지만 우아하고 느긋한 흰색을 느낀다. 그래서 내가 느낀 것을 음식으로 만들어 손님에게 전달하려고 노력한다.

그렇다면 셰프로서 어떤 요리를 추구하는가?

엄태준 　솔밤이 문을 열기 전 6개월 동안 퇴고를 거듭하며 만든 한 문장이 있다. "자연의 경외 아래, 재료에 대한 깊이 있는 이해와 통찰을 통해 미식의 경험을 공감각적으로 선물합니다." 이 레스토랑이 없어질 때까지 그 무엇 하나 더하거나 빼지 않고 가져갈 한마디라고 생각했다.

　2024년 3월 새로운 장소로 이전하며 '솔밤 2.0'이라는 표현을 사용했는데, 1에서 더 나아가 2가 되기 위해서는 더욱 뾰족해져야 한다는 생각이 들었다. 그 과정에서 역사와 미술사를 살펴보며 '신고전주의'라는 표현을 발견했다. 굉장히 거창해 보일 수 있지만 우리가 추구하는 것은 옛것을 본받아 새로운 것을 창조한다는 법고창신法古創新의 정신이다. 과거의 유산을 창조적으로 계승하여 현재의 가치를 만들어낸다는 정신을 요리에도 심는 것이다.

　한식에 뿌리가 있다면 그것을 표현하는 방식은 완전히 새로위도 된다는 것이 솔밤이 추구하는 요리 스타일이다. 그래서 뿌리는 뿌리대로 더욱 열심히 찾아보고, 새롭고 다양하게 표현할 수 있는 방법 또한 끊임없이 연구하고 있다.

한식을 다루는 파인 다이닝 레스토랑은 많은데,
솔밤만의 차별점이나 강점이 있다면 무엇인가?

엄태준 솔밤은 한식을 바라보는 사고에 대한 유연함이 있다. '한국 테루아르terroir(향토)'에서 자란 식재료를 한국에서 다루면서 한국의 식문화를 공부하지 않을 수 없다. 하지만 솔밤은 앞서 이야기했던 법고창신의 정신을 토대로 전통을 공부하면서도 새로운 것에 대한 개발을 게을리하지 않는다. 늘 유연한 사고로 전통을 바라보고자 한다.

실제로 솔밤은 R&D팀을 만들어서 매달 한 개의 도시를 직접 다녀와 그곳의 전통을 공부하고 이를 자료화하고 있다. 최근 안동에 3천 평의 밭을 사서 채소를 가꾸려고 준비하고 있다. 가까운 미래에는 대학교 연구소와 협업해 옛날에 사용했던 채소 중 잊힌 품종을 되살릴 계획도 갖고 있다. 지금 시장에서 구할 수 있는 식재료를 넘어 다른 식으로 접근하면 '원 앤드 온리One & Only', 즉 '게임 체인저game changer'가 될 수 있다고 생각한다.

늘 '10년 뒤 엄태준이라면 지금 솔밤에서 무엇을 시작했을까?'에 대해 고민하고 있다.

솔밤은 계절과 절기를 고려해 메뉴를 바꾸는 것으로도 유명하다.
이 과정과 음식을 통해 무엇을 표현하고 싶은지 궁금하다.

엄태준 천재와는 거리가 먼 타입이라 늘 한 계절씩 앞서서 준비한다. 봄 메뉴가 시작되면 첫날 여름 메뉴를 준비하고, 두번째 달 전에는 여름 메뉴를 만들어보는 동시에 가을 메뉴에 들어갈 식재료를 조사한다. 이렇게 앞서서 메뉴를 준비하며 2년 치 메뉴와 자료를 다시 꺼내 복기하는 과정도 거친다.

나는 솔밤의 코스 자체가 하나의 노래였으면 좋겠다. 예를 들어 '도입부가 좋네' '후렴구가 좋네' '고음이 좋네'라는 이야기보다는 노래 전체로서 모두의 마음을 울리길 바란다. 그래서 요리와 요리 사이 연계성에 대해서 집착을 많이 하는 것 같다.

어떤 음식이 따로 떼어놓고 보면 굉장히 맛이 있지만, 코스의 흐름상 적절하지 않다고 판단이 들면 과감하게 포기하고 새로운 메뉴를 개발하는 경우도 많다. 이렇게 코스 구성이 끝났다면, 이후에는 늘 '한 음정, 한 음정' 진심을 빈틈없이 꾹꾹 눌러 담고, 이를 기술적으로 잘 전달하기 위해 노력한다.

앞으로 새롭게 시도해보고 싶은 음식이 있다면?

엄태준　지금 당장은 아니지만 굉장히 힘을 빼고 캐주얼한 메뉴를 해보고 싶다는 생각도 있다. 지금은 잔뜩 힘이 들어가 있다고 느끼는데 그게 고수의 풍모는 아니라고 생각한다. (웃음)

셰프로서 영감을 받는 부분과
당신을 움직이는 원동력은 무엇인가?

엄태준　모든 영감은 일상에서 받는다. 길가의 꽃에서도, 영화에서도 영감을 받는다. 중요한 것은 그 찰나의 순간을 놓치지 않는 것이라고 믿고 늘 메모장에 무언가 적는 습관이 있다. 정리되지 않은 단편적인 감정과 생각일지라도 말이다.

원동력이 있다면 지금 하고 있는 음식을 더 높은 경지로 끌고 가겠다는 굳건한 의지라고 생각한다. 내가 바라는 만큼 알아주지 않는 것이 세상이다. 예를 들어, 같은 시금치를 무쳐도 누가 어떻게

273

하느냐에 따라 깊이가 달라진다고 생각한다. 그것을 두고 누군가는 가치 있다고 표현해주기도 하지만 또 누군가는 큰 차이가 없다며 무시하기도 한다. 그럼에도 불구하고 그 가치를 알아주는 사람을 위해 그리고 더 많은 이들에게 가치를 알리기 위해 뚜렷한 소신과 생각을 가지고 자신만의 깊이를 만들어야 한다.

셰프로서 가장 중요한 덕목이 있다면 무엇일까?

엄태준 딱 한 가지만 꼽으라면, 최선을 다하는 것이다. 늘 최고에 도달할 수는 없다. 그것은 선택된 소수의 사람만이 할 수 있는 것이다. 그렇다면 최선을 다하는 것은 누구나 할 수 있을까? 그것 또한 아무나 할 수 없는 것이라고 생각한다. 하지만 최고가 되지는 못하더라도 매 순간 타협하지 않고, 쉽지 않지만 최선을 다해야만 한다. 앞서 말했듯 아주 작은 차이를 알아주는 사람들과 내가 전하고 싶은 가치를 극대화하기 위해서 말이다.

그렇다면 셰프로서 추구하는 도달점이 있을까?

엄태준 '점'이라는 것이 있을까 싶다. 느려도 괜찮고 가끔은 주저앉아도 괜찮지만, 끊임없이 계속해서 성장했으면 좋겠다는 생각만 한다. 그것이 내가 첫번째로 추구하는 것이다. 두번째로 추구하는 것이 있다면 그러한 성장 속 솔밤 구성원들의 행복이다. 함께 일하는 팀원들이 행복해야 솔밤 역시 지속 가능하다. 이들이 각자 갖고 있는 꿈을 서포트할 수 있는 사람이 되는 것이 인생의 큰 꿈 중 하나다.

솔밤을 찾는 손님들이
이곳에서 어떤 경험을 하길 바라나?

엄태준 개인적으로 좋은 레스토랑을 구분 짓는 명확한 기준이 있다. 식사를 하면서 사랑하는 사람이 생각나고, 그곳에 그와 함께 다시 오고 싶어지는 곳이 좋은 레스토랑이라고 생각한다. 손님이 솔밤을 떠나는 순간 "다음에 부모님과 다시 올게요" "연인과 함께 올게요"라는 이야기가 나오면 성공했다는 생각이 든다. 그래서 우리는 사랑하는 사람이 생각날 만큼 진심을 담아서 서비스하고, 요리에 온 마음과 정성을 담는다.

앞으로 솔밤과 셰프 엄태준의
관전 포인트가 있다면 무엇일까?

엄태준 레스토랑은 초반 3~4년이 굉장히 중요하다는 이야기가 있다. 그 시기를 어떻게 보내는지에 따라 레스토랑의 전성기 역시 달라진다고들 말한다. 다행스럽게도 솔밤은 앞으로 나아갈 방향을 찾았다고 생각한다. 법고창신의 정신이 그것이다. 저번 시즌부터는 그 정신이 음식과 코스 그리고 서비스 스타일에도 굉장히 많이 녹아들었다. 앞으로 이것이 솔밤을 얼마나 익어가도록 만들지 지켜보는 것이 가장 재미있는 관전 포인트가 될 것이다.

셰프로서는 두 가지 관전 포인트가 있다. 하나는 '성장의 아이콘이 되자', 다른 하나는 '인덕仁德이 있는 어른이 되자'라는 것이다. 그렇게 되기 위해 많은 노력을 하고 있기에 셰프 엄태준이 이 두 가지를 얼마만큼 실현하는지도 중요한 포인트가 되지 않을까 싶다. (웃음)

젊은 셰프들에게
조언해주고 싶은 이야기가 있다면?

엄태준　조급해하지 말라는 이야기를 해주고 싶다. 어차피 세상은 불공평하다. 하지만 모든 사람에게는 '한 발'이 있다. 시간이 지나면 상황이 더 좋아지고 유리해지는 시기가 올 것이다. 과녁이 가까이 올 수도 있고, 눈이 더 좋아질 수도 있다. 아니면 총을 쏘는 실력이 나아질 수도 있다. 유리한 상황은 분명 찾아온다. 빨리 성공하고 싶어 빨리 쏴버리려는 친구들을 많이 보는데 그 '한 발'을 낭비하지 않고 잘 지켰으면 좋겠다.

파인 다이닝이 여전히 낯선 이들에게 팁을 전한다면?
어떻게 즐겨야 할까?

엄태준　열린 마음이 가장 중요한 것 같다. 개인적으로 사진을 좋아해서 장비와 촬영 기술에 대해 공부했는데 공부할수록 처음 시작할 때의 마음과는 멀어지는 것을 느꼈다. 사진을 사진으로 즐기지 못하고 있더라. 음식도 마찬가지 아닐까 싶다. 코스의 구성을 파악하고 각 요리의 세세한 맛을 분석하는 것도 중요할 수 있다. 하지만 그냥 열린 마음으로 아주 편하게 맛있는 음식을 먹으러 왔다는 생각을 갖는다면 다이닝을 최고로 잘 즐길 수 있을 것 같다.

　　　　나 역시 해외 출장이나 여행을 가서 레스토랑에 가면 분석에 집착했던 적이 있다. 음식의 산미를 어떻게 끌어올렸는지 기술적으로 분석하며 지역별, 연도별로 아카이빙을 했다. 하지만 이제는 간단하게 사진 한 장 찍고 음식을 온전히 즐기며 그 코스의 흐름을 느끼려고 노력한다. 그렇게 무언가 내려놓고 보면 전에는 몰랐던 감정이 느껴지는 것 같다.

수많은 제안을 뒤로하고
'엔딩 크레딧'을 택한 이유

고동연

소믈리에

스스로를 향한 흔들림 없는 자신감과, 내뱉은 말은 기어코 현실로 빚어내는 단단한 결기. 고동연 소믈리에와 함께하는 순간, 그의 한 마디 한 마디는 공간의 밀도를 더없이 탄탄하게 느껴지도록 했다. 그 안에는 과거 자신의 부족함을 마주하며 견뎌낸 고독한 나날이 있었다. 그 경험은 이제 그를 세계 무대로 이끈 강력한 '버티는 힘'이 됐다.

그는 솔밤의 '엔딩 크레딧' 철학에 진심을 투영하며, 와인 한 잔에 계절의 결을 담고 손님의 기억 속에 잊지 못할 여행의 순간을 설계한다. 그가 그동안 다져온 시간의 무게가 솔밤의 식탁 위에 가장 믿음직한 확신으로 차오른다. 스스로를 증명해낸 자만이 가질 수 있는 단단하고 여유로운 미소는 와인 그 이상의 깊은 울림을 전하는 선명한 이정표가 되고 있다.

이력부터 간단히 소개해준다면?

고동연 학생 때부터 바텐더와 소믈리에 같은 직업에 관심이 많아 서울현대전문학교 와인소믈리에학과에 진학해 2년간 공부했다. 군대를 다녀온 후, 2017년 4월, 스물네 살에 바로 정식당에 취직했다. 전역하고 두 달 만의 일이었다. 2018년 6월에 주니어 소믈리에가 되어 베버리지팀에 합류했고, 와인과 서비스를 계속 공부했다. 2021년 4월에 정식당을 퇴사한 후, 그해 5월에 엄태준 셰프를 만나 지금의 솔밤에 오게 됐다.

소믈리에를 직업으로 삼아야겠다고
결심한 계기가 무엇인가?

고동연 학교에 입학하기 전, 와인바가 함께 있는 중식 레스토랑에서 3개월 정도 아르바이트를 한 경험이 결정적이었다. 책에서 봤던 와인 지식을 손님들과 이야기 나누는 과정이 너무나 매력적으로 다가왔다. 처음에는 막연한 호기심이었지만, 그 경험을 통해 확신을 갖게 됐다. 군대를 다녀오면 생각이 바뀔 줄 알았는데, 오히려 더 확고해져서 당시 가장 힘들다고 알려진 정식당에 도전하게 됐다.

정식당에 입사한 후,
소믈리에라는 꿈이 더 단단해진 것 같은데
그곳에서 어떤 영향을 받았나?

고동연　정식당에서 와인을 다루는 선배들을 보면서 '나도 저런 사람이 되고 싶다, 저 위치까지 가보고 싶다' 하는 열망이 생겼다. 특히 입사하고 2주 정도 지났을 때, 당시 경민석 소믈리에가 일과 후에 대회 연습을 하는 모습을 본 순간이 강렬하게 와닿았다. 영어를 유창하게 구사하고, 깊이 있는 와인 지식을 바탕으로 물 흐르듯 자연스럽게 시연하는 모습이 마치 연극배우 같았다. 그 모습을 보며 '나도 노력하면 저렇게 멋있는 사람이 될 수 있을까? 훗날 막내가 나를 봤을 때 저런 모습이 되고 싶다'라는 생각을 했다.

　　　소믈리에로 일하는 동안 경민석 소믈리에를 비롯해 황보웅 매니저, 최민재, 주재민, 허수현, 조재호 소믈리에 등과 '드림팀'으로 불리며 일을 했다.

정식당에서의 경험을 통해
가장 크게 배운 점은 무엇이었나?

고동연　'버티는 힘'과 '하면 된다'라는 정신 두 가지다. 꾸준히, 모든 일을 열심히 하면 결국 알아준다는 것을 배웠다. 그리고 소믈리에가 되기 위해 와인만 공부해서는 안 된다는 사실을 깨달았다. 와인이 아닌 전혀 다른 업무, 예를 들어 발주, 식자재 관리 등을 비롯해 치즈 하나를 써는 일조차도 결국 내가 가고자 하는 소믈리에의 길로 연결된다는 것을 알게 되었다.

　　　선배들은 와인 지식뿐만 아니라 F&B 산업 전반에 대한 이

해도가 높았고, 뉴스나 칼럼을 항상 찾아보며 손님과 대화할 준비를
했다. 그 모습에서 실력만이 중요한 게 아니며, 손님의 마음을 흔들기
위해서는 와인 지식 외에 '다른 무언가'가 필요하다는 걸 느꼈다.

그 '다른 무언가'가 구체적으로 무엇이었나?

고동연   우선 사람을 대하는 태도와 말하는 방식이었다. 나는 사람
만나는 것을 좋아했지만, 불편한 사람을 대하는 데는 서툴렀다. 특히
와인 실력이 부족하다고 생각하니 와인샵이나 백화점 와인 코너에
가는 것조차 두려웠다. 대화하다가 내 부족함이 드러날까봐 겁이 났
던 것이다. 그런 불안감은 손님을 대할 때도 그대로 나타났다.

      한번은 손님에게 페어링 와인을 설명하다가 '저희 나라'라는
표현을 썼는데, 마침 그분이 국어 선생님이었다. "우리나라라고 표현
하는 게 좋을 것 같아요"라는 말을 듣고 큰 충격을 받았다. 그때부터
내 안의 벽을 깨기 위해 와인 모임에도 적극적으로 나가고, 사람들과
부딪히며 스스로를 단련하기 시작했다.

그런 내면의 장벽과 불안감은
어떻게 극복했나?

고동연   결정적인 계기는 성취감이었다. 당시 나는 재능 있는 동료들
사이에서 늘 패배하고 실패한다고 느꼈다. 남들보다 이해가 느려, 같
은 시간을 공부해도 진도를 따라잡지 못했고 대회 성적도 좋지 않았
다. 2018년에는 자신했던 CMS(Court of Master Sommeliers) 자격증 시
험에서도 떨어지며 큰 좌절감을 겪기도 했다.

      하지만 포기하지 않고 2019년에 다시 도전해서 자격증을 취
득했다. 그 성취감을 느끼는 순간, 그동안 나를 괴롭혔던 모든 고민들
이 이해되기 시작했다. 2018년의 실패가 없었다면 더 높이 올라가지

못했을 것이라는 깨달음이 내 인생의 터닝포인트가 됐다. 주변 선배들의 응원 속에서 일과 후 한두 시간씩 꾸준히 공부하고 노력하는 과정을 반복하며 자연스럽게 자신감을 얻었다.

2021년 영 소믈리에 세계 대회 2등이라는 성과는
커리어에서 빼놓을 수 없는 순간이다.
당시 상황이 매우 어려웠다고 들었다.

고동연 내 인생에서 가장 힘든 시기이자, 가장 큰 성취를 이룬 순간이었다. 당시 나는 솔밤 오픈을 준비하는 동시에, 한국 국가대표로서 세계 대회 출전을 앞두고 있었다. 주변의 모든 사람이 말렸다. "오픈 준비만 해도 벅찬데 무슨 대회냐" "팀원들은 생각 안 하는 이기적인 행동이다"라는 말을 정말 많이 들었다. 솔직히 화가 났다. '당신들이 못 한다고 해서 왜 나까지 못 할 거라고 단정하는가' 하는 오기까지 생겼다. 하지만 그런 부정적인 말들이 오히려 나를 더 강하게 만들었다. 내가 해내서 증명해 보이겠다는 마음 하나로 버텼다.

낮에는 솔밤으로 출근해 레스토랑 공사 현장을 지키고, 엑셀을 독학하며 수백 개의 와인 리스트를 만들었다. 퇴근 후에는 새벽 3~4시까지 대회 공부를 하고, 쪽잠을 잔 뒤 다시 출근하는 생활을 3개월간 반복했다. 지금의 아내가 없었다면 불가능했을 것이다.

마침내 참가한 세계 대회는 어땠나?
그 성취가 당신의 인생을 어떻게 바꾸었나?

고동연 태어나서 첫 유럽행이었다. 솔밤이 문을 연 지 고작 한 달 만이었다. 현장에서는 동양인이라는 이유로 보이지 않는 차별까지 느꼈다. 하지만 이미 가장 힘든 시기를 이겨냈다는 자신감이 있었다. 결국 누구도 예상 못 했던 결선에 진출했고, 최종 2등을 차지했다.

그리고 나니 스스로에 대한 확신이 생겼다. '그때 그것도 했는데, 지금 내 인생에서 못 할 게 뭐가 있을까' 하는 강한 믿음이 내 안에 뿌리내렸다. 실제로 성취를 통해 증명해내니 무엇에 도전하든 여유가 생기고 다른 시야로 세상을 대할 수 있게 됐다. 그 경험이 지금의 나를 만들었다.

2023년 한국 국가대표 대회 우승과 이듬해 코리아 소믈리에 오브 더 이어(코솜 KOSOM) 우승도 빼놓을 수 없다. 이 대회는 어떤 의미였나?

고동연 2023년 9월 처음으로 한국 국가대표 대회에 출전하게 됐다. 첫 출전이었지만 우승하며 더 이상 '영 young' 소믈리에가 아닌 진정한 소믈리에로 거듭나게 됐다. 특히 그간 수없이 많았던 여러 대회와 도전들 속에서 우승이라는 타이틀을 처음 얻게 된 순간이다. 그리고 그해 CMS 어드밴스트 Advanced를 취득하고, 이듬해 코솜에서 연달아 우승하며 두 개 대회에서 수상을 하게 됐다.

이렇게 연이은 수상이 내게는 마치 7년간의 서사를 완성하는 듯한, 특별한 의미가 있는 순간들이었다. 특히 내가 정식당에 처음 입사했을 때, 나의 롤모델이었던 경민석 소믈리에가 밤늦게까지 남아 연습하던 대회가 바로 이 코솜이었다. 7년 전, 선배의 연습을 어깨 너머로 지켜보던 막내가 이제는 같은 무대에서 함께 우승의 영광을 안았다는 그 감정의 '오버랩'이 나를 가장 뭉클하게 만들었다.

솔밤에는 어떻게 합류하게 됐나?

고동연 당시 스무 곳이 넘는 곳에서 제안을 받았다. 그럼에도 합류를 결심한 이유는 단 하나, 엄태준 셰프의 '어린아이 같은 눈빛'과 그가 들려준 확신에 찬 철학 때문이었다.

면접 자리에서 엄태준 셰프는 노트북을 꺼내 세 시간 동안 자신이 걸어온 길과 솔밤의 비전을 보여주었다. 마지막으로 영화가 끝나고 올라가는 엔딩 크레딧에 대한 이야기를 했다. 주연 배우부터 음향, 조명 스태프까지 모든 사람의 이름이 올라가는 그 엔딩 크레딧처럼, 레스토랑도 셰프 혼자가 아닌 모든 팀원이 함께 만들어가는 것이라는 말이었다. 그래서 메뉴판에도 자신의 이름은 항상 중간쯤에 넣고, 모든 팀원의 이름을 함께 싣고 싶다고 했다.

그 말을 듣는 순간 소름이 돋았다. 그전에 나는 주방과 홀을 분리해서 생각하는 이기적인 면이 있었는데, 그 순간 마인드가 완전히 바뀌었다. 손님을 만족시키기 위해서는 톱니바퀴가 굴러가듯 모든 스태프가 하나가 되어야 한다는 것을 느꼈다. '이게 본질이구나' 깨닫고 그의 철학에 매료되어 솔밤 합류를 결심했다.

**현재 베버리지팀을 이끄는 총괄로서
어떤 책임감을 느끼고 있나?**

고동연   내가 이들에게 무엇을 줄 수 있을지를 항상 고민한다. 방대한 지식도 중요하지만, 결국 가장 중요한 것은 '인성'과 '기본에 충실한 자세'라고 생각한다. 내가 총괄이라고 해서 공부나 도전을 멈추고 팀원들에게만 노력하라고 말할 수는 없다. 내가 걸어온 길을 후배들이 더 짧은 시간에 효율적으로 걸을 수 있도록, 그 방법을 알려주고 싶다. 나부터 포기하지 않고 계속 도전해야 그 열정이 팀원들에게도 전파된다고 믿는다.

좋은 페어링에 대한 철학이 궁금하다.

고동연   내가 생각하는 좋은 페어링은 음식의 이야기를 해치지 않고 와인이 자연스럽게 곁들여지는 것이다. 와인이 음식보다 뽐내서도,

음식이 와인을 압도해서도 안 된다. 셰프가 의도한 음식의 흐름에 맞춰 와인의 흐름도 함께 움직이며, 하나의 완성된 이야기를 만들어야 한다. 먹고 마시기 전에, 그 스토리를 듣는 것만으로도 상상이 되고 이해가 되는 페어링, 그것이 내가 추구하는 방향이다.

솔밤 페어링만의 차별점이 있다면 무엇일까?

고동연 계절마다 새롭게 느껴지는 경험이다. 솔밤은 사계절의 매력을 페어링에 온전히 담아낸다. 작년에 선보였던 음식이라도 올해는 조금 더 발전되는데, 그 미세한 차이에 맞춰 페어링도 함께 성장하고 변화한다. 같은 품종, 같은 지역의 와인을 쓰더라도 생산자를 바꾸는 등 늘 새로운 뉘앙스를 경험할 수 있게 하는 것이 우리만의 강점이다. 나는 솔밤의 페어링을 한 단어로 '여행'이라고 표현하고 싶다. 와인에 담긴 역사와 생산자의 이야기를 통해, 손님들에게 잠시나마 다른 시공간으로 여행을 떠나는 듯한 경험을 선사하고 싶기 때문이다.

와인 스펙테이터 레스토랑 어워드 수상도 빼놓을 수 없을 것 같다.

고동연 우리에게는 의미가 정말 큰 상이다. 와인 스펙테이터 레스토랑 어워드는 일정 규모 이상의 와인 재고를 보유해야 도전할 수 있는데, 우리는 투자자 없이 '맨땅에 헤딩'하듯 1,500만 원의 와인 예산으로 시작했다. 그 작은 금액에서부터 조금씩 수익을 내고 재투자하며 수년에 걸쳐 지금의 리스트를 만들었다. 단순히 돈으로 채운 리스트가 아니라, 우리의 세월과 노력이 담겨 있기에 남다르다.

미쉐린 1스타, 〈아시아 베스트 레스토랑〉 55위 등 좋은 성과를 얻었다.

이 성과들은 당신에게 어떤 의미인가?

고동연　셰프와 나의 끈질김, 될 때까지 한다는 집념이 좋은 결과로 이어진 것 같다. 하지만 셰프와 나, 모두에게 그것은 목표가 아닌 '목표를 위한 수단'이다. 이 성과들을 가지고 우리가 더 많은 것을 할 수 있고, 함께 일하는 소중한 사람들을 지킬 수 있다고 생각한다. 우리의 진짜 목표는 미쉐린 2스타 혹은 3스타처럼 눈앞의 순위가 아니라, 좋은 사람들과 오랫동안 함께 이 길을 가는 것이다. 오늘 손님이 한 명이든 100명이든, 만석이든 아니든 솔밤을 찾는 모두를 만족시키는 것이 우리 목표라고 생각한다.

미쉐린 2스타에 대한 부담감은 없는지?

고동연　실제로 2스타는 레스토랑에서 필요한 무기 중 하나다. 실제로 레스토랑을 3~4년 정도 하다보면 지치는 경우가 많이 생긴다. 무언가 동기부여를 할 수 있는 상황이 필요한 시점이 오는 것이다. 동시에 레스토랑은 3년 정도 지나면 제 실력이 나오는 시기라고 생각하는데, 솔밤은 그 시기를 지나고 있다. 우리는 좋은 결과를 위해 초석을 다지고 노력을 멈추지 않고 있다. 절대 조급하게 생각하지 않는다.

손님들이 솔밤에서 어떤 경험을 하길 바라나?

고동연　나는 손님들이 우리 레스토랑을 특정 시그니처 메뉴가 아닌 '계절'로 기억해주셨으면 좋겠다. '솔밤의 그 여름은 이랬지' '그 가을은 이런 느낌이었어' 하고 떠올릴 수 있도록, 그 계절의 향수鄕愁를 온전히 담아내는 경험을 드리고 싶다. 우리가 식사가 끝난 후 '내일 아침'을 맞이하라고 젓가락과 스콘을 선물로 드리는 이유도 여기에 있다. 어제의 특별했던 경험이 오늘의 아침까지 이어지며, 그 계절의 여운을 길게 느끼시길 바라는 마음이다.

나는 솔밤이 따뜻하고 편안한 공간이 되었으면 한다. 이전하기 전 솔밤의 공간이 의도적으로 '딱딱하고 밝은 박물관' 같았다면, 현재의 공간은 곡선을 많이 사용하여 손님들이 훨씬 편안함을 느끼도록 했다. 음식과 와인이 주는 즐거움은 물론, 공간 자체가 주는 따뜻함과 편안함 속에서 온전한 휴식을 경험하고 돌아가시길 바란다.

앞으로 솔밤과 소믈리에 고동연의
관전 포인트는 무엇일까?

고동연   지금처럼 계속해서 변화하고 발전하는 모습 그 자체다. 우리는 계절마다 페어링을 새롭게 구성하기 때문에, 작년에 오셨던 손님이 올해 다시 오셔도 완전히 다른 경험을 하실 수 있다. 단순히 마시는 것을 넘어 마지막에 시가cigar를 제공하는 등 후각까지 아우르는 '입체적인 페어링'에 대한 고민도 계속하고 있다. 솔밤이 다음 계절에는 또 어떤 새로운 이야기를 들려줄지 기대하는 마음으로 지켜봐주시면 좋겠다.

소믈리에 고동연으로서는 언젠가 나만의 학교를 설립하고 싶다. 와인, 요리 등 이 업계의 다양한 분야를 아우르는 전문적인 교육기관을 만들어서, 좋은 인성과 실력을 갖춘 인재를 양성하고 싶다. 그 학교를 나왔다는 것만으로도 자부심을 느끼고 실력을 인정받을 수 있는 그런 곳을 만드는 것이 내 꿈이다.

와인과 소믈리에라는 직업,
각각의 매력은 무엇일까?

고동연   와인의 매력은 '끝이 없다'라는 것이다. 끝없이 공부할 수 있고, 사람의 인생처럼 누구를 만나 어떻게 숙성되느냐에 따라 계속해서 변화한다.

소믈리에라는 직업의 매력은, 그 끝없는 세계를 계속 경험하며 나 자신의 성장의 끝도 알 수 없다는 점이다. 와인뿐 아니라 차, 커피, 증류주 등 입에 들어가는 모든 것을 공부해야 하는, 어디에든 적응할 수 있는 카멜레온 같은 직업이다. 또한, 공부를 하면 할수록 전세계의 식문화를 더 깊이 이해하게 되는 엄청난 강점도 있다.

소믈리에로서 가장 중요한 덕목은 무엇이라고 생각하나?

고동연 인성이다. 돈을 버는 것만이 목적이 되어서는 안 된다. 와인을 대하는 자세, 즉 마음가짐이 중요하다. 비싼 와인이든 저렴한 와인이든, 그 순간 몰입해서 그 와인이 낼 수 있는 최고의 퍼포먼스를 위해 노력해야 한다. 사람이 거만해지면 그런 기본을 놓치기 쉽다. 늘겸손하고, 초심을 잃지 않고, 무언가를 이뤘다고 생각할 때조차 계속발전하기 위해 노력하는 자세, 그것이 소믈리에가 갖춰야 할 가장 중요한 인성이라고 생각한다.

앞으로 소믈리에를 꿈꾸는 후배들에게 해주고 싶은 조언이 있다면?

고동연 처음이 가장 힘든데, 포기하지 않았으면 좋겠다. 그리고 소믈리에라는 직업이 그저 와인을 사고파는 사람이라고만 생각하지 않았으면 한다. 판매는 소믈리에가 하는 일의 전부가 아니다. 혹시나지금 하는 일이 하찮게 느껴진다고 해서 자괴감에 빠지지 말고, 더 넓은 세계가 있다는 것을 알고 도전을 두려워하지 않았으면 좋겠다.

특히 최근 몇 년간, 이 업계에 오래 머무르는 사람들이 줄어든 것 같아 아쉬움이 크다. 우리 업계는 진입 장벽은 낮지만, 최고가되는 길은 굉장히 좁다. 피라미드처럼 아래는 넓고 위는 뾰족한 구조다. 결국 경험과 경력이 풍부한 전문가들이 많이 모여야 이 문화가 더 발전할 수 있다.

조금 더 현실적으로는, 겸손하라고 이야기하고 싶다. 후배들에게도 "겸손하라"라는 말을 진짜 많이 한다. 손님이 15만 원의 '콜키지corkage'를 내고 가져온 와인을 우리는 그저 오픈해서 따라주는 것 같지만, 그분들이 얼마나 기쁜 마음으로 가져왔을지 그 가치를 생각하면 절대 건방을 떨 수 없다. 늘 겸손하고, 모든 것에 감사하는 마음을 가져야 한다.

마지막으로, 파인 다이닝을 낯설어하는 분들에게 어떻게 즐기면 좋을지 팁을 준다면?

고동연 요즘은 유튜브 등을 통해 미리 공부하고 와야 한다고 생각하는 분들도 많지만, 나는 동의하지 않는다. 이곳의 규칙을 신경 쓰는 순간부터 불편해진다. 평가하기보다는 그저 편안하게, 열린 마음으로 우리가 들려주는 이야기에 귀 기울여주시면 된다. 우리같이 분주하게 움직이는 사람들에게서 뿜어져 나오는 에너지를 즐기는 것도 좋은 방법이다. 그러다보면 처음에는 보이지 않았던 디테일들이 보이기 시작할 것이다. 마치 영화를 'n차 관람'하며 숨겨진 이스터에그Easter egg를 발견하는 것처럼, 다이닝도 여러 번 경험하며 새로운 재미를 찾아가는 과정 자체를 즐길 수 있다.

VINHO.

빈호

서울 신사동의 골목길에서 와인과 요리의 경계를 허물며 등장한 이곳은 2024년 오픈 1년 만에 미쉐린 1스타를 획득했다. 또한 그해 프랑스 기반의 세계적인 미식 가이드 〈라 리스트La Liste〉 한국 에디션이 선정한 영탤런트 상을 수상했다. 김진호 소믈리에의 페어링과 전성빈 셰프의 요리가 굉장한 시너지를 뿜어내며, 오픈 키친에서는 고객과 직원이 활발히 소통하는 역동적인 에너지를 느낄 수 있다.

빈호에서는 '1+1=3'이라는 마법과 마주한다. 수준급 요리와 기막힌 페어링이 만나 폭발적인 시너지를 내는 이상적인 마리아주의 표본이다. 이해하기 어려운 복잡함 대신, 직관적인 맛과 예상치 못한 재료의 변주로 미각의 즐거움을 선사한다.

재료의 캐릭터를 해치지 않으면서도 맛을 한층 더 끌어올리는 와인 매칭은 이곳만의 가장 강력한 무기다. 무엇보다 셰프, 소믈리에와 경계 없이 소통할 수 있는 열린 공간은 마치 하나의 무대처럼 서로 행복을 주고받는 에너지로 가득하다.

누구도 가지 않는 새로운 길을 향해

빈호를 이끄는 김진호 오너 소믈리에게서는
누구로도 대체할 수 없는 당찬 자신감이 느껴진다.
그 당당함은 스스로를 한계로 몰아넣으며 실력을
결과로 일군 '증명의 역사'가 뒷받침하고 있기 때문이다.
본래 호주에서 요리사를 꿈꾸며 식재료를 탐구하던
청년은 밍글스의 오픈 멤버로 서비스의 세계에
합류하며 운명적인 전환점을 맞이했다. 이후 덴마크
코펜하겐의 미쉐린 3스타 제라늄Geranium에서 쌓은
값진 경험은 그를 세계적인 미식의 지평으로 안내했고,
한국으로 돌아와 CMS 서티파이드 소믈리에Certified
Sommelier 과정을 수석으로 통과한 데 이어 미국
어드밴스트 소믈리에 과정까지 합격하며 독보적인
전문성을 구축했다.
2024년 미쉐린 소믈리에 어워드 수상이라는 영예는
그가 묵묵히 걸어온 치열한 노력의 결실이었다. 그는
이제 빈호의 식탁 위에서 와인이라는 언어로 한 편의
완벽한 미식 서사를 써내려가고 있다.

김진호
소믈리에

소믈리에로 활약하기 전 요리를 했던 것으로 알고 있다.
독특한 경력인데 와인에 빠지게 된 특별한 계기가 있다면?

김진호 호주 멜버른에서 요리학교를 다녔고, 밍글스에서 가오픈했던 시기부터 3년 반 동안 일했다. 덴마크 코펜하겐의 제라늄에서 1년을 근무했고 다시 밍글스로 돌아와 3년가량 있었다.

당시 밍글스에서는 홀에서 일했기 때문에 내가 원치 않아도 와인을 다룰 수밖에 없었다. 손님이 와인에 관해 묻는데 대답하지 못하는 나 자신이 너무나 한심하게 느껴졌다. 이 정도도 모르는 사람이 아니라는 것, 이런 것도 할 수 있는 사람이라는 것을 보여주고 싶어서 오기로 공부를 했다. 그런 내 모습을 보는 게 재미있기도 했다.

그때까지만 해도 와인을 체계적으로 공부하기보다는 흥미와 재미로 접근했던 것 같다. 이후 밍글스에서 홀 근무를 마치고 주방에 들어갈 때가 됐지만 와인을 제대로 하고 싶다는 생각에 2017년경부터는 진지하게 와인 공부를 시작했다.

그래서 CMS와 WSET 시험을 준비했고, 덴마크로 가서는 주니어 소믈리에로 활동했다. 한국으로 돌아와 CMS 2단계인 서티파이드 소믈리에 과정을 수석으로 합격하며 진정한 소믈리에로서 커리어를 시작하게 됐다.

CMS 어디밴스트 소믈리에 합격 과정이
본인에게 굉장히 큰 의미가 있을 것 같다.

김진호 9년 전쯤 CMS의 마지막 4단계인 마스터 소믈리에Master Sommelier를 목표하는 이들에 대한 다큐멘터리를 본 적이 있다. 그들한테서 '광기'가 느껴졌는데, 내가 그들과 똑같은 단계를 밟게 될 줄은 전혀 몰랐다. (웃음)

2단계인 서티파이드 소믈리에를 합격하기 전에는 나 스스로를 소믈리에라고 부르지 않았다. 더 전문성 있는 소믈리에가 되고 싶었고 내가 어디까지 갈 수 있는지 한계를 확인해보고 싶었다. 그렇게 양평 산속으로 들어가 두 달 동안 와인 공부만 했다. 나 자신에게도 큰 시험과 같았다.

공부를 마치고 서티파이드 소믈리에 과정을 1등으로 통과했는데 그때가 세상에 나를 알리고, 진정한 소믈리에가 된 출발점이라고 볼 수 있을 것 같다. 이후 미국에서 3단계인 어드밴스트 소믈리에 과정을 통과했다.

빈호의 문을 열게 된 계기가 궁금하다.

김진호 밍글스에서 일하면서부터 레스토랑을 하는 것이 꿈이었다. 밍글스에 있으면서도 '김진호'로서 캐주얼 다이닝부터 파인 다이닝까지 정말 다양한 팝업을 진행해봤다.

지금 빈호를 함께 이끄는 전성빈 셰프와도 팝업을 해봤는데, 목표와 열정이 확실하고 성실한 사람이라는 것을 알았다. 그래서 둘이서 의기투합하고, 쉽고 편안하게 와인을 즐길 수 있는 공간, 행복을 주고받는 공간을 만들기로 했다. 나는 화려하고 복잡한 것 그리고 정형화된 것을 좋아하지 않아서 그런 것들과 거리가 먼 레스토랑이었으면 했다. '빈호'는 성빈 셰프 이름과 내 이름의 한 자씩 따서 지은 것이다.

밍글스에서의 경험이 큰 자산이 됐을 것 같다.

김진호 스물일곱 살에 처음으로 밍글스의 홀에서 근무를 시작했다. 홀에서 일하는 사람들은 '서비스'라는 무형의 가치를 상품화하는 사람들이다. 손님의 반응을 끌어내기 위해서는 굉장한 헌신이 필요하다는 것을 알게 됐다.

나는 내 인생에서 가장 빛나는 시간을 밍글스에서 보내며 정말 셀 수 없이 많은 것들을 배웠다고 생각한다. 수많은 가지를 뻗어갈 수 있는 자양분을 쌓은 시간이다. 어쩌면 가장 중요하고 유일한 커리어라고 해도 과언이 아니다.

제라뉴에서의 경험도 빼놓을 수 없는데, 그곳에서는 조금 더 큰 세상을 만난 느낌이었다. 마치 K리그에서 뛰다가 EPL에 나간 느낌이랄까?(웃음) 세계에서 가장 좋은 서비스, 훌륭한 호스피탤리티란 무엇인지 배울 수 있었다.

개인적으로 나는 파인 다이닝보다는 훨씬 더 수더분한 사람이라 편안한 분위기의 레스토랑을 지향하지만, 밍글스와 제라뉴에서 배운 본질은 절대로 잊지 않으려고 한다.

오너 소믈리에로서 빈호를 이끌어가는
경영 철학이 있다면?

김진호　균형이다. 소믈리에 이전에 음식을 했던 사람이기에 레스토랑 오픈 초기에는 메뉴를 만들 때도 다양한 아이디어를 냈다. 하지만 지금은 생각이 조금 달라졌다. 그것이 되레 셰프의 창의성을 저해할 수 있다는 생각에 음식은 셰프에게 맡긴다. 셰프가 가고자 하는 방향을 존중하고, 모두 성장하고 더욱 좋은 가게를 만들기 위해서는 무엇이 최선인지 늘 균형을 찾으려고 노력한다.

빈호는 훌륭한 와인 페어링으로 정평이 나 있다.
소믈리에로서 전성빈 셰프의 음식은 어떤가?

김진호　늘 새로운 재료로 새로운 조합을 찾아보는, 새로운 시도를 좋아하는 셰프이다. 절대 쉽게 가려고 하지 않는다. 균형감을 찾는 데 탁월한 셰프라고 생각한다.

특히 음식이 정형화되어 있지 않고, 예쁘게 표현되기보다 조금 더 날것 그대로의 느낌이 살아 있다고 생각한다. 하지만 그 안에서도 굉장한 디테일과 밸런스가 있다. '전성빈 스타일'이라고 할 수 있는데, 화려하지는 않아도 계속해서 먹고 싶은 음식이다.

김진호 소믈리에에게 좋은 페어링이랑 무엇인가?

김진호   우선 굉장한 '노가다'가 필요한 작업이라는 점부터 말씀드리고 싶다. (웃음) 천재처럼 엄청난 스킬과 센스를 발휘해 음식에 딱 맞는 와인을 한 번에 찾는 것은 내 능력 밖의 일이다.

같은 생산자의 와인이라도 밭과 빈티지에 따라 맛과 향이 모두 다르고, 굉장히 작은 차이가 큰 차이를 만들어낸다. 그러니 음식과 함께 먹으면서 적절한 와인을 찾는 방법밖에는 없다.

셰프들은 코스 안에서 하나의 흐름과 톤은 유지하되 다양한 시도를 선보인다. 와인도 똑같다. 어떤 요리에는 클래식한 와인이 어울리지만 또 다른 요리에는 틀을 깨고 흔들어주는 와인도 필요하다. 그럼에도 중요한 것은 셰프의 의도, 음식의 이야기를 잘 살려줘야 한다는 점이다. 와인이 뒤로 물러서지는 않되, 음식과 와인이 함께 살아난다면 더욱 좋은 페어링이라고 생각한다.

이렇게 음식과 와인 두 가지를 모두 돋보이게 하는 것이 쉽지만은 않지만 나는 손님이 조금 더 맛있게 먹을 수 있는 조합을 찾을 수 있다는 자신이 있다. 물론 그러한 페어링을 만들어내는 것이 항상 스트레스와 압박이지만, 그만큼 제일 뿌듯한 일이기도 하다.

**2024년, 오픈한 지 1년 만에 미쉐린 1스타를 받았고
2025년도 1스타를 유지했다.**

김진호   빈호라는 레스토랑을 시작하기 전부터 '나는 미쉐린 스타를

받을 만한 레스토랑을 만들 거야'라는 생각이 있었다. 설령 별을 받지 못하더라도 '왜 못 받지?'라는 의문이 나올 정도의 퀄리티가 있는 곳을 만들려고 노력했다.

나는 여전히 미쉐린 스타를 받기 위해서는 어떻게 해야 하는지 모르겠다. 하지만 절대 '우연히' 받았다는 생각은 하지 않는다. 내 가슴속 깊은 곳에 꿈과 욕심이 있고, 그것을 현실로 만들기 위해 내가 부족한 점이 무엇인지 늘 점검한다.

물론 미쉐린 스타를 받기 위해 레스토랑을 하는 것은 아니다. 그렇다고 해서 그 생각을 하지 않는다면 거짓말이다. 내가 그려둔 그림과 전하고 싶은 스토리를 미쉐린에서 인정해줬다는 것에 대한 희열과 자부심이 크다.

전하고 싶었던 스토리는 어떤 것인가?

김진호 '우리나라 미쉐린 레스토랑에는 왜 단품을 파는 곳이 없을까?' 하는 생각을 해왔다. 미쉐린 파인 다이닝 퀄리티의 음식과 서비스를 하면서도, 그곳에서 나오는 에너지는 역동적이고 날것 그대로인 곳을 만들고 싶었다.

특히 해외에서 수학한 셰프들이 한국에 굉장히 많이 유입되며 국내 레스토랑의 음식 퀄리티는 엄청나게 올라갔다. 하지만 신생 레스토랑들에 부족한 것은 와인과 '바이브vibe'라고 생각해 두 지점에 공격적인 투자를 했다.

많은 이들이 음식만 맛있으면 된다고 생각하지만 나는 100% 동의하지 않는다. 음식이 맛있는 레스토랑은 굉장히 많지만 그곳들과 비교해 더 나은 공간으로 포지셔닝되기 위해서는 명확한 콘셉트와 아이덴티티가 있어야 한다.

빈호에서 만들어내고 싶은 바이브는
굉장히 명확해 보인다.

김진호   단단한 기본기 속에서 절대적인 본질을 잃지 않는다면 손님과 함께 편안한 바이브를 만들어내는 것이 가능하다고 생각한다. 파인 다이닝이라고 해서 군이 딱딱하게 할 필요는 없다. 빈호에서 즐기는 지금 이 순간이 새로운 경험으로 받아들여지고, 편안하면서도 특별하고 소중한 기억으로 느껴지길 바란다.

2스타에 대한 부담감은 없는지?

김진호   1스타를 받은 지 얼마 안 됐기 때문에 아직은 그러한 부담을 가질 때가 아닌 것 같다. 솔직히 조금씩 나아가다보면 언젠가는 될 수 있다는 생각은 갖고 있다.

아마 5~6년 정도 지나면 한 번쯤 노려봐도 되지 않을까? 지금 이곳이 아니라 다음 공간으로 넘어갈 때쯤이면 2스타도 가능하지 않을까 싶다. 하지만 또 한편으로는 '지금 이곳에서는 왜 안 돼?'라는 생각도 들고. (웃음)

지금 우리가 갖고 있는 역량을 극한으로 올려보면 2스타도 가능할 것이다. 하지만 어떻게 해야 별을 받는지 알 수 없고, 결국 별은 결과론적인 것이라고 생각하기 때문에 언제가 될지는 모르겠다.

2024년 미쉐린 소믈리에 어워드를 받기도 했다.
어떻게 국내 최고의 소믈리에가 됐다고 생각하나?

김진호   전혀 예상하지 못했는데 뜻밖의 감사한 소식에 너무 기분이 좋았던 기억이 있다. 내가 오너 소믈리에이기 때문에 조금 더 운이 좋았을 거라고 생각한다.

사실 오너 소믈리에에게는 훨씬 더 다양한 선택권과 재량이 있다. 나는 그 점이 나의 가장 강력한 무기라고 생각한다. 나는 그 무기를 더 활용해 소믈리에 공부를 게을리하지 않는 것은 물론, 누구보다 치열하게 페어링을 준비하고 와인 리스트를 꾸렸다.

셰프가 음식을 만들듯 소믈리에가 기획하는 와인 페어링이야말로 다이닝의 꽃이라고 생각하는데, 그것을 여지없이 잘 보여줄 수 있었던 것이 좋은 평가를 받는 데 큰 몫을 하지 않았나 싶다.

앞으로 새롭게 시도해보고 싶은 페어링이 있다면?

김진호　지금도 다양한 와인은 물론 여러 주종을 페어링에 시도하고 있는데 앞으로 더욱더 디테일하고 깊이 있게 가보고 싶다. 말로 설명하지 않아도 먹는 순간 모두가 감탄사를 터뜨릴 정도의 페어링이 목표다.

클래식한 와인을 사용하는 방법도 있지만, 세상에는 다양한 와인이 많으니 그 다양성에 집중해 새로운 음식과 색다른 와인을 페어링하며 식문화의 저변을 넓혀보고 싶다.

소믈리에로서 가장 중요한 덕목은 무엇이라고 생각하나?

김진호　무엇보다 중요한 것은 소믈리에란 와인을 다루는 사람이기 전에 '서비스하는 사람'이라는 점이다. 그것이 전부라고 생각한다. 나에게 와인은 좋은 커뮤니케이션과 호스피탤리티를 위한 수단이다. 소믈리에라면 전적으로 서비스에 더욱 신경을 써야만 한다고 생각한다.

추구하는 도달점 혹은 목표가 있는지 궁금하다.

김진호   빈호에서 더욱 디테일하고 더욱 새롭고 더욱 재미있게, 높은 완성도의 결과물을 계속해서 만들어내고 싶다. 손님이 언제 어떤 상황에 오시더라도 즐거운 마음으로 가실 수 있는 공간을 만드는 것이 목표다.

그저 비싼 밥이나 와인을 마시는 럭셔리 다이닝과는 조금은 다른 패러다임을 꿈꾼다. 빈호를 찾은 손님만큼은 새롭고 즐겁고 행복하고 다양한 경험을 할 수 있도록 최선을 다할 것이다.

직원들에게도 늘 같은 말을 한다. "우리는 그 어떤 것도 제한하지 않는 열린 스타일을 추구한다. 다만, 늘 어제보다는 나은 오늘로 발전하자." 그렇게 나아가다보면 무엇을 꿈꾸든 우리만의 길을 찾을 수 있을 것이라고 생각한다.

빈호의 관전 포인트를
조금 더 디테일하게 이야기해준다면?

김진호   빈호는 오픈 키친에 바 다이닝 구조로 되어 있다. 룸, 홀, 주방 모두 경계 없이 탁 트여 있다. 한국의 미쉐린 스타 레스토랑에서는 흔치 않은 스타일이다. 나는 이런 바 다이닝 스타일에서 끝을 한번 보고 싶다.

남들과 똑같은 곳을 만들고 싶지 않고, 남들이 가는 길을 가고 싶지 않다. 누구도 가지 않는 길을 가면서 우리가 갈 수 있는 극한까지 한번 가보고 싶다. 그러면 《미쉐린 가이드》나 〈아시아 베스트 레스토랑〉에서 의미 있는 성과를 낼 수도 있다고 생각한다.

오너 소믈리에로서
김진호의 관전 포인트는 무엇일까?

김진호　많은 부분에서 일반적인 소믈리에들과는 다른 방향으로 다른 커리어를 쌓아왔다. 그렇게 다른 길을 걸은 것은 나만의 전략이었는데, 앞으로도 나만의 커리어를 만들어가고 싶다.

특히 독보적인 소믈리에로 남고 싶다는 꿈이 있다. '독보적'이라는 것은 비교당하지 않는 것이다. 누군가와 비교당하는 것을 썩 달가워하지 않는 성격이기 때문에, 남들이 하지 않는 것을 해서 보란 듯이 성공하고 싶다.

나를 돌아보면 늘 스스로를 증명하는 삶을 살아왔다. '왜 안 돼? 할 수 있을 것 같은데, 내가 해볼게' 하는 생각이었다. 때문에 CMS 4단계인 마스터 소믈리에도 언젠가는 할 것이고, 미쉐린 2스타도 언젠가 받을 것이라고 생각한다.

치열한 F&B 현장에서 소믈리에로서 주체적으로 설 수 있고, 안정적이고 탄탄한 경제적인 환경을 조성하며 행복하고 멋있게 살 수 있다는 것을 보여드리고 싶다. 여기에 개인적인 명예만 누리는 것이 아니라 후배를 키우며 교육하고 싶다는 꿈도 있다. 특히 소믈리에로서 호스피탤리티에 대해서만큼은 업계에 좋은 선례를 남겨 새로운 기회를 열어볼 생각이다.

**젊은 소믈리에들에게
전하고 싶은 조언이 있다면?**

김진호　본인만의 스타일을 가졌으면 좋겠다. 우리 사회에서는 평균에서 벗어나는 것을 별로 좋아하지 않지만, 개인적으로는 조금 더 다양성이 많아졌으면 하는 바람이다. 자신만의 것을 많이 만들고 더욱 더 많은 도전을 해봤으면 좋겠다.

또한 호스피탤리티에서 더욱 전문화된 소믈리에들이 나왔으면 좋겠다. 음식만큼 중요한 것이라고 생각한다. 파인 다이닝은 오감을 만족시키는 종합예술인데, 많은 이들이 기술적인 부분만 보는 것 같아 안타깝다. 소믈리에들이 일하는 주체로서 더 많은 노력을 해야만 한다.

그리고 늘 친절하고 미소를 잃지 말라. 그것이 무엇보다 중요한 일이다.

파인 다이닝, 어떻게 즐겨야 할까?

김진호   단순히 비싼 가격의 식사라기보다는 하나의 종합예술로 여기고 그 순간을 즐겨주셨으면 좋겠다. 즐기려고 노력하며 열린 마음으로 대하면 많은 것이 다르게 보일 것이라고 생각한다.

이 음식에서는 왜 이런 재료를 사용했는지, 이 와인은 어떤 타입인지 조금 더 관심을 갖고 편하게 물어보신다면 흥미로운 이야깃거리가 더 늘어날 것이다. 그러니 모두에게 "재밌게 즐기세요!"라고 말씀드리고 싶다.

바로 '지금' 시대를 이끄는
셰프가 된다

해사한 미소 뒤에는 요리를 향한 그 누구보다
뜨겁고도 서늘한 집념이 숨어 있다. 맑은 눈빛으로
건네는 부드러운 첫인상과 달리, 주방 안에서 재료를
대하는 그는 엄격하고 진지하다.
전성빈 셰프의 행보는 거침이 없었다. 일본 오사카의
'라심La Cime'과 도쿄의 '플로릴레주Florilège' 등
미식의 최전선에서 예리한 감각을 단련했고,
밍글스에서 우리 식재료의 무한한 가능성을 체득하며
자신만의 단단한 내공을 완성했다. 주방 문을 연 지
1년 만에 미쉐린의 별을 거머쥔 성취는 그의 집요한
탐구심이 빚어낸 필연적인 결과였다.
그의 진가는 익숙한 재료를 낯설게 재배치하여
예상치 못한 감동을 끌어내는 유연한 상상력에서
드러난다. 특히 와인과 완벽한 공명을 이루는 요리로
자신만의 독보적인 장르를 개척 중이다. 오늘만큼
내일도 기대되는 한국 미식의 가장 싱그럽고도
뜨거운 동력이 되고 있다.

전성빈
셰프

셰프로서의 길은 어떻게 시작하게 됐나?

요리에 빠지게 된 특별한 계기가 있는지 궁금하다.

전성빈　대학생 시절에 대형 프랜차이즈 외식 업체들에서 아르바이트를 했는데, 주방 보조를 하며 체계적으로 음식을 만드는 과정이 재미있었다. 군대를 다녀와서 요리를 제대로 해보자는 마음이 생겨서 고민하던 차에 일본으로 갔다. 식재료도 한국과 비슷하고 무엇보다 장인정신을 배워보고 싶었다. 그렇게 2017년 츠지조리사전문학교를 가서 1년은 요리를 배우고, 1년은 디저트를 배웠다.

처음에는 파인 다이닝이라는 장르 자체를 몰랐는데, 지인이 라심이라는 레스토랑에 같이 가자고 해서 처음으로 경험하게 됐다. 당시 가격이 7천 엔이었는데 음식과 서비스 모든 것이 내가 처음 경험해보는 것이라 '이런 게 있구나' 싶을 정도로 신기했다. 그곳을 더 경험하고 싶어 일하고 싶다고 무작정 연락을 했는데 다행히 답이 왔다. 당시에는 학교를 다니고 있을 때라 정직원은 아니었지만 일을 하게 됐다.

라심에서 근무하던 당시 밍글스의 콜라보 행사가 있었고, 그때 강민구 셰프와 처음 만났다. 행사를 마치고 회식 자리에서 여러 이야기를 나누었던 기억이 있다. 그것이 인연이 되어 귀국해서 밍글스에서 일을 했다.

2019년과 2020년에 밍글스에서 일하는 동안 일본의 플로릴레주와 밍글스가 콜라보 행사를 하게 된 것이 새로운 시작이었다. 그때 다키모토 가즈마滝本和眞 셰프를 알게 됐고 그와 함께 일해보고 싶다는 생각에 2021년은 플로릴레주에서 경험을 쌓았다.

기본적으로도 맛있는 음식을 좋아하긴 했지만 여러 레스토랑에서 일을 하며 음식과 요리에 대한 관심이 더욱 깊어졌다. 늘 '이런 세계가 있네?'라는 감탄 속에서 재료와 조리법, 요리를 더 찾아보게 되고, 경험하고 찾아보는 만큼 점점 더 빠져드는 것 같다.

빈호의 문을 열게 된 계기가 무엇인가?

전성빈　플로릴레주에서 일하면서 체류 비자가 끝날 때쯤 밍글스에서 함께 일하며 친분이 두터웠던 김진호 소믈리에의 제안을 받았다. 평소 스태프 밀staff meal(직원 식사) 역시 새롭게 만드는 것을 재밌어 했는데 진호 소믈리에가 특히 그런 도전적이고 새로운 시도를 좋아해 줬다. 그리고 새로운 셰프들을 알리는 팝업 행사를 진행했을 때 당시 재료를 발주해야 할 곳도 몰라 시장을 돌아다니며 '맨땅에 헤딩'을 했는데, 그런 추진력도 긍정적으로 봐준 것 같다.

　　　　처음에는 진호 소믈리에의 수준에 맞는 요리를 만드는 것이 쉽지만은 않았다. 하지만 점점 요리를 발전시키며 셰프로서 나만의 '에고ego'도 뚜렷해졌다. 진호 소믈리에는 페어링 와인을 선정하는 데만 한 달에서 한 달 반가량 투자한다. 그는 내가 요리로 어떤 것을 표현하려고 하는지 명확하게 알고 있기 때문에 내 요리에 모든 것을 맞춰주는 느낌이다. 이렇게 진호 소믈리에와 함께 만드는 음식과 와인의 페어링이 빈호의 강점이기도 하다.

밍글스에서 배운 것들이
빈호에도 많이 녹아들었을 것 같은데?

전성빈　셰프로서 나의 삶은 라심, 밍글스, 플로릴레주, 이렇게 세 단계로 나눠볼 수 있을 것 같다. 앞서 말씀드렸듯 라심은 내가 파인 다이닝에 입문하고 빠지게 된 계기를 제공한 곳이라 중요한 의미가 있다. 플로릴레주에서는 현재의 요리 스타일이 정립되었다고 할 수 있다.

　　　　밍글스는 내가 가장 많은 경험, 다양한 경험을 한 곳이다. 당시 밍글스에는 홀과 주방을 포함해 25명이 넘는 사람들이 있었는데,

모두가 굉장한 이력을 지닌 분들이었다. 덕분에 음식뿐 아니라 일을 하는 방식 그 자체에 대해서 배울 수 있었던 것 같다. 특히 강민구 셰프는 늘 하루하루를 헛되이 살아본 적이 없다고 말씀하는데, 나 역시 그를 롤모델로 삼으며 그러한 성실함을 빈호의 중요한 경영 철학으로 여기게 됐다. '진심으로 대하면 누구나 그것을 분명히 느낄 수밖에 없다'라고 알려준 분도 강민구 셰프인데, 그 '진심'이라는 단어가 항상 머릿속에 맴돈다. 그래서 셰프로서 내가 가장 중요하게 생각하는 것이 무엇을 하든 진심을 담아서 하자는 마음가짐이다.

빈호에서 셰프로서 어떤 요리를 추구하는지?

전성빈 요리를 통해 당연한 것을 새롭게 느끼게 하려고 노력한다. 지금 빈호의 코스에는 한국의 식재료를 많이 사용하고 있는데, 손님들이 음식을 먹고 '내가 먹어왔던 재료가 이렇게 쓰였네?' '이런 조합도 가능하네?'라고 하셨으면 좋겠다. 손님들이 이러한 새로움과 신선함을 조금 더 간결하고 직관적으로 느낄 수 있도록 요리한다.

실제로 최근에는 개불을 다양하게 쓰는 시도를 하고 있다. 개불은 초장에 찍어 먹는 경우가 많은데 여수와 진해 지역에서 나오는 개불은 완전히 다른 맛이 난다는 것을 알게 됐다. 씹으면 씹을수록 단맛이 올라오고, 익힐 경우에는 더 달아진다는 것을 확인하고 새로운 요리에 활용하려고 한다.

이처럼 기존에 알고 있던 식재료를 새롭게 풀어내는 방식도 중요하고, 그간 몰랐던 식재료나 지역에서만 사용되는 식재료를 손님들에게 소개하고, 유통·공급하는 것도 셰프의 역할이라고 생각한다.

신선함과 새로움 그리고 직관적인 맛이
빈호의 강점이라고 이해해도 될까?

전성빈   정확하다. 빈호는 조금 더 이해하기 쉽게, 직관적으로 음식의 맛을 전달하려고 하는데, 여기에 새로움을 더하는 것이다.

빈호를 찾아주시는 해외 손님들에게는 이곳을 늘 '컨템퍼러리'라고 설명하곤 한다. 하지만 사실 셰프로서는 늘 '빈호만의 음식'이라는 것을 새롭게 만들어내겠다는 꿈을 꾼다. 한국 식재료를 활용하고 한식의 스킬과 한국의 식문화가 녹아 있으면서도 누가 어느 시기에 와도 맛있게 먹을 수 있는 음식을 선보이고 싶다.

이렇게 20~30년을 노력하다보면 내가 지금 하고 있는 요리도 언젠가는 한식의 한 장르가 될 수 있지 않을까 하는 생각을 하곤 한다.

메뉴를 개발하고 코스를 구성하는 과정이
쉽지 않을 것 같은데?

전성빈   물론 쉽지 않지만 끊임없이 생각한다. 산책할 때나, 자리에 앉아 있을 때나, 누워 있을 때나 재료를 어떻게 쓰고 메뉴를 어떤 식으로 개발할지 고민한다.

한 가지 재료를 쓰고 싶다면 우선 그것이 갖고 있는 맛과 색, 섬세한 특징에 대해 생각한다. 그리고 한국에서는 이 재료를 어디서 사용하고 있는지, 해외에서는 어떤 음식에 어떻게 활용하는지 살펴본다.

계절감도 중요하다. 여름이라면 조금 더 '라이트'하게, 겨울이라면 더 묵직하게 뽑아서 날씨와 온도에 맞는 음식을 선보이려고 한다. 그렇게 메뉴에 대해 계속해서 생각하다보면 이제 이 메뉴를 코스 앞과 뒤, 어디에 넣어야 할지 그 흐름을 고민한다.

전체적인 코스를 끝냈을 때 너무 배가 불러서 '헤비'하게 느껴지는 식사와 만족스러운 식사는 다르다. 지금 이 음식의 맛을 강하

게 하면 다음 요리의 맛을 해칠 수 있고, 반대로 너무 약하게 하면 기억에서 잊힐 수도 있다. 단품 요리든 코스든 밸런스 있게 하려고 노력한다. 신기하게도 이렇게 1년 정도 고민하면 메뉴와 코스가 탄생하는 것 같다.

실제로 가지를 주재료로 한 메뉴는 이러한 과정이 여실히 들어간 요리다. 매번 가지로 무언가 해보고 싶어서 이런저런 시도를 다 해봤는데 도저히 만족할 만한 결과가 나오지 않았다. 문자 그대로 '가지가지' 했던 것 같다. 가지가 섬유질이 많아 '헤비'한 느낌을 주는데 '라이트'한 소스로 뽑아내는 방법을 고민했다. 여러 시도를 하다 가지의 껍질을 소스로 만들어보니 춘장과 같은 스모키한 풍미가 났다. 여기에 한식당에서 밥을 먹다 토장과 멜젓을 섞으면 더 좋을 것 같다는 생각이 들어 또 한번 새로운 조합을 도전해봤는데, 비로소 만족할 만한 요리가 탄생했다.

하고 싶은 것이 많은 편이라 올해는 서브디시sub-dish 개발을 꼭 해보고 싶다. 파인 다이닝에서는 특정 재료나 좋은 부위만 써야 한다는 생각이 있는데, 서브디시에는 그 외에 다양한 부위를 활용해 새로운 요리로 풀어보려고 한다. 서브디시가 정착된다면 음료도 '요리적으로' 개발해보고 싶다. 논알코올 음료가 될 수도 있고, 소스 같은 액체가 될 수도 있을 것 같다. 아직은 뭐가 될지 모르지만 '마시는 것'의 지평을 조금 더 넓혀보고 싶다.

2024년, 오픈한 지 1년 만에 미쉐린 1스타를 받았고 2025년도 1스타를 유지했다.

전성빈 빈호의 시작부터 지금까지 당연히 열심히 했지만, 부족한 점을 보완하기 위해 정말 노력했다. 1스타 레스토랑들을 다니며 그들이 어떻게 하고 있는지 보았고, 2·3스타를 다니며 내가 배울 점과 내 스타일로 만들어낼 수 있는 점에 대해 고민했다.

여전히 《미쉐린 가이드》에서 어떤 기준으로 평가를 하고, 별을 주는지는 잘 모르겠지만, 자신들만의 색깔과 개성이 강한 곳이 별을 받더라. 음식을 잘하는 곳은 너무 많은데, 거기서 더 새로운 것, 무언가 다른 것을 느낄 수 있게 하는 것이 아이덴티티라고 생각한다.

결국 아이덴티티 싸움이라고 생각하기에 나 역시 빈호의 색깔을 어떻게 하면 더 돋보이게 하고 발전시킬 수 있을까 늘 고민한다. 한 장르의 '탑'을 찍고 정점이 되거나, 완전히 새로운 장르를 개척하거나, 그 자체로 오리지널이 되거나, 어떤 식이든 아이덴티티가 있어야 할 것이다.

그렇다면 빈호의 아이덴티티는 무엇이라고 생각하는가?

전성빈　가장 큰 것은 바를 기본으로 하는 공간인 것 같다. 한국 다이닝에서는 많지 않았던 바 문화를 우리가 앞서서 확장시킨 점이 큰 의미가 있다고 생각한다. 바는 무엇은 하든 직관적이라는 장점이 있다. 손님과의 거리도 가깝고, 음식이 만들어지는 것을 눈앞에서 볼 수도 있다. 요리하는 과정을 보고 그 음식이 서비스되는 모습을 보는 것 자체가 고객에게는 하나의 경험이 된다고 생각한다.

물론 공간 외에 음식과 서비스 역시 빈호의 강점이자 아이덴티티이다. 늘 더 좋은 음식과 보강된 서비스를 선보이고 싶은 마음이다.

빈호를 찾는 이들이 이곳에서 어떤 경험을 하길 바라나?

전성빈　"빈호 가자"라는 한마디를 했을 때, 모두가 기대하는 바가 달랐으면 좋겠다. 누군가는 와인 페어링을 기대하지만 다른 누군가는

음식을 기대할 수도 있다. 어쩌면 이곳만의 왁자지껄한 분위기나, 에너지 넘치는 바이브를 보여주는 직원을 기대하는 분들도 있을 것이다. 이처럼 한 가지에만 집중되지 않고 손님들이 다양한 경험을 할 수 있는 공간이 됐으면 좋겠다.

앞으로 빈호의 관전 포인트는 무엇이 될까?

전성빈　음식과 와인은 계속 좋아져왔고, 앞으로도 좋아질 것이다. 여기서 주방팀원들은 물론 홀 매니저들까지 전문 서비스 인력 못지않게 훌륭한 서비스를 늘 준비하고 있다. 빈호만의 활기찬 바이브를 잘 녹여내면서도 잘하는 것을 더욱더 잘하는 서비스를 선보이고 싶다.

셰프로서 전성빈의 관전 포인트는 무엇일까?
추구하는 지향점이 있다면?

전성빈　내가 빈호이고, 빈호가 곧 나라고 생각한다. 더 많이 공부하고 더 많이 배워서 전성빈 셰프만의 요리를 발전시킬 것이다. 올해도 그렇고 내년도 굉장히 많은 콜라보 행사를 준비하고 있다. 이러한 행사를 준비하며 여느 때보다 많이 공부하고 많은 것을 느끼고 있다. 여기서 배운 것들을 내 요리에 스며들게 만들 것이다.
　　　요리하다가 은퇴하고 싶다는 이야기는 하고 싶지 않다. 나는 요리를 하다가 죽는 것이 꿈이다. 내가 하고 싶은 요리를 계속하면서 살고 싶다.

젊은 셰프들에게 전하고 싶은 조언이 있다면?

전성빈　최근 레스토랑 업계에서 새롭게 가게를 오픈하는 것이 80·90년대생들이다. 많은 이들이 이 세대를 두고 '다음 세대'라고 표현하는데, 나는 '다음 세대'가 아닌 '지금 세대'가 되고 싶다.

더 열심히 하고, 더 욕심을 내서 '지금' 정상에 있는 분들과 같은 선상에 서고 싶다. 동경의 대상과 같이 일하고 싶다면 다음을 준비하는 것이 아니라 지금 이 순간 잘해야 한다고 생각한다. 젊은 셰프들 역시 '다음 세대'라고 생각하지 말고, 현재를 잘 해냈으면 좋겠다.

**파인 다이닝과 미식에 대한 관심이 여느 때보다 뜨겁지만
여전히 다이닝이 낯선 이들이 많다. 어떻게 즐겨야 할까?**

전성빈   '파인 다이닝'이라는 장르를 생각하고 카테고리로 나누면 너무 기대치가 높아지고 경직될 수 있다. 그냥 맛있는 음식을 경험할 수 있는 식당이라고 생각해주시면 좋겠다.

앞으로 한국의 파인 다이닝 문화 역시 해외처럼 고객의 니즈에 맞춰서 더욱 폭이 넓어질 것이라고 생각한다. 다양화되고 세분화되는 만큼 고객들 역시 하나의 취미처럼 여러 곳을 다녀보면서 편안하고 열린 마음으로 즐기셨으면 좋겠다.

y'east

이스트

2023년 오픈 이후 2025년 처음 미쉐린 1스타의 영예를 안고 서울 신사동의 새로운 미식 거점으로 떠올랐다. 동양권 음식 문화를 재해석한 개성 넘치는 퀴진을 선보이며, 유쾌하고 에너지 넘치는 서비스를 통해 진정한 미식의 즐거움을 전한다.

이스트는 새로운 트렌드를 만들고 이끄는 파인 다이닝 신의 최전선에 서 있는 개척자와 같은 곳이다. 예민한 미식가는 접시마다 숨겨진 디테일과 켜켜이 쌓인 맛의 레이어를 음미하며 황홀경에 빠지고, 또 다른 누군가는 그저 진실의 미간을 찌푸리며 직관적인 맛에 엄지를 치켜세우게 될 수밖에 없다. 파인 다이닝의 압도적인 퀄리티를 훨씬 더 팬시하고 캐주얼한 감각으로 풀어낸 진취적인 접시들은 복잡한 미식의 문법 없이도 그저 '맛있다'는 감탄사를 이끌어내는 강력한 힘이 있다.

문자 그대로 '누구든' 납득시킬 만큼 뛰어난 완성도와 이견이 없는 퀄리티. 미쉐린 별 하나와 함께 이제 막 진짜 이야기를 시작한 이스트는 수많은 이들의 '워너비'가 되기에 부족함이 없는 공간이다.

벼랑 끝에서 별을 따다

조영동 셰프를 마주하면 바닥을 세차게 차고
솟구쳐 오르는 사람만의 뜨거운 에너지가 전해진다.
컴퓨터학과 학생에서 우연히 요리의 세계로 뛰어든
그는 지독한 갈망으로 호주, 일본, 덴마크, 프랑스 등
세계 미식의 최전선을 거치며 자신만의 무기를 갈고
닦아왔다.
그가 마침내 자신의 모든 것을 걸고 문을 연 이스트.
하지만 본격적인 영업을 시작한 이후 손님이
한 명도 없던 날도 있을 만큼 벼랑 끝에 몰렸고,
폐업까지 고민하는 상황에 이른다. 천장에 미쉐린
별을 붙이고 잘 만큼 간절했던 꿈이 무너지는
순간이었다. 하지만 불굴의 의지와 포기하지
않는 정신으로 기적적인 반등 후 마침내 스타를
거머쥐었다.
그의 요리는 이제 혀끝을 단숨에 사로잡는 선명한
풍미를 구현해내며 '모던 이스트 아시안 퀴진'이라는
생동감 넘치는 독보적인 장르로 거듭나고 있다.

조영동
셰프

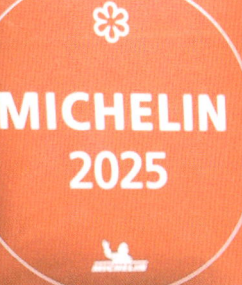

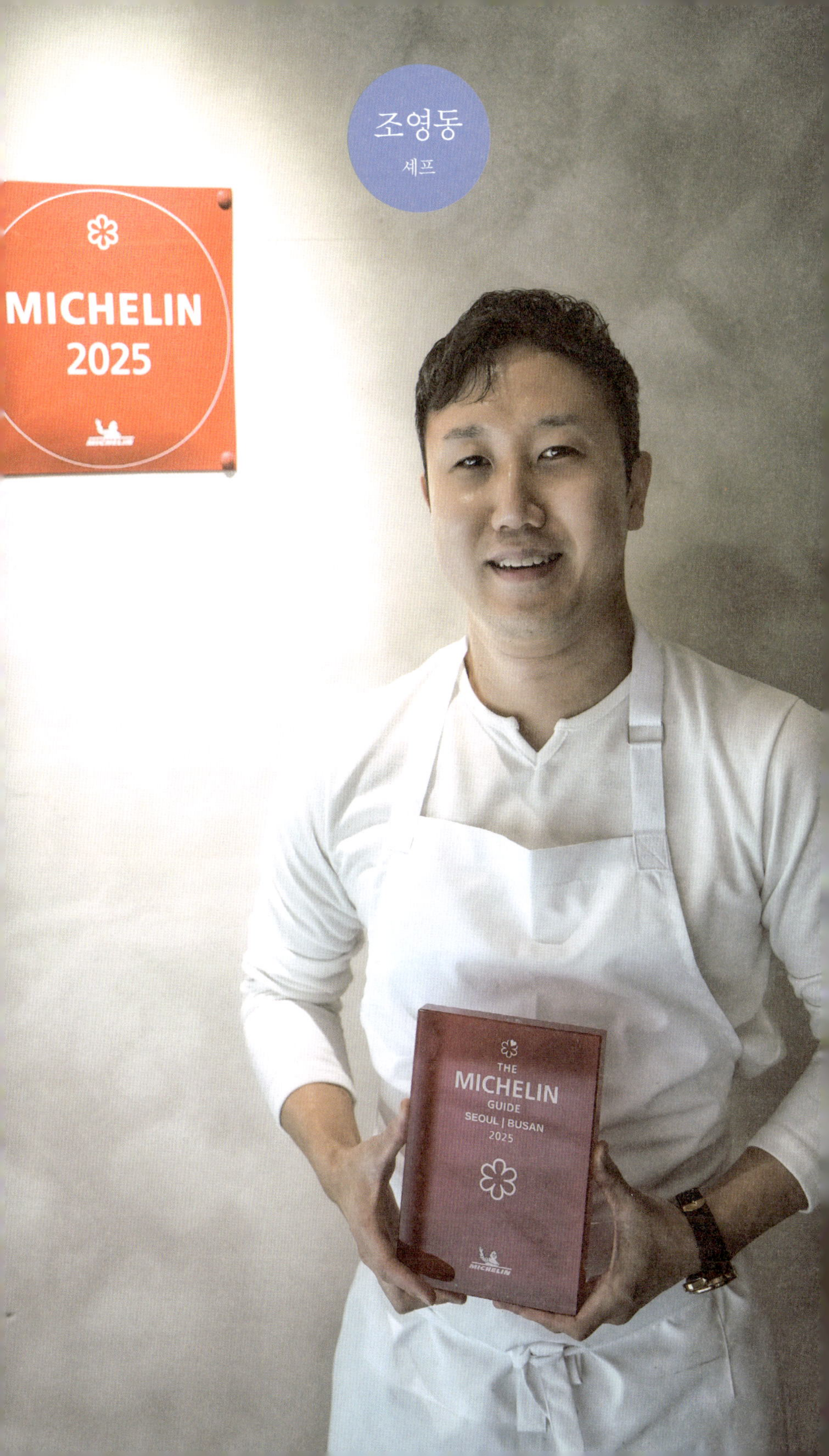
MICHELIN
2025
THE
MICHELIN
GUIDE
SEOUL | BUSAN
2025
MICHELIN

어떻게 셰프가 되었나?

조영동 전공은 원래 요리와 전혀 상관없는 컴퓨터학과였다. 대학교 1학년 때, 친한 형들과 놀러 다니려면 용돈이 필요해서 아르바이트를 찾았다. 한 돈가스 전문점에서 주방 보조를 할 생각 있냐고 연락이 왔다. 당시 편의점보다 시급이 높았다. 신세계백화점이 경기도에 처음 생기면서 입점한 고급 요리점이었는데, 주방 일은 한 번도 해본 적이 없었지만 쉬울 줄 알았다.

처음엔 설거지를 시키더라. 지금이야 브레이크 타임이 있지만, 그때는 쉬는 시간 없이 계속 손님을 받았다. 웨이팅이 어마어마했는데, 설거지 일을 해본 적이 없어서 계속 밀렸다. '이건 좀 아니다. 같은 시급 받고 더 쉬운 일도 있지 않을까?' 생각했다.

다른 아르바이트 자리를 찾겠다고 말하려던 찰나에, 주방 책임자가 부르더니 "너 내일 나올 거지?"라고 묻는 거다. 그러면서 "저번주에 너랑 똑같은 스무 살짜리가 왔는데 세 시간 하고 도망갔다. 요즘 애들은 끈기가 없다. 너는 좀 성실해 보인다" 하더라. 어리다보니 거기서 "안 하겠다"라고 말을 못 했다. 집에 가면서 고민했지만, 자존심도 있어서 다음 날 그냥 갔다.

그만두려다 자존심 때문에 다시 나갔다가
그때부터 요리에 재미를 붙인 건가?

조영동 둘째 날이 되니 조금 나았다. 동갑인 친구가 있었는데, 그 친구는 설거지가 아니라 우동을 끓이고 있었다. 내 눈에는 그게 '요리'로 보여서 너무 신기했다. 지금 생각하면 프랜차이즈라 다 공장에서 온 걸 데워서 내는 거지만. 그 친구가 "몇 주 더 하면 너도 요리 시켜준다"라고 하더라.

2~3주가 되니, 나에게도 알밥 만들고, 우동 끓이고, 소바 마

는 법을 알려줬는데 그게 너무 재밌었다. 재미도 재미인데, 내 손으로 만든 무언가를 테이블로 내가면 손님이 먹는다는 게 너무 신기했다. 그 기분이 여전히 생생하다. 그때부터 돈 때문이 아니라 재미가 있어서 주말 아르바이트를 갔다.

**요리에 대한 재미가
어떻게 직업까지 이어졌나?**

조영동　군대 있을 때 앞으로 뭘 해야 하나, 내가 뭘 잘할 수 있을까 고민해봤다. 살면서 무언가를 정말 좋아했던 게 뭘까 생각하니 '주방 일'이었다. 일처럼 안 느껴졌고, 나도 모르게 집에서 관련 드라마나 일본 요리 영상을 찾아보고 있었으니까. 그때 나를 바꿔놓은 책이 에드워드 권 셰프의 《일곱 개의 별을 요리하다》였다. 그 책에는 프로 셰프가 될 수 있는 길이 나와 있었다. 어쩌면 나랑 잘 맞는 직업을 찾은 걸 수도 있겠다 싶어서, 휴가 나와서 조리사 자격증 시험을 보고 본격적으로 준비했다.

　　　제대할 때 스물세 살이었는데, 어려서 시작한 친구들보다 늦었다고 생각해서 빨리 따라잡아야겠다고 마음먹었다. 말년휴가 때 프랜차이즈 수제버거 가게의 면접을 보고, 금요일에 전역해서 토요일, 일요일 쉬고 월요일에 바로 출근했다.

**본격적인 프로의 세계에는
어떻게 입성하게 됐나?**

조영동　수제버거 가게에서 빠릿빠릿하게 일하니 칭찬을 많이 받아서 내가 진짜 잘하는 줄 알았다. 그때 요리전문학교에 들어갔는데, 학교 다니면서도 중국집, 샌드위치 가게 등 닥치는 대로 주방 일을 했다.

　　　당시 한국에는 미쉐린 스타 레스토랑이 존재하지 않았고, 프로 요리사가 갈 수 있는 최고의 공간은 특급 호텔이었다. 1학년 때 교수님에게 부탁해 그랜드 하얏트 서울에 실습을 나갔는데, 정육을 전문으로 하는 부처 섹션으로 갔다. 거기서 내가 잘한다는 생각이 와장창 깨졌다. '내가 지금까지 했던 건 다른 세계였구나, 여긴 진짜 프로의 세계구나.' 거긴 소시지도 직접 고기를 갈고 지방을 섞어 만들더라. 나는 진공 포장도 할 줄 몰라서 엄청 혼났다.

그 후로 제대로 준비해서 파크 하얏트 서울에 들어가게 됐다. 나는 완전 말단이었는데, 조식 파트에서 함께 막내 생활을 했던 게 밍글스의 김영대 셰프였다. 둘이 새벽 5시에 출근하며 서로에게 엄청 의지했다. 당시 호텔 주방은 완전 군대 문화였다.

퇴근하고 영대 셰프 자취방에서 기 사부아Guy Savoy 같은 프랑스 미쉐린 3스타 셰프들 영상을 보며 우리도 언젠가 저런 곳에서 일해보고 싶다는 꿈을 키웠다. 최근에 〈라 리스트〉 시상식에서 기 사부아 셰프를 만났는데, 영대 셰프와 지금 이 순간이 꿈만 같다고 이야기하기도 했다.

파크 하얏트 서울이라는 최고의 직장에 있었는데,
만족하지 못하고 해외로 눈을 돌렸다.

조영동　호텔에서 1년 반쯤 일했을 때, 〈월드 50 베스트 레스토랑〉을 알게 됐다. 엘 부이El Bulli, 프렌치 런드리French Laundry 등 완전히 다른 세계더라. 호텔 선배들은 대부분 이런 걸 모르는 분위기였다. 한번은 내가 토머스 켈러Thomas Keller 쿡북을 사서 한 선배에게 말했더니 "그게 누군데, 영화배우야?"라고 했다. '아, 나와는 추구하는 방향이 다르구나.' 선배들을 존경하지만, 나는 호텔에만 머무르고 싶지 않았다. 그때부터 외국에 나가고 싶다는 생각이 커졌다.

그래서 호주 '모모푸쿠 세이오보Momofuku Seiobo'에 무작정 이메일을 보냈다고?

조영동　그곳이 딱 내가 하고 싶은 '프렌치 스타일에 동양적인 터치'가 있는 곳이었다. 한국 호텔 경력 2년에 영어도 못하는 막내였지만, 무작정 이메일을 보냈다. 당연히 답이 없었다. 서너 번 보냈을 때쯤 헤드 셰프인 벤 그리노Ben Greeno에게서 "시드니 오면 연락해"라고 딱 한 줄 답장이 왔다. 나는 당시 외국 레스토랑의 트라이얼(일을 시켜보고 채용하는 시스템) 문화를 몰랐다. 그래서 "나 언제 가면 돼?"라고 또 보냈다. 셰프는 짜증이 났는지 "한 번만 더 보내면 그마저도 없어"라고 답장이 왔다.

　　　그때 멜버른 아티카의 쿡북에서 스타주 프로그램을 발견하고 바로 지원해서 멜버른으로 갔다. 그런데 정말 간절하면 이루어진다고, 아티카에서 열린 호주 유명 셰프 초청 행사에 벤 그리노가 왔다. 내가 가서 "아임 영동 초"라고 하니, 셰프가 "아, 이 ×× 너였어?" 하더라. 남은 4일의 행사가 나에겐 트라이얼로 보였다. 일부러 그 사람 앞에서 '오버'하며 일했다. 행사가 끝나고 셰프가 "시드니에서 보자"라고 했다. 그 말만 믿고 시드니로 갔는데 또 답장이 없었다. 마지막으로 뉴욕 모모푸쿠 본사 인사과에 "시드니 가고 싶다"고 메일을 보냈다. 그리고 드디어 "트라이얼 보러 오라"라는 전화를 받았다.

정말 영화 같은 이야기다.
그렇게 들어간 모모푸쿠 세이오보는 어땠나?

조영동　모모푸쿠 세이오보는 나의 첫 프로 파인 다이닝 경험이었고, 지금의 이스트에 많은 영향을 준 곳이다. 그곳은 한국 호텔과 달리 직급이 높은 수셰프들이 막내보다 일을 더 많이, 더 열심히 한다는 게 놀라웠다. 벤 셰프는 내가 만난 사람 중 가장 깐깐했지만, 나를 가

장 많이 성장시킨 분이다. 주방팀 아홉 명 중 나를 제외한 모두가 미쉐린 1·2스타 출신이었고, 나는 그 팀에서 유일한 동양인이었던 데다 한국에는 아직 《미쉐린 가이드》조차 없던 시기였다. 실력 차이가 커서 힘들었지만, 덕분에 엄청 빨리 성장할 수 있었다.

시간이 흘러 셰프가 바뀌면서 음식이 자메이칸 스타일로 변했고, 나도 모모푸쿠에서 일을 마치게 됐다. 이후 시드니 내 여러 레스토랑에서 경험을 쌓고, 호주에서 모은 돈으로 일본에서 스타주를 다녔다. 그때쯤 유튜브로 스웨덴의 프란첸Frantzén과 같은 레스토랑을 보며 '노르딕 퀴진'이라는 또 다른 신세계를 발견했다. 덴마크를 가야겠다 싶어서 영대 셰프를 또 꼬셨다. (웃음)

그렇게 가게 된 108은 노마의 세컨드 레스토랑이었다. 오픈 8개월 만에 미쉐린 1스타를 받고 전 세계의 주목을 받던, 정말 뜨거운 곳이었다. 근무 시간이 아침 8시부터 새벽 2시까지여서 체력의 한계를 경험하는 곳이었다.

그곳에서 현재 코안Koan의
크리스티안 바우만 셰프를 만났다고?

조영동 그가 한국 태생 입양인인 줄 전혀 몰랐다. 그는 한국 사람을 처음 트라이얼 시켜봐서 신이 난 것 같았다. 늘 그는 "안 돼? 왜 안 돼? 되게 만들어야지"라는, 타협이 없는 '멘탈'의 소유자였다. 그 셰프의 에너지 덕분에 나 역시 버텼던 것 같다. 지금 이스트를 운영하면서도 그때의 경험과 타협하지 않는 자세는 큰 도움이 된다. 그리고 그는 언제나 나에게 "포기하지 마, 너의 시간은 곧 올 것"이라고 응원을 아끼지 않았다. 멘토로서도 정말 많은 의지가 됐다.

그렇게 덴마크에서 1년을 보내고, 덴마크에서 모은 돈으로 또 프랑스로 떠나 스타주를 하며 경험을 쌓았다.

호주, 덴마크, 일본, 프랑스까지
세계를 돌다가 2018년 한국으로 돌아왔다.

조영동　내가 외국에 나갈 때만 해도 한국에 파인 다이닝 레스토랑이 없었는데, 돌아올 때쯤엔 밍글스, 모수 등이 생기며 시장이 빠르게 발전하고 있었다. 이쯤이면 한국 가도 되겠다 싶었다. 처음엔 수원에 있는 맥주 양조장인 펀더멘탈 브루잉에서 셰프로 일했는데, 그때 홀 아르바이트 직원이 지금의 박건우 소믈리에였다.

　　　　이후 현재 후제를 이끄는 김종근 셰프와 함께 을지로에 와인 바 오트렉을 열었다. 서울에서 내 요리를 선보인 첫 공간이었다. '힙지로'가 뜨기 시작할 때였는데, 요리로 승부를 보자고 정말 열악한 환경에서 열심히 했다. 그때 화요의 조희경 대표가 찾아왔고, 1년쯤 지나 '내 것'을 하고 싶다는 욕심이 생겨 조희경 대표에게 조언을 구했다. 그런데 지금은 창업은 위험하다며, 지인이 청담동에 레스토랑을 여는데 만나보라고 다른 분을 소개해주었다. 내 자본으로는 할 수 없는 규모라 도전해볼 만하다고 생각해서 클라로라는 레스토랑의 총괄 셰프로 합류했다.

　　　　클라로는 나에게 좋은 기회였지만, 한편으로는 무조건 독립해야겠다는 확고한 생각을 갖게 한 곳이다. 지난 10여 년간 해외에서 고생하며 꿈꿔왔던 나만의 콘셉트가 있었는데, 클라로의 대표가 원하는 것과는 방향성이 완전히 달랐다. 좋은 여건과 환경이 갖춰져도 100퍼센트 내 요리를 표현하고 내 꿈을 펼치기 위해서는 '내 것'을 해야 한다는 것을 절감했다.

독립을 결심하고 문을 열게 된
이스트의 시작은 어땠나?

조영동　무서웠다. 큰돈이 있었던 것도 아니지만, 해야만 했다. 지난

10년의 세월이 아까워서 망해도 해야겠다 싶었다. 처음엔 예산이 없어 강남구청 근처에 작게 하려고 했는데 "10만 원만 더하면" 계속 그러다가 지금 자리까지 오게 됐다.(웃음) 처음엔 와인바처럼 단품도 팔며 무리하게 시작했다. 빚도 엄청 졌고.

이스트는 내 이름인 '영동'의 의미이자, '동양'이라는 뜻을 담고 있다. 내가 머릿속에 그렸던 '동양의 터치가 들어간' 모모푸쿠 세이오보의 축소판 같은 공간이었다. 오픈할 때 정말 많은 동료들을 비롯해 벤 그리노와 크리스티안 바우만 등 선배 셰프들이 도와줬다. 그때 레스토랑은 절대 혼자 하는 게 아니라는 것, 실력도 중요하지만 주변에 어떤 사람이 있는지가 정말 중요하다는 것을 깨달았다.

이스트가 지금은 미쉐린 스타 레스토랑이지만,
오픈 초기에는 폐업을 고려할 정도로 벼랑 끝까지 몰렸다던데.

조영동　처음으로 문을 연 2023년은 말도 안 되게 힘들었다. 다큐멘터리에서나 보던 "6개월간 손님이 없어서 문 닫으려 했다"라는 사연이 내 이야기가 됐다. 손님이 단 한 명도 없는 날도 있었다.

2024년 2월, 《미쉐린 가이드》의 발표 직전에 가게를 버틸 돈이 없었다. 유일한 희망이 《미쉐린 가이드》였는데, 그해 우리가 안 된 걸 알게 됐다. 부모님에게 "여기까지인 것 같다. 소수 자본으로 파인 다이닝은 안 되는 거였다"라고 말하며 엄청 울었다. 실제로 부동산에 가게를 내놓으려 했다. 처음엔 응원하시던 부모님마저 "외국 가서 돈도 못 모으고, 빚내서 차린 걸 이제 와서 닫느냐"며 크게 화를 냈다.

그런데 《미쉐린 가이드》 '선정 레스토랑'에 우리가 올라간 거다. 별은 아니었지만, 다행히 그것만으로도 예약이 차기 시작했다. 그때부터 조금 더 해볼 수 있겠다며 무작정 버텼다. 2024년 한 해 동안 살기 위해 모든 홍보와 행사를 다 했다.

끊임없이 노출이 되니 손님이 꾸준히 찼고, 경력직 팀원들이 들어오기 시작했다. 레스토랑은 팀원이 누구냐에 따라 정말 달라지더라. 파스타 전문 레스토랑인 페리지와의 행사는 또 다른 손님들을 유입시키는 결정적인 계기가 됐다. 그 흐름 속에서 〈흑백요리사〉 방송을 통해 레스토랑 업계가 활력을 찾고, 파인 다이닝 시장이 좋아지면서 올해 너무나 감사하게 스타를 받게 됐다.

미쉐린 스타를 받는 데
가장 중요한 요소는 무엇이었나?

조영동 음식의 퀄리티다. 우리는 인테리어나 화장실 같은 곳에 크게 중점을 두지 않았다. 최근 미쉐린 1스타의 수준은 전 세계적으로 상향 평준화되어 있다. 해외의 새로운 1스타 레스토랑을 보고 우리 음식을 보니 너무 '없어' 보였다. 그러면 나는 다음 날 바로 메뉴를 바꿨다. 오픈 초기 운영하던 런치를 없앤 이유 중 하나도 쇼트short 코스로는 우리의 모든 것을 보여줄 수 없었기 때문이다.

음식 말고 다른 요소가 있다면 간절함이다. 프로의 세계에 들어설 때부터 스타를 받고 싶다는 꿈이 강했다. 그래서 전 세계 《미쉐린 가이드》를 매일 찾아봤다. 싱가포르, 두바이 등 새로 스타를 받는 곳은 어떤 수준의 음식, 서비스, 재료를 쓰는지 집요하게 팠다. 실제로 나는 내 방 천장에 미쉐린 로고를 붙여놓고 잤다.

그래서 한편으로 미쉐린 스타를 받을 수 있는데 안 받았다고 하는 사람들의 말에는 동의하기 어렵다. 스타를 받는 것은 요리뿐 아니라 팀, 여건, 식재료 등 정말 많은 요소가 맞아떨어져야 하는 어려운 일이기 때문이다. 만약 모든 요소가 갖춰지고, 준비가 된다면 스타는 받을 수밖에 없다. 나는 미쉐린 스타를 받고 너무 기뻤는데, 초심을 잃지 말자는 의미로 천장에 붙여뒀던 미쉐린 로고를 레스토랑 캐

비닛에 간직하고 있다.

스타를 유지하거나
2스타로 나아가야 한다는 부담감은 없나?

조영동   스타를 받고 첫 일주일은 날아갈 것 같았는데, 그 후 3개월 간은 손님들이 다 심사위원처럼 느껴져서 너무 힘들고 부담됐다. '내가 왜 이러지?' 싶을 정도로 손님이 무서웠던 날도 있다. 하지만 다행스럽게도 지금은 그 부담감이 많이 적어졌다. 대신 팀원들에게 "공간적인 제약은 알지만, 2스타를 따겠다는 생각만이라도 하자. 도전은 해보자" 하고 항상 이야기한다. 그렇게 생각하니 1스타를 잃을 수도 있다는 부담도 줄었다.

오너 셰프로서 이스트를 이끌어가는
경영 철학은 무엇인가?

조영동   무엇보다 중요한 것은 '하나의 팀'이다. 믿을 수 있는 팀이 있어야 하고, 팀원들도 나를 믿게끔 내가 행동해야 한다. 그래서 새로 직원을 뽑을 때 기술보다 인성을 본다. 팀 분위기를 해치지 않는 사람이 있어야 한다. 셰프의 실력도 중요하지만, 그 팀이 얼마나 강한 스쿼드인지가 더 중요하다.

      리더로서 팀원들에게 동기부여를 해주는 것이 매일의 숙제다. 빈호의 김진호 소믈리에가 예전에 "내가 밍글스에서 7년이나 있었던 건 밍글스가 계속 잘됐기 때문"이라고 했다. 미쉐린 2스타가 되는 것을 보면서 그만두면 아쉬운 건 자신이라는 생각이 들었다고 하더라. 우리도 그런 업장을 만들어야 팀원들이 떠나지 않는다고 생각한다.

여러 나라에서 요리를 배웠는데,
아시아 음식을 선보이는 이유가 있을까?

조영동   이스트는 동양권 음식 문화를 재해석하여 선보인다. 이 콘셉트는 내가 외국 주방에서 일할 때 서양 셰프들에게 느꼈던 일종의 '얄미움'에서 시작됐다. 그들은 프랑스 요리만이 최고라고 하는 경향이 강했고, 당시에는 알게 모르게 은근히 동양인을 무시하는 분위기도 적잖았다. 그래도 그들은 서양 요리만 알지만, 나는 그들의 요리도 배웠고 그들이 모르는 동양 문화도 알고 있다는 것이 나의 강점이라고 생각했다. '우리 동양 문화가 얼마나 위대하고, 깊이 있고, 강한지 보여주겠다' 하는 오기도 있었다.

그리고 나는 동아시아 음식이 서로 연결되어 있으면서도 전 세계에서 가장 맛있다고 자신 있게 말할 수 있다. 그게 이 장르의 매력이자 내가 이 장르를 선택한 이유이다.

이스트의 메뉴와 코스를
구성하는 과정도 궁금하다.

조영동   손님들에게서 "어디서 먹어봤는데?"라는 말이 아닌, "독특하다" "개성 있다" 하는 말을 듣는 것이 우리의 강점이다. 메뉴는 90퍼센트 정도 내가 개발하지만, 팀원들의 아이디어로 좋은 결과가 나올 때도 많다. 영감은 주로 여행에서 얻고, 내가 경험한 테크닉과 결합한다.

코스를 짤 때 반드시 지키는 조건은 이스트만의 콘셉트와 주제에서 엇나가지 않는 것이다. 이곳에 와야만 느낄 수 있는 음식, 우리만의 색깔을 가진 음식을 선보이려고 한다. 그래서 메뉴 짜기가 더 어렵다. 더 깊게 들어가야 한다. 일본 가이세키 책이나 중국 요리 백과사전까지 찾아보며 연구한다. 앞으로 단순히 창의적인 젊은 셰프의 음식이 아니라, 연륜이 묻어나는 음식, 동아시아의 숨겨진 음식 문화를 소개하고 싶다.

코스의 흐름은 어떻게 구성하나?
'강강강강' 스타일이라는 평도 있다.

조영동   그게 나의 가장 큰 과제다. 우리는 "시작부터 때리고 시작하자"라는 기조가 있었다. "혀가 지친다"라는 피드백도 많이 들어서 요즘은 조절하려고 노력 중이다. 모수나 알라 프리마 같은 곳의 강약 조절을 보면 연륜이 느껴지는데, 나는 아직 그게 부족해서 더 노력하고 있다.

박건우 매니저와는 7년이란 긴 시간을 함께했는데
남다른 관계일 것 같다.

조영동   시작은 친한 형 동생 사이였다. 이후에 건우 매니저가 요리를 배우고 싶다고 찾아왔는데, 오트렉 시절에는 일부러 받지 않았다. 주방 환경이 너무 열악해서 친한 관계가 깨질까봐 두려웠다. 그런데도 내가 클라로에 갈 때 또다시 요리를 배우고 싶다고 하더라. 그 의지가 정말 고마워서 막내로 받았다. 그때부터 총괄 셰프와 막내라는 상하관계가 됐다. 나이가 있는데도 늦게 시작했으니, 같은 또래의 궤도에 빨리 올리려고 일부러 더 따끔하게 대하며 힘들게 했다. 정말 고맙게도 그걸 다 버텨주었다.

그래서 이스트를 오픈할 때 가장 먼저 데려오고 싶었던 사람이 건우 매니저였다. 나의 빈곳을 채워줄 수 있겠다는 확신이 있었다. 이제는 단순히 직원이 아니라 '비즈니스 파트너'이자 '동반자'로 생각한다. 내가 놓치는 부분을 잡아주는, 나에게는 없어서는 안 되는 존재이다.

**셰프로서 가장 중요한 덕목과
주방에서 제일 중요한 것은 무엇이라고 생각하나?**

조영동　확고한 목표다. 파인 다이닝은 근무 시간도 길고 힘든 업종이다. '롱런'하며 버틸 수 있는 원동력은 오직 목표뿐이다. 나 역시 정말 괴로웠지만 목표가 있었기에 버틸 수 있었다. 주방에서는 스킬보다 자세가 무엇보다 중요하다. 절대로 남 탓을 해서는 안 된다. 기술은 연마하다보면 늘지만 자세는 쉽게 변하지 않는다.

손님들이 이스트에서 어떤 경험을 하길 바라는지?

조영동　새로움. 다른 곳에서는 하기 힘든 경험. 음식 구성, 서비스 방식, 바 테이블 등 맛있고 재밌고 새로운 것을 경험하는 공간이었으면 좋겠다.

조영동 셰프가 추구하는 도달점은 무엇인가?

조영동　이스트가 한국에서 독보적인 색깔을 가진 '새로운 장르'로 자리매김하는 것이다. 반짝하는 레스토랑이 아니라, 10년이 지났을 때 정점을 찍는 레스토랑, 외국인들이 서울에 오면 꼭 오고 싶은 명소 같은 레스토랑을 만들고 싶다.

젊은 셰프들에게 전하고 싶은 조언이 있다면?

조영동　미디어에 나오는 셰프가 멋있다고 시작하기보다 그들이 어떻게 성장했는지 깊게 살펴보고 '확고한 목표'를 구체적으로 갖고 시작했으면 좋겠다. 실제로 열 명 중 예닐곱 명은 도중에 다른 길로 간다. 목표가 있어야만 이 힘든 일을 오래 버틸 수 있다. 감히 내가 이런 이야기를 해도 될지 모르겠지만, 목표를 잃지 않고 가다보면 언젠가는 본인이 꿈꾼 곳에 도달할 수 있을 것이라고 믿는다.

**마지막으로, 파인 다이닝을 낯설어하는 분들에게
어떻게 즐기면 좋을지 팁을 준다면?**

조영동　한국은 저렴하고 맛있는 음식이 너무 많아서 파인 다이닝에
돈 쓰기를 아까워하는 경향이 있다. 그래서 파인 다이닝 셰프를 '아티
스트'로 봐주시면 좋겠다. 요리가 단순해 보여도 그 하나에 정말 많은
고민과 노력 그리고 철학이 담겨 있다. 셰프가 어떤 생각을 가졌고,
어떤 문화를 표현하는지 조금만 찾아보고 오시면 더 특별한 경험이
될 것이다. 음식도 하나의 '예술'로 보고 식재료의 디테일을 즐기다보
면 그 순간이 기억에 남고, 또 다른 파인 다이닝 레스토랑에 가보고
싶다는 생각이 드실 것이다.

누군가의 마스터피스를 꿈꾸며

박건우

헤드 소믈리에 겸 매니저

대화 내내 느껴지는 똑 소리 나는 영민함과 레스토랑 전체를 관통하는 스마트한 시야가 인상적이다. 박건우 헤드 소믈리에 겸 매니저는 단순한 홀 관리를 넘어 서비스와 경영 전반을 하나의 큰 숲으로 조망할 줄 아는 탁월한 통찰력을 지녔다.

7년 전 수원의 한 맥주 양조장에서 조영동 셰프와 인연을 맺고, 이스트가 겪어온 가장 어두운 위기의 순간을 함께 견뎌냈다. "가장 밝게 빛나기 전이 가장 어둡다"라는 믿음으로 텅 빈 홀을 묵묵히 지켜낸 끝에, 마침내 2024년 미쉐린의 별을 함께 거머쥐었다.

바텐더와 수셰프를 모두 거친 그의 독특한 이력은 주방과 홀의 간극을 메우는 영리한 전략이 되었다. 조영동 셰프가 그를 "나의 빈 곳을 채워주는 제갈량"이라 부르는 이유다. 스스로 주인공이 되기보다 타인을 빛내는 '마스터피스'를 꿈꾸는 그의 행보는 이스트가 그리는 미식 지도를 더욱 넓고 견고하게 펼치고 있다.

걸어온 길, 간단한 이력과 업력을 소개 부탁한다.

박건우　　나는 스무 살에 처음 F&B 세계에 발을 들였는데 시작은 바였다. 군대를 다녀와서 스물여덟 살까지 바에서만 6년 정도를 보냈다. 요리하고 먹는 걸 좋아하는 평범한 대학생이자 바텐더였던 셈이다. 그러다 대학교 생활 막바지에 자취방에서 5분 거리에 지금 이스트의 맥주를 책임져주는 펀더멘탈 브루잉이 들어왔다. 오픈 멤버를 구하길래 서빙 아르바이트로 합류했고, 거기서 조영동 셰프를 처음 만났다. 이렇게 요리하는 사람도 있구나 싶어서 신기하고 재밌게 봤다. 그곳에서 자연스레 요리에 대한 관심도 깊어졌고, 제대로 요리를 배워봐야겠다고 생각했다.

**그러면 맥주 브루어리에서
요리를 본격적으로 배우기 시작한 건가?**

박건우   그곳에서 처음에는 열정적으로 일을 시작했지만 나중에는 어떤 갈증 같은 게 느껴지더라. "멸치랑 고추장 없냐"라는 손님들의 반응에 조영동 셰프와 함께 소위 '현타'가 오기도 했고. 그러다 주방에 공백이 생겼을 때 내가 해보겠다고 자원했다. 레스토랑보다는 프로세스가 간소화돼 있어서 조영동 셰프에게 요리를 배워 혼자서 음식을 하게 됐는데 하다보니 이게 꽤 재미있었다. 그래서 나중에 조영동 셰프가 을지로에 오픈한 와인바 오트렉에 이력서를 넣었다. 하지만 그곳은 워낙 소수정예 업장이고 혼자서 감당해야 할 역량이 커야 했는데, 나는 해외 경험도 레스토랑 경험도 없는 '요리 신생아'였다. 조영동 셰프는 나와 친한 형 동생 사이였는데, 공적인 일로 관계가 틀어질까 염려해서인지 나를 뽑지 않았다. 당시 오트렉은 너무 '핫해서' 객관적으로도 나를 뽑을 이유가 없기도 했다.

**오트렉 합류가 불발된 후, 조영동 셰프가
클라로의 총괄 셰프로 갈 때는 어떻게 합류하게 되었나?**

박건우   그때도 가고 싶다고 말했다. 조영동 셰프와 밤늦게 두 시간 가까이 통화를 했다. 셰프는 "여기 오는 사람들은 이미 프로로 잔뼈가 굵은 사람들이라 네가 버티기 힘들 거다"라고 만류했다. 하지만 나는 "지금 안 해보면 평생 후회가 될 것 같다" 하며 승부수를 던졌다. 그러자 "내일 아침에도 그 생각이 유효하면 전화해라"라고 했고, 다음 날 눈 뜨자마자 전화해서 결국 공사장 상태였던 클라로에 오픈 멤버로 합류하게 됐다. 2020년 12월 3일, 서른 살 때였다.

**막상 뛰어든 프로의 세계는 어땠나?
늦게 시작한 만큼 적응 과정이 쉽지 않았을 것 같은데.**

박건우   진짜 힘들긴 했다. 수원에서 청담동까지 왕복 네 시간을 출퇴근했는데, 오픈 초기라 시스템이 없어 8시 반에 출근해 밤 11시에 퇴근했다. 입사 전 88킬로그램이었던 몸무게가 3개월 만에 14킬로그램이나 빠질 정도로 육체적 고통이 상당했다. 하지만 내가 그렇게 떼를 써서 들어왔는데 힘들다고 나가버리면 조영동 셰프에게도, 나 자신에게도 면목이 없지 않나 싶어서 엄청 열심히 배우고 따라가려 노력했다.

　　당시 오히려 전화위복이 된 건, 다른 셰프들이 그만두면서 내가 조영동 셰프의 요리를 제일 잘 아는 사람이 되었다는 사실이다. 막내로 들어가서 1년 3~4개월 만에 파격적으로 수셰프가 됐다. 나에게도 엄청난 압박감이었다. 밑에 있는 팀원들이 나보다 요리 경력도 길고 기술도 좋았으니까. 하지만 내가 조영동 셰프의 요리 의도를 더 잘 알기에 가르칠 수 있는 입장이 됐고, 직급자는 기술보다 사람을 통솔하고 주방 전체를 조율하는 능력이 더 중요하다는 것을 깨닫고 그 역할을 수행해냈던 것 같다.

요리사로서 자리를 잡아가던 중
어떻게 이스트의 매니저이자 소믈리에로 전향하게 되었나?

박건우　조영동 셰프가 독립해서 레스토랑을 오픈하겠다는 계획을 알렸을 때, 나에게 수셰프를 맡아달라고 하면서 넌지시 "네가 어릴 때 바텐더 경험이 있으니 서비스도 담당해줄 수 있겠냐"라고 제안했다. 나는 "일단 해보죠"라고 했고, 그렇게 이스트의 오픈 멤버가 되었다.

　　처음엔 손님이 정말 없었다. 단품과 코스가 공존했는데 효율이 나지 않아 2023년 1월부터 코스에만 집중하기로 결단을 내렸다. 나는 요리사 역할을 하다가 서비스도 같이 하곤 했는데, 1주년 행사 때 처음으로 조리복을 재킷으로 갈아입고 서비스를 했다. 그 그림이 좋았는지 다음 날부터 아예 서비스를 하게 됐다. 그때부터 와인을 마시며 공부하던 것에서 나아가 이론적으로 깊게 파고들기 시작했다.

이스트 2년 차는 매니저이자 소믈리에로서의 역할을 정립해 나가는 과정이었고, 3년 차인 지금은 그것을 단단하게 다지고 있다. 특히 올해 2월 《미쉐린 가이드》 발표 이후 9월까지 반년 동안은 쉬지 않고 사람들을 만나며 스터디하고 네트워킹을 하며 견문을 넓혔다. 덕분에 지금은 업계의 많은 분들과 끈끈한 커넥션이 생겨 서로 도움을 주고받고 있다.

요리에서 소믈리에 겸 매니저로 직무를 변경하는 것에 대해
아쉬움이나 고민은 없었나?

박건우　　요리를 오래 한 사람들은 "나는 죽어도 요리를 하고 싶어"라는 생각이 강한데, 나는 좀 달랐다. 누군가 꿈이 뭐냐고 물으면 '미쉐린 스타 셰프'나 '월 매출 1억'이 아니라, "누군가의 마스터피스가 되는 것"이라고 답한다. 다른 셰프, 다른 매니저들이 "저 사람과 함께라면 일할 맛 나겠다"라고 말해주는, 탐나는 사람이 되고 싶다. 나는 '리스크 테이킹'을 즐기기보다 안정감을 추구하는 사람이라 누군가의 밑에서 일하는 걸 선호한다. 그 사람이 부족한 걸 완벽하게 채워줘서, 그 사람이 나를 신뢰하고 나에게 많은 돈을 주게 만드는 것,(웃음) 그 사람을 더 좋은 사람으로, 그곳을 더 좋은 업장으로 만드는 것이 내 목표다.

나는 오픈 멤버 중 내가 매니저 일을 제일 잘할 거라는 확신이 있었기에 당연히 내가 하는 게 맞다고 생각했다. 지금은 이 일이 너무 재미있다. 적성에 더 잘 맞는 탁월한 선택이었다.

와인의 어떤 점에 매료되어 깊이 빠지게 되었나?
그리고 와인의 가장 큰 매력은 무엇이라고 생각하나?

박건우　　나는 어릴 때부터 '향수 덕후'였다. 쉬는 날 백화점에 가서 시향하고 좋아하는 노트를 찾아내는 게 취미일 정도로 예민한 편이었다. 와인도 정말 많은 향이 있는데, 그 디테일을 찾아내는 게 묘하게 재미있었다. 술이 낼 수 있는 향의 스펙트럼 중 와인이 가장 광활한 것 같다. 일이 힘들어서 와인을 쳐다보기도 싫을 때가 있지만, 막상 또 향을 맡으면 이만큼 좋은 게 없다.

그리고 일단 술을 좋아한다. (웃음) 처음엔 모르고 마셨지만, 일을 하며 고품질의 와인을 접하다보니 생산자, 밭, 빈티지마다 표현되는 아로마의 디테일을 유추할 수 있게 되는 게 너무 재밌더라.

**평소 새로운 페어링을 구상하거나 서비스의 디테일을 고민할 때,
영감을 주는 원천이 있다면 무엇인가?**

박건우　나의 경험이다. 팝업이 핫하다면 웬만하면 직접 가는 편이다. 누가 영감을 준다고 해서 바로 녹여낼 수는 없기 때문이다. 내가 직접 몸과 입으로 경험해야 금방 녹여낼 수 있다. 처음 시작은 모방이지만 그다음엔 나에게 맞는 것이 생긴다. 다른 업장에 가서 정말 좋았던 기물, 멘트, 서비스, 와인 등을 기록해놓고, 이스트의 구조와 내 스타일에 맞게 적용한다.

**조영동 셰프와는 7년째 함께하고 있는데,
셰프의 첫인상은 어땠나?**

박건우　사람이 작지만 정말 단단해 보였다. 맥주 브루어리가 외진 곳이라 손님이 적어 홀은 한가했는데, 주방에서 혼자 계속 달그락거리며 무언가를 하고 있었다. '이 사람 진짜 열심히 사는 사람이구나'라고 생각했다. 처음부터 인연이 지금까지 이어질 거라 상상하진 못했다. 하지만 클라로에 입사할 때부터는 어느 정도 예상했던 것 같다. "힘들면 나가야지"가 아니라 "무슨 일이 있어도 나는 무조건 버텨

야지, 저 형이 먼저 나갔으면 나갔지 내가 먼저 나갈 생각은 없다"라
는 마인드였으니까. 나는 데이터와 기본기가 없어 조영동 셰프가 알
려준 그대로 할 수밖에 없는 사람이었고, 배움에 대한 갈증이 있었기
에 그분이 이끌어주길 바랐다. 그때 수련해서 쌓아둔 미각적 데이터
들이 지금 소믈리에로서도 강력한 무기가 된다.

**조영동 셰프와 함께하기로 결심하고
이스트에 합류하게 된 결정적인 계기는 무엇이었나?**

박건우   조영동 셰프를 오래 알아왔고 그 사람의 마인드셋을 봤기 때
문이다. 그분은 옛날부터 폰 배경화면이 미쉐린 스타였고, 주방 벽에
스스로를 동기부여하는 그림이나 글을 붙여놓곤 했다. 사람이 이렇
게까지 간절할 수 있구나 싶었다. 나는 이 사람은 무조건 별을 딸 거
라는 확신이 있었다. 그래서 결정에 어려움이 없었다.

클라로에서 헤드 셰프 제의가 오기도 했었는데 나에겐 그것
이 더 리스크였다. 나는 나에게서 더 좋은 요리가 나올 것 같지 않았
다. 그래서 "나는 이 형 요리를 보고 들어온 거니 이 형 밑에서 더 배
워야겠다. 서비스? 내가 좋아했던 일이니까 그냥 하자"라고 생각하며
합류했다.

조영동 셰프는 어떤 리더이자 파트너인가?

박건우   리더십으로 보면 사람을 끌어들이는 힘 자체가 상당하다. 무
엇보다 조영동 셰프는 서비스가 끝나고 먼저 퇴근하는 법이 없다. 항
상 같이 대걸레질하며 청소하고, 미팅하고, 옷 갈아입고 퇴근한다. 그
런 솔선수범하는 모습 때문에 후배들이 믿고 따르는 것 같다. 뒤끝도
없고, 화를 내고 나면 본인이 잠을 못 잘 정도로 마음이 따뜻하기도
하다.

한편, 일을 벌이는 능력은 좋은데 체계적으로 정리하는 게 조금 부족해 보일 때가 있다. (웃음) 대표 겸 총괄 셰프라 신경 쓸 게 너무 많아서 그럴 것이다. 그 부분을 내가 커버하고 있다. 셰프가 아이디어를 던지면 나는 그걸 체계화해서 A, B, C 안으로 정리해 선택지를 줄여준다. 서로 다른 성향을 가졌지만 톱니바퀴처럼 맞물려 돌아가며 부족한 부분을 채워주는, 완벽하게 상부상조하는 파트너십이다.

예를 들어, 셰프가 요리에 꽂혀 있으면 청소 상태, 직원 관리, 업장 간의 관계 등을 놓칠 수 있다. 나는 그런 부분을 더 신경 쓰려고 한다. 셰프가 못 보는 직원들의 흐트러진 모습을 내가 잡아주기도 하고, 미팅 일정 같은 것도 챙긴다. 비서이자 보좌진 역할을 하는 것 같다.

이스트 음식만의 독보적인 매력은 무엇인가?

박건우 전 세계 어딜 가도 없다. 요즘 동서양을 결합한 퓨전이 많은데, 우리는 이탈리안이나 프렌치 베이스가 아니라 딱 '동북아'를 모아놓고 테크닉만 서양의 것을 쓴다. 이런 장르, 이런 스타일의 음식을 먹으려면 이스트에 와야 한다는 대체 불가능함이 가장 큰 매력이다.

이스트 페어링만의 강점과 차별점은 무엇인가?

박건우 강점은 '맛'이다. 내가 요리를 했었기 때문에 스토리보다도 직관적인 맛을 본다. 음식을 먹고 나서 어울릴 것 같은 와인을 테이스팅하고, 필요하다면 셰프에게 "산미나 텍스처를 이렇게 조정해줄 수 있냐" 하고 제안해서 음식과 와인을 정밀하게 맞춘다.

차별점이라면 뻔한 와인을 잘 안 쓰려고 한다는 것이다. 파인 다이닝 레스토랑에 오는 손님들은 이미 좋은 와인을 많이 드셔보신 분들이다. 샴페인, 부르고뉴 화이트, 보르도 레드 같은 천편일률적인 구성은 실패는 없지만 '또 이거야?'라는 느낌을 줄 수 있다. 주어진 예산 안에서 최고의 퍼포먼스를 보여주려면 그들이 모르는 새로운 장르의 와인을 소개해야 한다. 최근 홍콩 미쉐린 1스타인 웨이Whey와의 팝업 때 세리 와인을 쓴 것처럼 과감한 변주를 주려고 노력한다.

그렇다면, 이스트의 페어링을 한 단어나 한 문장으로 표현한다면 어떻게 정의할 수 있을까?

박건우   페어pair가 짝이라는 뜻인데, 이스트의 와인 페어링은 '조영동 셰프와 박건우 매니저의 연결고리'이다. 그간 둘이 걸어온 길을 묶어가는 과정인 것 같다.

조영동 셰프 밑에서 직접 요리를 배웠던 경험이 현재의 페어링 설계나 음식 이해도에 어떤 영향을 미치고 있나?

박건우   조영동 셰프가 처음 만드는 퓌레를 "이렇게 만들 거야"라고 설명해주면, 예전에 했던 것과 비교해서 어떤 식감과 맛이 날지 머릿속에 딱 그려진다. 웬만하면 내 예상 범주 안에 존재하기 때문에 편하다. 다른 업장에 가면 셰프의 스타일을 처음부터 공부해야 하지만, 나는 조영동 셰프의 음식을 90퍼센트 이상 이해하고 있다.

이스트 오픈 초기, 폐업까지 고민할 정도로 힘든 시기가 있었다고 들었다. 그 벼랑 끝 상황을 어떻게 버텼는지 궁금하다.

박건우   당시 조영동 셰프가 세부적인 상황을 공유하진 않았다. 오너로서 직원에게 힘든 사정을 털어놓기 쉽지 않았을 것이다. 하지만 매니저로서 지출과 수입을 알고 있으니 어느 정도 예상은 됐다. '이거

안 될 것 같은데, 언제까지 버틸 수 있을까' 생각이 들 때마다 여러 가지 행사를 열면서 조금씩 버텼다.

나는 "가장 밝게 빛나기 전이 가장 어둡다"라는 말을 믿는다. 첫술에 배부를 수 없으니, 한가한 시기에 하루 한 팀을 받을지언정 그 한 팀에게 모든 것을 쏟아부었다. 최선을 다해 셰프들은 요리하고 나는 서비스를 했다. 덕분에 재방문 고객과 단골이 생겼다. 그런 시간들을 헛되이 보내지 않아서 지금이 있지 않나 싶다.

미쉐린 스타를 받고 어땠나?
나아가야 한다는 부담감은 없나?

박건우   바로 다음 날 서비스할 때 정말 벌벌 떨렸는데, '우리가 받을 만해서 받은 거니 긴장하지 말고 하던 대로 잘해보자' 하고 마음을 다잡았다. 1스타를 유지하는 건 기본이고 항상 위를 봐야 하기 때문에 와인 리스트도 늘리고 재고 관리도 효율적으로 하려고 노력 중이다.

서비스의 '톤 앤드 매너'에 대한 고민도 있었다. 처음엔 프랑스의 3스타 레스토랑처럼 무게 잡고 했는데, 지인이 "왜 이렇게 로봇이 됐냐"라고 하더라. 우리 업장은 비트 있는 음악이 나오고 셰프들도 에너지가 넘치는데 양복을 입고 절도 있는 서비스를 하는 것이 어색했던 거다. 그래서 이스트답게 좀 더 유쾌하고 편안한 서비스를 고수하고 있다. 손님 반응도 훨씬 좋다.

서비스 최전선에 있는 매니저로서
손님들이 이스트라는 공간에서
어떤 경험을 하고 돌아가길 바라나?

박건우   제일 좋은 건 식사를 마치기 전에 "언제 자리 있나요?"라며 다음 예약을 잡고 가시는 거다. 업장 입장에서 그만한 칭찬이 없다.

나는 파인 다이닝의 진입장벽을 낮추는 서비스를 하고 싶다. 가격 문제가 아니라, 위압감 없이 바나 이자카야에서 '혼술' 하듯 하하호호 웃으며 즐기는 곳이길 바란다. 키친과 홀이 가까워서 손님들이 미국 드라마 〈더 베어The Bear〉를 보는 것 같다고 하시는데, 나는 손님들이 시청자가 아니라 그 안에 함께 들어온 배우가 되셨으면 좋겠다. 우리와 함께 호흡하며 즐기셨으면 한다.

**소믈리에이자 매니저로서 갖춰야 할
가장 중요한 덕목은 무엇이라고 생각하나?**

박건우　소믈리에는 지식보다 '연결'이 중요하다. 지식을 뽐내는 게 아니라, 손님의 수준에 맞춰 와인을 더 맛있고 재밌게 즐길 수 있도록 만들어드려야 한다. 아무리 좋은 설명도 손님이 못 알아들으면 소용 없으니까.

　　　　매니저는 공간을 디자인하는 사람이다. 비주얼뿐 아니라 공간의 온도, 서비스의 온도를 손님에 따라 다르게 세팅할 수 있어야 한다. 그리고 안 오던 손님에게 연락해 다시 오게 만드는 영업력, 즉 손님을 끌어오는 능력도 매니저가 갖춰야 하는 덕목 중 하나라고 생각한다.

후배들을 위한 조언을 해준다면?

박건우　소믈리에에게는 '화법'을 배우라고 하고 싶다. 지식은 풍부한데 말로 유려하게 풀어내지 못하는 경우가 많기 때문이다. 트렌드에도 민감해야 한다.

　　　　매니저를 꿈꾸는 분들은 와인 공부를 게을리하지 말고, '네트워킹'을 귀찮아하지 말아야 한다. 그리고 본인의 마음을 잘 다뤄야 한다. 손님 앞에서는 따뜻했다가 돌아서면 차가워져야 하는 감정노동 속에서 정체성의 혼란이나 자괴감이 올 수 있는데, 그걸 잘 극복해야 한다. 나도 열심히 짠 페어링이 안 팔리거나, 너무 바빠서 앵무새처럼 설명만 반복할 때 좌절감이 들었지만, 손님들의 좋은 피드백으로 이겨냈다.

이스트, 혹은 파인 다이닝 레스토랑을
더 맛있고 즐겁게 향유할 수 있는 팁을 하나 준다면?

박건우   한마디로 '쫄지 않았으면' 좋겠다. 모르는 건 잘못이 아니다. 서버, 매니저, 셰프들에게 궁금한 걸 물어보시면 좋겠다. "이 식재료는 뭐예요?" "와인은 왜 이렇게 매칭했어요?" "소스는 어떻게 만들어요?" 머릿속에 떠오르는 걸 가감 없이 물어보고 소통하면 훨씬 더 기억에 남는 경험이 될 것이다. 파인 다이닝 레스토랑은 밥만 먹는 곳이 아니라 오감으로 경험하는 곳이니까.

레스토랑 연락처

밍글스

www.restaurant-mingles.com
인스타그램 @mingles_restaurant
서울특별시 강남구 도산대로67길 19, 2층
대표번호 02-515-7306

스와니예

http://soignerestaurantgroup.com/wp/soigneseoul/
인스타그램 @soigneseoul
서울특별시 강남구 강남대로 652, 2층
대표번호 02-3477-9386

이타닉 가든

https://jpg.josunhotel.com/dining/EatanicGarden.do
인스타그램 @eatanicgarden
서울특별시 강남구 테헤란로 231 조선 팰리스(센터필드 웨스트 타워), 36층
대표번호 02-727-7610

라망 시크레

https://www.lescapehotel.com/dining/lamantsecret
인스타그램 @lamant_secret
서울특별시 중구 퇴계로 67, 26층
대표번호 02-317-4003

온지음

www.onjium.org
인스타그램 @onjium_restaurant
서울특별시 종로구 효자로 49, 4층
대표번호 02-6952-0024

윤서울

인스타그램 @yunseoul.restaurant

서울특별시 강남구 선릉로 805, 1층

대표번호 02-336-3323

강민철 레스토랑

www.kangminchul.com

인스타그램 @kangminchul_restaurant

서울특별시 강남구 도산대로63길 18, 5층

대표번호 02-545-2511

솔밤

www.restaurantsolbam.com

인스타그램 @solbam_restaurant

서울특별시 강남구 학동로 231, 2층

대표번호 070-4405-7788

빈호

www.restaurantvinho.kr

인스타그램 @restaurant.vinho

서울 강남구 학동로43길 38, 162호

대표번호 010-9677-2302

이스트

www.yeastseoul.co.kr

인스타그램 @yeastseoul

서울특별시 강남구 언주로170길 26-6, 3층

대표번호 070-8855-0470

출판사 클의 책을
만나보세요.

별을 만드는 사람들
한국 미쉐린 스타 레스토랑 10곳의 셰프·매니저·소믈리에

1판1쇄 펴냄 2026년 1월 12일

글·사진 김성현

펴낸이 김경태
편집 조현주 홍경화 강가연
디자인 박정영 김재현 | **마케팅** 정현우 정보경
사진 제공 67쪽 스와니예, 153쪽 온지음, 205쪽 윤서울, 261쪽 솔밤, 291쪽 빈호, 319쪽 이스트

펴낸곳 (주)출판사 클
출판등록 2012년 1월 5일 제311-2012-02호
주소 03385 서울시 은평구 연서로26길 25-6
전화 070-4176-4680 | 팩스 02-354-4680 | 이메일 bookkl@bookkl.com

ISBN 979-11-94374-57-2 03590